深圳海绵城市建设的探索与实践

深圳市海绵城市建设工作领导小组办公室　组编

科 学 出 版 社

北　京

内 容 简 介

本书在归纳国内外海绵城市相关理念和建设经验基础上，论述深圳海绵城市建设的总体方略；总结深圳推进海绵城市建设的“七全模式”；从海绵空间格局保护、水系统治理与修复、低影响开发等三个层次梳理深圳开展的技术研究，介绍深圳在海绵城市评估方法与智慧海绵平台建设等方面的探索；从国家海绵城市建设试点区域、全市域两个角度，对深圳海绵城市建设已有成效进行评估。本书全面总结了深圳海绵城市建设的经验，探索了中国南方湿润气候区高密度超大城市海绵城市建设的技术模式，为深圳和其他城市下一步的海绵城市建设提供了借鉴和参考。

本书适合海绵城市建设的科研、规划、设计、运维与管理人员阅读，也可供高等院校相关专业师生参考。

图书在版编目（CIP）数据

深圳海绵城市建设的探索与实践 / 深圳市海绵城市建设工作领导小组办公室组编. —北京：科学出版社，2021.6

ISBN 978-7-03-069108-8

Ⅰ. ①深… Ⅱ. ①深… Ⅲ. ①城市建设—研究—深圳 Ⅳ. ①TU984.265.1

中国版本图书馆CIP数据核字(2021)第108997号

责任编辑：郭允允 李 静 / 责任校对：杨 赛

责任印制：吴兆东 / 封面设计：蓝正设计

科学出版社 出版

北京东黄城根北街16号

邮政编码：100717

http：//www.sciencep.com

北京建宏印刷有限公司 印刷

科学出版社发行 各地新华书店经销

*

2021年6月第 一 版 开本：787×1092 1/16

2022年4月第二次印刷 印张：19 3/4

字数：365 000

定价：158.00元

（如有印装质量问题，我社负责调换）

编写委员会

主　　任　黄　敏

副 主 任　胡嘉东　张礼卫

执行主任　胡细银　罗宜兵　刘德峰　黄海涛

执行副主任　陈　霞　刘程飞　张明亮　郑　莉

主　　编　秦华鹏

副 主 编　任心欣

编　　委　黄宇强　梁笑珠　王思达　朱威达　丁　年
俞　露　银翼翔　叶裕佳　林子璇　杨　晨
刘应明　汤伟真　王爽爽　陈世杰　吴亚男
蔡志文　孔露霆　陆利杰　郑妍妍　成　铭
李笑玥　张园眼　孙煜航　胡尹超　何康茂
黄奕龙　杨　宇　李　晶　景瑞瑛　赵志杰
郭凤清　胡爱兵　高　飞　张　本　尹玉磊
王文倩　李柯佳　张菲菲　赵松兹　杨少平
房静思　卢巧慧　彭　剑　张　亮　陈锦全
李炳锋　翟艳云　赵　也　杨　艺　易树平
韦布壹

序

快速的城镇化进程，过高的开发强度，大量的硬质覆盖，改变了城镇原有的自然生态及水文特征，进一步导致生态、环境、资源、安全、文化等各方面都受到不利的影响。2013 年 12 月，习近平总书记亲自部署建设“自然积存、自然渗透、自然净化”的海绵城市。海绵城市建设的目的是通过保护和恢复“海绵体”，控制雨水径流，从而实现修复水生态、改善水环境、涵养水资源、提高水安全、复兴水文化的综合目标。

2015 年 4 月起，在中央财政的大力支持下，由财政部、住房和城乡建设部、水利部共同组织和指导，分两批选择了 30 个城市开展了海绵城市试点，因地制宜地探索适合本地区海绵城市建设的发展模式，以期形成一套可复制、可推广的做法、经验和政策制度等。选择试点城市时，既考虑了我国不同地区社会经济发展水平的差异，又考虑了气候、水文条件的差异。

深圳是国家海绵城市建设试点城市之一。一方面，作为经济高度发达的南方滨海城市，暴雨频繁、城市化水平高、人口密度大、土地开发强度高，面临着较多的城市水问题。另一方面，正处在建设粤港澳大湾区和中国特色社会主义先行示范区“双区驱动”的重大历史发展机遇期，需要在更高起点、更高层次、更高目标上创新引领。因此，深圳海绵城市建设不仅要围绕国家要求解决水安全、水资源、水环境和水生态等各个层面的问题，还肩负着探索新时代城市转型发展新模式的历史使命。

国家海绵城市建设试点工作以来，深圳以光明区凤凰城国家海绵城市建设试点为契机，将海绵城市建设与“治水”和“治城”相结合，把海绵城市建设作为修复水生态、治理水环境、涵养水资源、保障水安全、弘扬水文化的重要抓手，将海绵城市建设理念融入城市规划建设治理的方方面面，开展了卓有成效的探索与实践，形成了鲜明的特色。

首先，建设方略因地制宜。针对发展空间和土地资源严重不足、环境承载压力大、涉水问题突出的困境，深圳结合城市水文特征和城市发展要求，以“+海绵”理念为指导将海绵城市建设纳入城市发展战略，将海绵城市建设与城市更新改造、流域产业带转型升级积极融合，开发强度控制与生态环境约束并举，在保证城市高质量发展的基础上系统解决涉水问题。

其次，组织管理全面到位。深圳在试点过程中积极探索，形成了涵盖政府组织、规划编制、技术体系、项目管控、社会参与、以点带面、布局建设的“七全”海绵城市推进模式，搭建统筹协调平台，通过全市各部门、各区协作联动，统筹管理涉及建设工作的方方面面，实现海绵城市建设工作的常态化。

再次，技术体系层次分明。深圳以契合自然本底特征为前提，综合考量宏观、中观、微观三个层级，搭建层次分明、协同作用的海绵城市建设技术体系。宏观上，依托“山水林田湖草”生态基底，通过城市蓝线、绿线、生态控制线划定和管控，构建海绵城市建设生态屏障；中观上，通过城市绿地、水系和市政排水系统搭建海绵城市建设骨架；微观上，顺应高度城市化特征因地制宜地应用低影响开发设施。通过三者的联系与协同，同步实现径流污染控制、排水防涝等海绵城市的综合控制目标。

最后，由点到面成效显著。通过成片推进、融合推进与全面实施，深圳海绵城市建设从建设项目到排水分区再到流域，层层推进，效果显著。“小雨不积水，大雨不内涝，水体不黑臭，热岛有缓解”的目标已在20%以上的城市建成区实现，一大批高品质的城市公园、广场、湖泊、湿地相继建成，城市人居环境质量得到明显改善。

深圳海绵城市试点建设的实践为中国南方湿润气候区高密度超大城市海绵城市建设提供了可复制、可推广的技术模式，其显著成效充分验证了海绵城市建设是“治黑除涝”的有效手段，同时也是建设环境友好型城市、推动城镇化发展方式转型的重要举措。

《深圳海绵城市建设的探索与实践》一书从时代背景、总体方略、方法路径、技术体系、成效评估等方面全面总结了深圳海绵城市建设的经验与体会，既是阶段性的总结，又为深圳和其他城市下一步的海绵城市建设提供了借鉴和参考。海绵城市建设是促进人与自然和谐共生的城市发展方式，殷切希望深圳能持续健全法律法规，强化规划引领，构建多元参与共治体系，提升海绵城市建设成效，在全市域推进海绵城市建设中继往开来，率先打造人与自然和谐共生的美丽中国典范。

章林伟

中国城镇供水排水协会会长

2020 年 11 月

前　言

为系统解决传统城市开发模式所带来的城市洪涝灾害、水质恶化、热岛效应等一系列生态环境问题，习近平总书记在2013年12月中央城镇化工作会议上提出："建设自然积存、自然渗透、自然净化的'海绵城市'"。自此，海绵城市建设成为我国城市化进程中的一项重要战略。海绵城市是一种新的城市发展方式，其借鉴了国外雨洪管理的先进经验，同时也秉承了中华民族传统的人与自然和谐发展的哲学思想，是指城市要像海绵一样，在适应环境变化和应对自然灾害等方面时更具"弹性"，下雨时吸水、蓄水、渗水、净水，需要时将蓄存的水加以释放利用。2015年，国家海绵城市建设试点工作全面铺开，海绵城市建设严格遵循"渗、滞、蓄、净、用、排"六字方针，以"小雨不积水，大雨不内涝，水体不黑臭，热岛有缓解"为目标。2017年，海绵城市被正式写入首部国家级市政基础设施规划。

深圳是转型发展中的高密度超大城市，也是粤港澳大湾区的中心城市。它以不足1000km^{2}的可建设用地，承载了超过2.7万亿元的GDP和2000万的管理人口。目前中国还没有任何一座城市，能在如此狭小的空间，承载如此多的人口和经济活动。在经济快速发展的同时，深圳在生态环境方面也付出了沉重代价，深圳的水资源短缺、水污染严重、水生态退化、城市局部内涝等问题长期存在。如何协调人与自然之间的关系是深圳面临的极大挑战。与此同时，深圳作为国家改革开放的窗口，自诞生之日起就肩负着先行先试的崇高使命。近年来，深圳被赋予国家可持续发展议程创新示范区、中国特色社会主义先行示范区建设等重任，国家要求深圳建设成为"高质量发展高地、法治城市示范、城市文明典范、民生幸福标杆、可持续发展先锋"。海绵城市建设就是深圳在城市高质量发展、可持续发展方面做出的探索实践之一。早在2004年，深圳就在全国范围内率先引入低影响开发理念，并在光明区等地进行了低影响开发雨水综合利用示范。2016年4月，深圳入选国家海绵城市建设试点城市，走上了海绵城市建设的快车道。

为高质量、可持续地推进海绵城市建设工作，深圳将海绵城市建设纳入城市发展战略，努力探索海绵城市建设方略。首先，将海绵城市建设与流域治理相统筹。在开展茅洲河等五大流域的治水攻坚战中，结合黑臭水体治理，统筹实施源头减排、正本清源、管网建设、湿地建设、污水处理厂提标扩容等系列系统工程。其次，深圳提出“+海绵”的理念，即将海绵城市建设理念充分融入城市建设的方方面面，督促各种类型的建设项目因地制宜地落实海绵城市目标、指标要求，注重强化各行各业的“海绵意识”和项目行业管理属性，力图以海绵城市建设提升城市治理、管理水平，以及推进治水、治产、治城的深度融合。其次，推进不同尺度的融合。宏观上，通过蓝绿线和基本生态控制线的规划与管制，保护山水林田湖草，塑造自然海绵空间格局；中观上，实施管网建设、沿海防潮、城市防涝、污水处理厂建设等治水工程，并开展重点片区建设与综合整治；微观上，顺应高度城市化特征，在城区因地制宜地运用绿色屋顶、下沉式绿地、透水性路面等低影响开发设施。三个尺度相互融合，环环相扣，全面增强城市发展的“韧性”和“弹性”。最后，探索全社会共谋共建共享的体制。建立权责统一的城市雨水现代管理机制，对相关利益主体的行为进行明确规范，促进社会力量自发参与海绵城市建设，让海绵城市真正为民所需、为民所用。

深圳在海绵城市试点建设过程中积极探索，形成了“全部门政府引领、全覆盖规划指引、全视角技术支撑、全方位项目管控、全社会广泛参与、全市域以点带面、全维度布局建设”的“七全”海绵城市推进模式。第一，搭建市、区统筹协调平台，系统形成“部门行业管理、政府属地管理”的工作机制。第二，构建“市、区、重点片区”三级海绵城市规划体系，并将海绵城市规划成果纳入各级、各类规划。第三，不断完善技术标准体系，提供全行业、全类型的精细化技术支撑。第四，将海绵城市审批关键环节纳入海绵城市立法，将管控要求量化到地块。第五，广泛发动高校、企业、公益组织、市民等深入参与海绵城市建设，出台资金奖励政策激发全社会的积极性和创造力。第六，以试点区域、典型区域为抓手，带动并加速全市域海绵城市建设进程。第七，从海绵空间格局保护、水系统治理与修复、低影响开发等多维度推进海绵城市建设。

深圳的海绵城市建设工作取得了一定的阶段性成绩。首先，在光明区凤凰城国家试点区域内，完成了城中村与工业区雨污分流改造，实施了光明水质净化厂“厂网一体化”PPP 示范项目，消除了鹅颈水流域、东坑水流域黑臭水体和易涝点，建成了 20 多处滨水绿地公园。其次，在全市范围内，海绵城市项目库入库项目超过 2700 项，占地面积超过 200km^2，全面消除 159 个黑臭水体，深圳河达到国家地表水考核断面水质要求，茅洲河实现不黑不臭，防涝排涝形势逐年好转，涌现出一批深受市民喜爱的海绵城市优秀建设项目。

本书从海绵城市建设的理念、深圳城市转型发展面临的问题、深圳的历史担当等方面，阐明了深圳海绵城市建设的时代背景（第一章）；总结了国内外海绵城市相关的先进理念、管理指标和建设经验，论述了深圳海绵城市建设的总体方略（第二章）；总结了深圳推进海绵城市建设的“七全”模式（第三章）；从海绵空间格局保护、水系统治理与修复、低影响开发三个层次梳理了深圳开展的技术研究，介绍了深圳在海绵城市评估方法与智慧海绵平台建设等方面的探索（第四章）；从国家海绵城市建设试点区域、全市域两个角度，总结了深圳海绵城市建设已有成效（第五章）；最后，展望了深圳未来海绵城市建设的方向（第六章）。在附录中，本书还提供了深圳海绵城市建设的建设者说和典型案例集。

海绵城市建设方兴未艾，海绵城市建设将是一个长期而艰巨的过程。希望本书的撰写可以为其他城市和深圳下一步的海绵城市建设提供借鉴和参考。深圳海绵城市建设仍处于不断探索中，还需继续累积经验和逐步完善，因此本书的研究成果还比较粗浅。由于编者的水平和时间有限，本书的疏漏与不妥之处，恳请各方专家、学者批评指正。

编者

2020 年 12 月

目　　录

第一章　深圳海绵城市建设的时代背景

深圳是高密度超大城市，城市建设与生态保护之间的矛盾突出；另外，深圳作为改革开放的“窗口”和“试验田”，近年来被赋予建设国家可持续发展议程创新示范区、中国特色社会主义先行示范区等重任。因此，深圳的海绵城市建设既是自身转型发展的迫切需求，又是探索高密度超大城市可持续发展道路历史使命的必然要求。

第一节　海绵城市建设的理念

一、海绵城市的来由与发展

自古以来，人们逐水而居，城市依水而兴。可以说，有了水，城市便有了生命。然而，过去的城市建设重生产轻生活、重人类轻自然。随着城市化的迅速发展，城市内涝、水体黑臭、河湖生态退化等水问题日益突出。2010 年，住房和城乡建设部对全国 351 个城市的内涝情况进行调研显示，62% 的城市发生过不同程度的积水内涝。不论是南方还是北方，大多数城市往往是“逢雨必涝，遇涝必瘫”。“城市看海”已成为城市的痛点。单一“快速排放”的传统理念和以管渠等为主的灰色雨水基础设施与管理模式，已难以应对快速城市化过程中出现的雨水困境。

2013 年 12 月 12 日，习近平总书记在中央城镇化工作会议的讲话中强调“建设自然积存、自然渗透、自然净化的‘海绵城市’”。2014 年 2 月《住房和城乡建设部城市建设司 2014 年工作要点》中明确：“督促各地加快雨污分流改造，提高城市排水防涝水平，大力推行低影响开发建设模式，加快研究建设海绵型城市的政策措施”；同年 10 月，《海绵城市建设技术指南——低影响开发雨水系统构建（试行）》发布。2015 年年初，海绵城市建设试点工作全面铺开，确定武汉、重庆、厦门等 16 个城市作为第一批试点城市；2016 年年初，确定北京、上海、深圳等 14 个城市作为第二批试点城市。2017 年，经国务院同意，由住房和城乡建设部、国家发展和改革委员会组织编写的《全国城市市政基础设施建设“十三五”规划》（建城〔2017〕116 号）中提出“加快推进海绵城市建设，实现城市建设模式转型”，海绵城市被写入首部国家级市政基础设施规划，意味着在最高国家层面获得政策的支持与保障，海绵城市建设已成为我国城市化进程中一项重要战略。

关于海绵城市建设，古今中外的雨洪管理实践给我们留下了丰富的遗产。在古代农业景观中，中国从秦代开始运用的低堰和鱼嘴分水技术、陡塘技术，汉代总结出的“四亩田一亩塘”经验，从官方大型水利工程到民间小型水利工程，遍中国大地无处不存在着丰富的“海绵田园”，为当代海绵城市建设带来无限启迪。在古代城镇应对洪涝的过程中，先民也给我们留下了许多值得珍惜的遗产。从“四水归明堂，财水不外流”的四合院和天井的雨水收集智慧，到“水中有城、城中有水”的城水交融的景观格局等，对当代海绵城市建设起着重要的借鉴意义（俞孔坚，2016）。自 20 世纪 70 年代以来，针对严重的城市内涝，各国陆续推出新的城市雨洪管理理念。1972 年，美国《联邦水污染控制法》及其后来的修正案，提出最佳管理措施（best management practices，BMPs）（Braune and Wood，1999）；1990 年，美国马里兰州乔治王子郡环境资源署提出低影响开发（low impact development，LID）理念（County，1999）；通过对传统建设模式的改进，澳大利亚提出水敏感城市设计（water sensitive urban design，WSUD）（Maritz，1990）；在 1999 年更新的国家可持续发展战略和《21 世纪议程》的背景下，英国提出建立可持续城市排水系统（sustainable urban drainage systems，SUDS）（Ellis et al.，2003）。这些理念提倡将雨洪管理融入城市建设中，强调在源头收集、入渗和净化雨水，进而减少雨水外排、增加地下水补给、削减径流污染、减少雨水资源浪费等。

结合国内外在城市雨洪管理等方面取得的理论成果及实践经验，融合城市雨洪调蓄渗技术、城市规划和风景园林设计，以自然积存、自然渗透、自然净化为目标的海绵城市理念孕育而生。随着我国对生态文明重视程度的不断加大，海绵城市成为落实生态文明建设的重要举措，也是城市绿色转型发展的重要方式。

二、海绵城市的定义

海绵城市的概念曾被澳大利亚的学者用来隐喻城市对周边乡村人口的吸附效应（Argent et al.，2008）。俞孔坚和李迪华（2003）将“海绵”用于比喻自然湿地、河流等对城市旱涝灾害的调蓄能力；Bunster-Ossa 和 Ignacio（2013）用海绵城市来形容具有像海绵一样能够弹性应对雨洪灾害能力的城市；Liu 等（2015）提出建设海绵生态城市以适应水文气候灾害。

中国共产党第十八次全国代表大会以来，中央政府将发展生态文明作为国家战略。但是，我国城市普遍面临内涝频发、水污染严重、水资源短缺等生态灾害。国务院办公厅先后发布国办发〔2013〕23 号、国发〔2013〕36 号政策文件，高度关注城市基础设施建设问题，由此引发业内对“低影响开发”“排水防涝”“海绵城市”等热点问题的广泛讨论。

2014 年住房和城乡建设部发布的《海绵城市建设技术指南——低影响开发雨水系统构建（试行）》将“海绵城市”定义为：城市能够像海绵一样，在适应环境变化和应对自然灾害等方面具有良好“弹性”，下雨时吸水、蓄水、渗水、净水，需要时将蓄存的水“释放”并加以利用。该定义主要强调海绵城市的功能。

2015 年 8 月，水利部发布《关于推进海绵城市建设水利工作的指导意见的通知》，其中将海绵城市定义为“海绵城市是以低影响开发建设模式为基础，以防洪排涝体系为支撑，充分发挥绿地、土壤、河湖水系等对雨水径流的自然积存、渗透、净化和缓释作用，实现城市雨水径流源头减排、分散蓄滞、缓释慢排和合理利用，使城市像海绵一样，能够减缓或降低自然灾害和环境变化的影响，保护和改善水生态环境”。该定义突出了海绵城市对水系统的调节能力。

在 2015 年 10 月，国务院发布《国务院办公厅关于推进海绵城市建设的指导意见》，其中将海绵城市定义为“海绵城市是指通过加强城市规划建设管理，充分发挥建筑、道路和绿地、水系等生态系统对雨水的吸纳、蓄渗和缓释作用，有效控制雨水径流，实现自然积存、自然渗透、自然净化的城市发展方式”。该定义明确了海绵城市建设不仅是水治理的手段，也是城市发展的新模式，使得海绵城市的概念更加全面。

三、海绵城市的内涵

海绵城市的内涵涉及对其基本功能和发展目标的理解，会影响海绵城市的发展路径和建设内容。在阐述海绵城市时不仅应考虑城市水文过程规律、城镇化进程中面临的水问题及其复杂关系，也要顾及不同城市雨洪管理模式和措施之间的协调。不同行业学者对海绵城市建设理解的侧重有所不同。

在城市涉水领域，海绵城市被认为是一种城市水系统综合治理模式。海绵城市具有三方面含义：从资源利用角度，城市建设能够顺应自然，通过构建绿色屋顶、下沉式绿地、透水铺装、雨水管渠、城市河道“五位一体”的水源涵养型城市下垫面，使降雨能被积存、净化、回用或入渗补给地下；从防洪减灾角度，要求城市与雨洪和谐共存，通过预防、预警、应急等措施最大限度地降低洪涝风险、减小灾害损失，能够安全度过洪涝期并快速恢复生产和生活；从生态环境角度，要求城市建设和发展能够与自然相协调（张书函，2015）。海绵城市应该像海绵一样，在适应环境变化和应对自然灾害等方面具有良好的“弹性”，重点解决城市洪涝灾害与水环境恶化等问题，实现地表水资源、污水资源、生态用水、自然降水、地下水等统筹管理、保护与利用，充分考虑水资源、水环境、水生态、水安全、水文化，确保社会水循环能够与自然水循环相互贯通（任南琪，2018）。

从城市景观生态规划角度看，海绵城市是建立在反思工业化城市建设模式弊端基础上的新概念。它反对采用单一目标的工程技术来解决诸如雨涝、干旱、地下水下降、水体污染、生物栖息地消失、城市绿地缺乏等问题；主张人水共生的理念，强调用系统的方法和综合的生态技术解决城市中突出的水相关问题。海绵城市也是城市建筑与基础设施应对洪涝灾害的一种“与自然过程相适应”的策略。“海绵”的概念不但体现在城市范围内，也应该体现在区域和国土范围内（俞孔坚，2015）。此外，也有学者认为海绵城市是在合理规划的前提下，充分发挥城市景观生态对城市空气质量提升、城市水土保持等生态环境建设的作用。通过风景园林的规划设计，使城市作为一个生态整体，抵抗外界干扰，形成更稳定的生态系统（陈硕和王佳琪，2016）。

从城乡建设角度看，海绵城市的本质是改变传统城市建设理念，实现城市与资源环境的协调发展。海绵城市针对城市地下水涵养、雨洪资源利用、雨水径流污染控制、排水能力提升与内涝风险防控等问题，从“源头减排、过程控制、系统治理”着手，通过城市规划、建设的管控，综合采用“渗、滞、蓄、净、用、排”等工程技术措施，控制城市雨水径流，推行低影响开发（LID）建设，最大限度地减少城市开发建设对自然水文循环和水生态环境造成的破坏，实现开发前后径流量总量、峰值流量和峰值出现时间基本保持不变，从而修复城市水生态、涵养城市水资源、改善城市水环境、提高城市水安全、复兴城市水文化（仇保兴，2015；章林伟，2015）。

概括而言，海绵城市是一种城市水系统综合治理模式，也是一种新型城镇化模式。它以城市水文及其伴生过程的物理规律为基础，以城市规划建设和管理为载体，结合绿色、灰色基础设施，充分发挥植被、土壤、河湖水系等对城市雨水径流的积存、渗透、净化和缓释作用，实现城市防洪治涝、水资源利用、水环境保护与水生态修复的有机结合，使城市在应对自然灾害和环境变化时，具有良好的弹性和可恢复性。

第二节　深圳海绵城市建设的担当

经过近 40 年的发展，深圳已经成为我国人口密度最大、地均产值最高、土地面积最小的“超大城市”，生态保护与城市建设之间的矛盾尤为突出。在高密度高强度建设地区，海绵城市是治水治城的新模式，是促进人水和谐的城市生态转型和可持续发展道路。

一、自然条件与城市发展

（一）自然条件

深圳市（22°26′59″ ~ 22°51′49″N，113°45′44″ ~ 114°37′21″E）位于广东省南部珠江口东岸，东临大亚湾与惠州市相连，西濒珠江口伶仃洋与中山市、珠海市相望，南至深圳河与香港毗邻，北与东莞、惠州市接壤（图 1-1）。深圳市陆域总面积为 1997.27km^2，其下辖 9 个行政区（福田区、罗湖区、南山区、盐田区、宝安区、龙岗区、坪山区、龙华区、光明区）、1 个新区（大鹏新区）、1 个特别合作区（深汕特别合作区）。

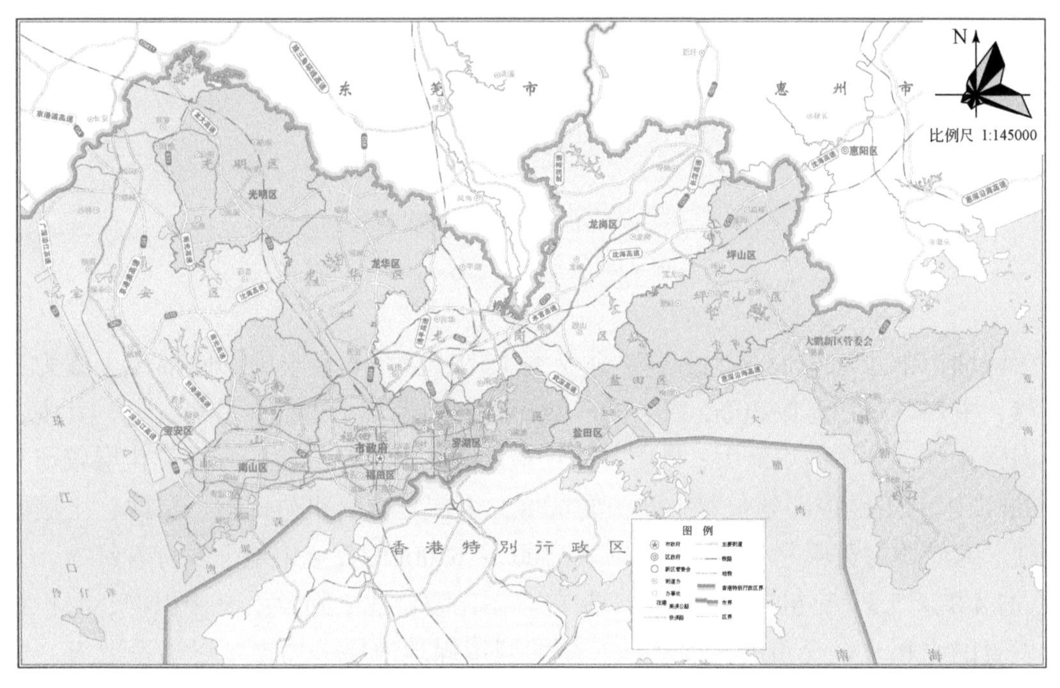

图 1-1　深圳市地图 [审图号：粤 S（2018）02-67 号]

深圳属南亚热带季风气候，长夏短冬，气候温和，日照充足，雨量充沛。年平均气温 23.0℃。年降水量平均为 1935.8mm，在 30 个海绵城市建设试点城市中，深圳市降水量仅次于珠海市（1999.3mm）。降雨的季节性十分明显，干湿季分明，全年 86% 的雨量出现在汛期（4 ~ 9 月）。春季常有低温阴雨、强对流等；夏季长达 6 个多月，高温多雨，受锋面低槽、热带气旋、季风云团等天气系统的影响，暴雨多发，雨前干旱时间短；秋冬季天气干燥少雨。降雨空间分布不均，呈自东向西递减的现象，且多局地性强降雨。

深圳市地势东南高，西北低，多低丘陵地，间以平缓的台地，西部为滨海平原。

市域范围分为九大流域，分别为深圳河流域、深圳湾流域、珠江口流域、茅洲河流域、观澜河流域、龙岗河流域、坪山河流域、大鹏湾流域和大亚湾流域（图 1-2）。市内小河众多，大河稀少，雨源性河流多，河流水量季节性变化明显。

图 1-2　深圳市水系分布图

深圳市的土壤分属 6 个土类 9 个亚类 18 个土种 40 个土属。地带性土壤为赤红壤，主要分布在海拔 300m 以下的广阔丘陵台地上，土壤剖面呈褐红色，其中，花岗岩赤红壤分布面积最大，母质分化层最厚；砂页岩赤红壤的母质分化层较薄。600m 以上的山地顶部分布着小面积的黄壤，表层富含有机质，但土层薄，土壤酸性强。赤红壤与黄壤分布区之间的海拔 300 ~ 600m 的丘陵山地上发育着红壤，土壤 pH 4.8 ~ 5.3，有机质含量在 4% 左右。在丘陵台地之间及沿海冲积物、海积物上发育的水稻土是全市的主要耕地。深圳城市绿地表层平均土壤渗透系数 $K_{10℃}$和 $K_{25℃}$分别为 8×10^{-6}m/s 和 1.2×10^{-6}m/s。深圳市土壤可分为中壤土、砂壤土和软土三类。根据深圳市的土壤类型空间分布图（图 1-3、表 1-1），中壤土主要分布在深圳北部和东部地区，占城市建成区比例为 60%；砂壤土主要分布在东南部和中部地区，占城市建成区比例为 32%；软土主要分布在深圳地势较低的西部沿海和填海地区，占城市建成区比例为 8%。另外，在深圳市建成区范围，由于表层为回填土，并进行了压实处理，土壤的入渗率下降。

深圳地下水埋深具有明显的空间异质性。总体上看，深圳地下水埋深高的地方多位于丘陵山地，东西沿海地区地下水埋深浅（图 1-4）。地下水埋深小于 2m 的地区多为滨海平原、河口三角洲及山间盆地平原地区；地下水埋深位于 2 ~ 4m 的地区多为山间谷地、河谷地带及海岸山脉的近海处；地下水埋深 4 ~ 8m 的地区主要分布在靠近低山、丘陵坡脚和台地地貌区；而地下水位大于 8m 的地区多位于东部的七娘山、东南部的梧桐山及中西部的塘朗山等地区。深圳市地下水埋深处于 2 ~ 4m 的地区面积最大，占到 31%；地下水埋深小于 2m 的地区，占比 25%。在建成区中地下水埋深小于 2m 的面积约占 40%。

图 1-3　深圳市土壤类型分布图

表 1-1　深圳各土壤类型的占比与分布

土壤类型	渗透性 /（m/s）	占城市建成区比例 /%	全市主要分布
中壤土	1.00×10^{-5}	60	北部和东部地区
砂壤土	1.00×10^{-6}	32	东南部和中部地区
软土	1.00×10^{-7}	8	沿海和填海地区

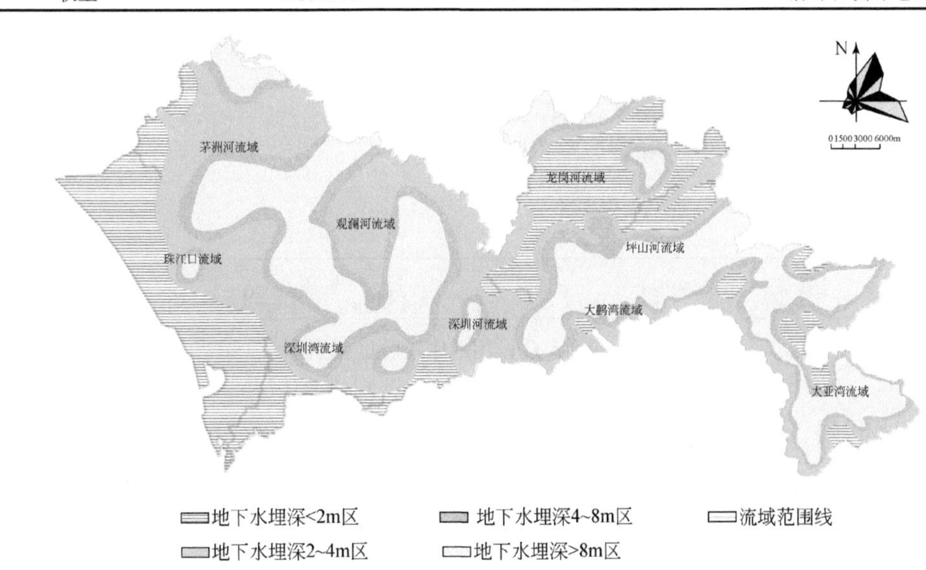

图 1-4　深圳市地下水埋深分布图

（二）城市发展特征

1. 高密度高强度开发建设

深圳是中国重要的国际门户，是全球经济最活跃的城市之一。2019 年全市实现地区生产总值 2.7 万亿元，位居全国第三，仅次于直辖市上海和北京。深圳也是中国地域最狭小的超大城市，面积仅 1997km^2，经济密度高达 12.1 亿元 /km^2。作为一座移民城市，深圳汇聚了来自全国各地的创业者，具有人口密度高、暂住人口多、流动性大的特点。2019 年年底全市常住人口 1343.88 万人，其中户籍人口 494.78 万人，常住人口密度高达 6728 人 /km^2。深圳如此狭小的土地面积、有如此高的 GDP 密度和人口密度，说明深圳的土地空间日趋饱和。

深圳的高密度高强度开发造成建设用地的绿地率低、建筑楼层较高、道路人流车流量大等特征，对海绵城市建设有较大影响。深圳城市建设用地密度分区如图 1-5 所示，各级密度分区占比见表 1-2。此外，伴随着城市建设用地的扩大，地面空间资源紧张，深圳开始探索将部分地上空间功能地下化，形成了大量的地下停车场、商业服务设施、物资仓储、民防设施、地铁场站等，地下空间开发利用程度较高。

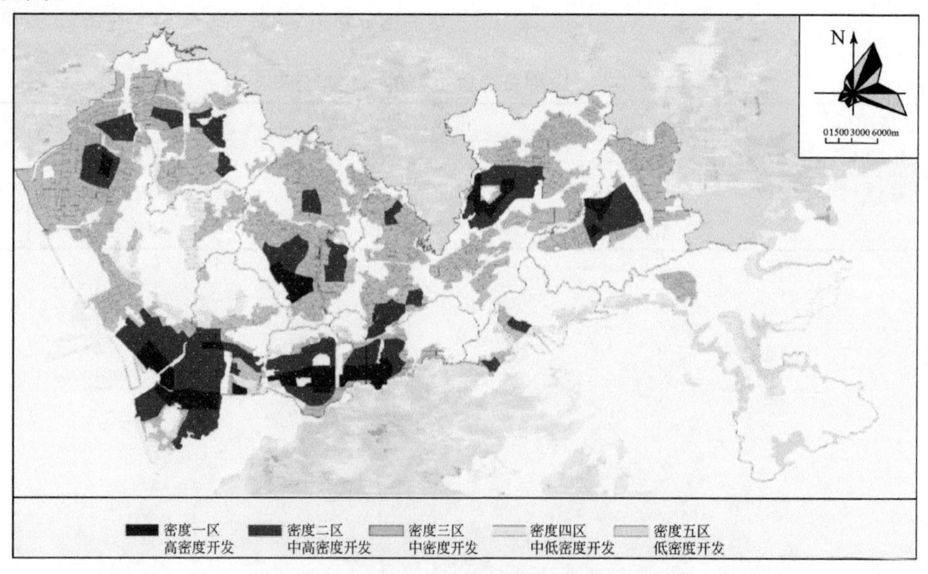

图 1-5　深圳市建设用地密度分区指引图

引自《深圳市城市规划标准与准则（2018 年局部修订）》

2. 土地利用

深圳市土地利用类型多样、空间差异显著。2009~2020 年深圳市土地利用类型分区如图 1-6 所示。其中，商业服务业设施、居住、公共管理与公共服务、特殊、交通运输等城市建设用地控制为 890km^2，占土地总面积的 45.57%；水利设施和采矿地等其他建设用地控制为 86km²，占土地总面积的 4.4%；耕地保有量 42.88km²，占土地总面积的 2.20%。园地、林地、牧草地、其他农用地和未利用地的面积占城市建成区比例依次为 14.36%、30.54%、0.01%、1.57%、1.35%。

表 1-2　城市建设用地密度分区等级基本规定

序号	密度分区	开发建设特征	面积 /km²	占城市建成区比例 /%
1	密度一区	高密度开发	68	7
2	密度二区	中高密度开发	207	22
3	密度三区	中密度开发	550	59
4	密度四区	中低密度开发	71	8
5	密度五区	低密度开发区	37	4

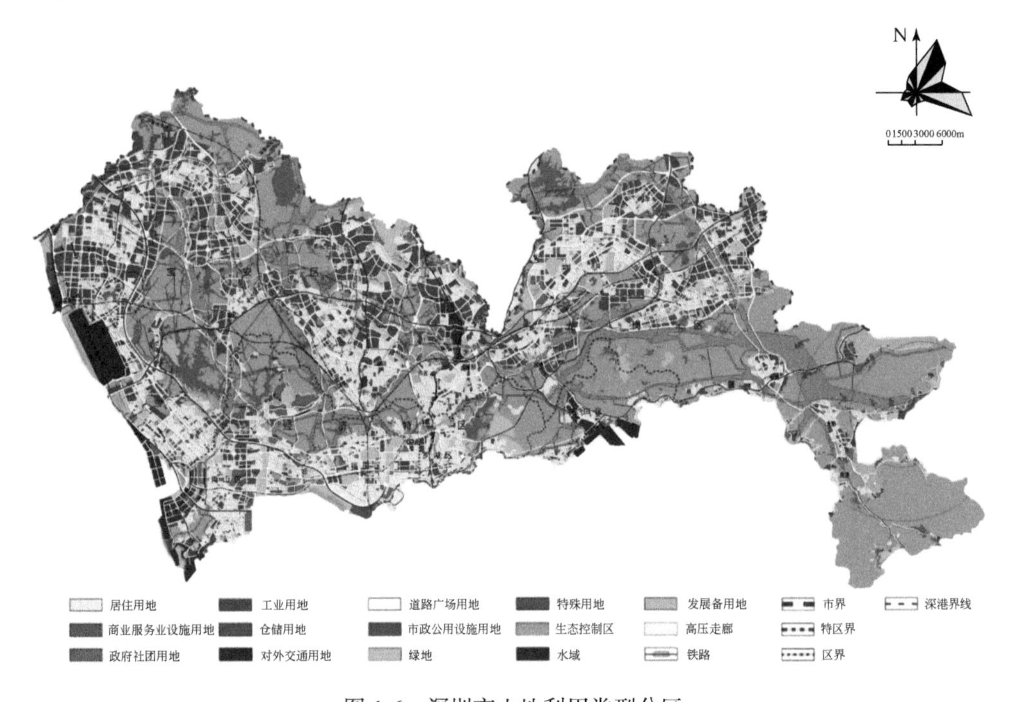

图 1-6　深圳市土地利用类型分区

3. 城市更新

城市更新区和新建区是推进海绵城市建设的重要场所。城市更新是通过城市空间资源的整合，实现城市土地的二次开发。按照《深圳市城市更新办法》，城市更新分为综合整治类、功能改变类和拆除重建类三种，三种更新模式对原更新单元的改变力度依次增强。截至 2017 年 6 月底，深圳市已列入城市更新计划的项目共有 616 项，涉及用地范围面积达 48.92km^2。新建区（新增建设用地）为规划期间农用地和未利用地转为建设用地的量。深圳市“十三五”期间的新增建设用地为 105km^2（图 1-7）。

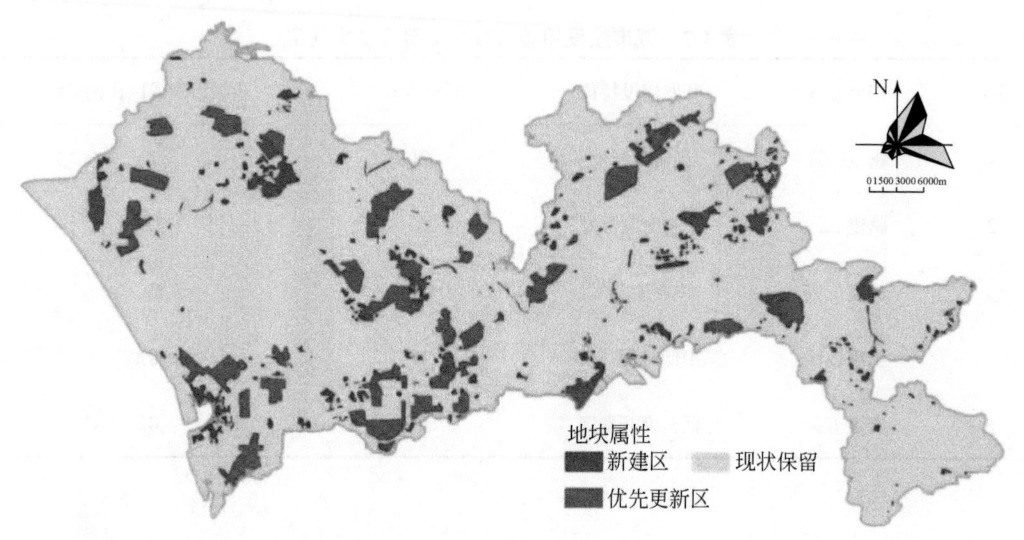

图 1-7　深圳市优先更新区和新增建设用地（2016 ~ 2020 年）

二、深圳面临的水问题

深圳作为一座超大型城市，在快速发展的同时也面临严峻的水生态、水环境、水安全及水资源问题。

（一）水资源短缺

深圳市多年平均水资源总量 20.5 亿 m^3。由于人口集中，深圳市人均水资源量极低，不足 200m^3，约为全国平均水平的 1/13，属于典型的南方缺水城市。一是由于深圳市降雨时空分布不均，干旱和洪涝常交替出现。二是由于境内河流短小，滞蓄能力有限，地表径流滞留时间短，雨水大多直流入海，流失大量雨洪资源，导致本地水资源实际供给远低于降雨量。本地水资源实际供给严重不足，80% 以上的原水需从市外的东江引入。

深圳市拥有水库 153 座（不包括深汕特别合作区），其中，大型水库 2 座（公明水库、清林径水库），中型水库 14 座，小型水库 137 座，水库总库容仅 9.45 亿 m^3。境内水库库容有限，调蓄库容小（不足全市一个半月的供水需求），城市应急保障能力不足。水源工程多而分散，互联互通虽基本形成，但尚未全面兼顾。水资源缺乏统一联合优化调配，精细化程度不高，供水保障存在风险。此外，外调水受气候变化等影响，存在较大不确定性。

（二）洪涝风险

深圳市洪灾时间分布不均，发生时间多为 4 ～ 10 月，但主要集中于 7 ～ 9 月；洪灾地理分布差异大，严重程度与地区降雨量、下垫面条件、社会经济发达程度有关；全局性洪涝灾害甚少，多为局部性洪灾。城区内涝发生的后果，往往表现为居民被困，无法进行户外活动，道路和交通车辆严重受阻，城区住宅楼被浸泡，通信设备或电路中断等，如不及时治理，还将威胁居民的生命财产安全。

深圳市内涝的成因主要包括：极端天气频发，多低山丘陵，地势较陡，地面坡度大，坡面汇流快；境内缺少大型江河湖泊调蓄，滞纳洪水能力小；城市开发建设导致下垫面硬化程度高，径流量大，汇流时间短；部分区域地势低洼；排水管网能力不足；山洪截洪沟不完善；洪潮水位顶托，排水不畅；工程施工造成雨水管线破坏或排水不畅；管道淤积、堵塞等管理问题等。

根据《深圳市海绵城市建设专项规划及实施方案》（图 1-8），截至 2016 年 11 月，全市共有 446 个历史内涝点，主要分布在道路交叉口、旧村、立交桥底及其他低洼处等区域。从内涝成因和区域特征来看，可分为因地势、排水设施不完善等原因造成的区域性内涝点（135 个）和因排水能力不足造成的局部道路积水点（311 个）两大类。除内涝治理外，深圳市的城市防洪也存在若干问题亟待解决：①深圳市主要流域干流防洪达标率较高，如深圳河流域河道治理率约 89%，干流防洪标准为 200 年一遇，但有多段不达标，部分河道只能防 20 年一遇洪水；但主要流域支流的防洪达标率偏低，支流治理率约 65%，防洪达标率约 60%；

图 1-8　深圳市海绵城市建设初期易涝点分布图

②深圳市水库的供水功能与防洪功能的协调机制需要进一步完善；③滞洪区数量较少；④防洪设施管理与维护遇到诸多问题，如河道两岸房屋侵占河道现象严重、行洪空间受限，岸坡坍塌、堤防年久失修、废弃物倾倒等原因导致河道淤积比较严重、行洪障碍物较多等。

（三）水体污染

深圳市水环境问题不容乐观，问题来源复杂。

首先，深圳河流本底条件不佳、自净能力差。大多数河流为雨源型河流，河道短小，自净能力有限，水环境承载力低。沿海河流为感潮河流，水动力不足，纳污能力差。例如，茅洲河、观澜河的污径比分别高达 5.5 倍、8 倍，水污染负荷远远超出了水环境容量；除坪山河流域外，其他流域基本上无法保证全年的水环境指标达到地表水 V 类标准。

其次，污水管网缺口大、污染处理不达标、排放不规范。截至 2016 年，深圳市污水管网密度低，全市污水管网密度为 2.38 ~ 3.23km/km^2，管网缺口约 6000km。污水处理厂运行不佳，污水处理设施需提标扩容。截排箱涵系统基本可以确保旱季污水不直接入河，但存在以下问题：暴雨期的雨水、河沙与污水一同流入污水处理厂，导致雨期污水处理厂出水效果降低；溢流污水进入河道，影响河道水质；将雨水截走造成河道内水体减少，接近干涸，影响河道本身的水环境。污泥处理能力不足，污泥处理设施布局不完善。2016 年污泥产生量 3400t/d，实际处理能力为 1330t/d，每天超过 2000t 污泥需要异地处理。环境监控能力不足，偷排漏排时有发生。2016 年废污水直排量高达 3.54 亿 m^3，废污水偷排漏排问题突出。

最后，水污染治理任务依旧艰巨。2017 年消除建成区黑臭水体入河排水口 1639 个，但截至 2017 年年底全市仍有 80 条黑臭水体。部分跨界河流水质现状与目标仍有较大差距，近海水环境综合治理任务艰巨。例如，西部近岸海域海水水质劣于第四类标准，其中，悬浮物、化学需氧量等指标略有改善，无机氮、活性磷酸盐指标有加重趋势。

（四）生态退化

在水生态方面，深圳市存在河道人工化、旱季河道干枯等问题（图 1-9）。随着城市化程度的加大，天然河流逐渐变为人工渠道。河床河岸的硬质化，阻隔了城市水生态内在的联系，会导致原先栖息、生长在上面的生物生存条件恶化，生物多样性降低，逐渐丧失河流的生态、景观和文化表现功能。受到截流的影响，旱季河道内基流量大幅减少，导致河道水位降低甚至出现干涸的现象，严重影响河道内生物的生存，破坏河道生态环境。

(a) 后海中心河(深圳河湾流域)

(b) 石岩河(茅洲河流域)

(c) 大浪河中游(观澜河流域)

(d) 四联河(龙岗河流域)

(e) 西乡河(珠江口流域)

(f) 石溪河(坪山河流域)

图 1-9　2016 年深圳主要流域水生态状况

三、海绵城市建设的挑战

深圳属于降雨充沛、暴雨频繁、高密度高强度开发的超大型城市。在这样的城市开展海绵城市建设面临巨大的挑战。

（一）高密度高强度开发

深圳市市域面积较小，发展空间和土地资源严重不足。在城市发展用地少但用地需求大的矛盾下，高密度开发存量土地成为深圳市的必然选择。根据海绵城市适建性分析，海绵设施建设的适建性与建设用地密度呈负相关关系。高密度开发的大面积硬化铺装、高容积率低绿化率、地下空间大量开发、建筑零退线等因素使雨水缺乏“渗、滞、蓄”空间，海绵措施的选择与布局受到限制，从而造成高密度开发区域的海绵城市建设及达标困难。

（二）高频高强度降雨

深圳降雨具有雨量大、集中在4～9月、暴雨频繁等特点；而且在气候变化和城市化影响下，深圳极端暴雨事件明显增加。国内外的实践表明，低影响开发海绵设施针对中小雨的控制效果较好，但对高强度暴雨径流的控制效果有限。此外，深圳市海绵城市建设的设计降雨为31.3mm，理想情况下可控制深圳70%的场次降雨径流。但实际上，由于深圳绝大部分场次降雨的雨前干旱时间较短（小于2天），在下一场降雨来临前，土壤水分往往没有被完全蒸散，导致一些海绵设施（如绿色屋顶、雨水花园等）的蓄滞能力不能完全恢复。如何应对高频高强度暴雨是深圳海绵城市建设的挑战之一。

（三）土壤下渗能力有限

“渗”是海绵城市建设重点增强的功能之一。然而，深圳部分地区的土壤下渗能力有限。一方面，深圳沿海地区分布饱和软土，天然含水量大、压缩性高、承载力低、渗透性小，不宜大规模建设地下入渗设施。另一方面，深圳市地下水埋深小于2m的地区占比达到25%。在这些地区应用下渗型海绵设施会对地下水水质造成影响，而且地下水位上升后也容易对地表下渗造成限制。此外，深圳地下空间开发强度大。地下空间上方存在隔水层，隔水顶板上覆的土壤层一般只有0.8～1.2m。由于隔水顶板的存在和上覆土层较薄，入渗型海绵设施在地下空间开发区的应用受到限制；即使选用入渗型海绵设施，雨水下渗到地下空间顶板后仍要通过盲沟有组织地排水到市政管网。

（四）地形地貌限制

深圳境内无大江大河，也没有大型水库，使得本地雨水资源调蓄能力较低。受地形地貌影响，深圳的河流短小，水系坡陡，沿海地区河流还受到潮汐顶托的影响。降雨期，雨水汇流时间短，使得水系的雨洪滞渗能力较差，造成洪、涝、潮灾害频发；无雨期，河流的基流较少，使得水系的自净能力较差。在这种不利条件下，如何开展雨水综合利用、洪涝灾害防治和水环境治理等是深圳海绵城市建设面临的重大挑战。

（五）城市建设的空间差异大

1. 更新区、新建区、保留区差异化建设

更新区中综合整治类和功能改变类城市更新不改变建筑主体结构，仅对建筑户外进行不同程度的改良和完善，这两类城市更新在办理流程上相对简单。拆除重建类城市更新项目因为涉及建筑物本身的拆迁，在办理流程上协调难度最大，但同时也是最彻底的一种城市更新手段。在新建区推行海绵城市建设较为便利，可以最大限度上实现预期设定的海绵城市建设目标。相比之下，城市中现状保留区推进海绵城市建设的难度和阻力相对较大。

2. 原特区内外差异化建设

由于历史原因，深圳市的排水管网建设错落复杂，在原特区内主要为雨污分流区，在原特区外主要为雨污混流区。雨水和污水混流后，严重污染河流水质。“十三五”以前，深圳市污水系统完善过程中，原特区内主要推行污水管网完善建设、重点片区开发建设和城市更新项目周边配套管网改造；原特区外主要推进污水管网和补短板建设。

3. 沿海与内陆差异化建设

深圳地下水埋深高的地方多位于丘陵山地，而地下水埋深浅的地方主要位于东西沿海地区。地下水开发利用遵循浅层地下水合理开发、沿海地区地下水严格保护、内陆地区深层地下水保护和适度合理开发的原则。沿海地区地势低洼，海水顶托较为严重，影响排水；受潮汐作用影响，污染水体容易黑臭。

（六）部门行业分割管理

海绵城市建设的复杂性和广泛性决定了其涉及多个行业（如规划、市政、水利、园林、环保）和部门（建设局、水务局、财政局等）的参与合作。目前来看，海绵城市在组织实施上存在各行业间缺乏工作协调、效率低，甚至互相推脱责任的情况；各种跨地域、跨层级的部门存在机构膨胀、监管难度大等问题。海绵城市的建设需要创新体制机制，克服我国长期形成的建设项目管理惯性，解决目前城市管理碎片化问题。同时应加强信息共享工作，建立各部门各行业协同机制，完善协调和联动平台，让各个利益相关群体广泛参与，共同推动海绵城市建设。

四、海绵城市建设的使命

深圳作为我国改革开放的前沿城市，自诞生之日起就肩负着先行探路的崇高使命。近年来，深圳被赋予国家可持续发展议程创新示范区、中国特色社会主义先行示范区、粤港澳大湾区建设等重任。同时，深圳开展海绵城市建设肩负着探索高密度超大城市可持续发展道路的历史使命。

（一）深圳市海绵城市建设

2016 年 4 月，深圳市入选第二批海绵城市建设试点城市。2016 年，由深圳市规划和国土资源委员会编制的《深圳市海绵城市建设专项规划及实施方案》指出，深圳市建设海绵城市的总体目标为，通过海绵城市建设，综合采取“渗、滞、蓄、净、用、排”等措施，最大限度地减少城市开发建设对生态环境的影响。除特殊地质地区、特殊污染源地区以外，到 2020 年，全市建成区 20% 以上的面积达到海绵城市要求；到 2030 年，全市建成区 80% 以上的面积达到海绵城市要求，以最高标准、最高质量开展深圳市海绵城市的规划和建设工作。以中国共产党第十九次全国代表大会精神为指引制定的《深圳水务未来发展战略》，提出了“健康水资源、稳固水安全、洁净水环境、优美水生态、活跃水文化、绿色水经济”的战略目标，“打造全面推行河长制及治水提质示范市、海绵城市建设先行市和智慧水务典范市，水务科技创新及产业孵化试验市，让碧水和蓝天共同成为深圳靓丽的名片，努力把深圳建设成为水生态文明的标杆城市”的战略定位。

（二）国家可持续发展议程创新示范区建设

2018 年 2 月 24 日，《国务院关于同意深圳市建设国家可持续发展议程创新示范区的批复》印发，同意深圳市以创新引领超大型城市可持续发展为主题，建设国家可持续发展议程创新示范区。按照国务院要求，深圳将聚焦资源环境承载力和社会治理支撑力相对不足“两大问题”，围绕建设更具国际影响的创新活力之城、建设更加宜居宜业的绿色低碳之城、建设更高科技含量的智慧便捷之城、建设更高质量标准的普惠发展之城、建设更加开放包容的合作共享之城“五大重点任务”进行攻坚。深圳将实施资源高效利用、生态环境治理、健康深圳建设和社会治理现代化“四大工程”，集成应用污水处理、废弃物综合利用、生态修复、人工智能等技术，统筹各类创新资源，深化体制机制改革，探索适用技术路线和系统解决方案，形成可操作、可复制、可推广的有效模式，对超大型城市可持续发展发挥示范效应，为落实 2030 年可持续发展议程提供实践经验。

海绵城市建设是深圳开展国家可持续发展议程创新示范区建设的重要抓手，将在强力推进生态环境治理、促进生态系统可持续发展等方面发挥重要作用，推动人与自然更加和谐、更加友好。

（三）粤港澳大湾区建设

2019年2月18日，中共中央、国务院印发《粤港澳大湾区发展规划纲要》。按照规划纲要，粤港澳大湾区不仅要建成充满活力的世界级城市群、具有全球影响力的国际科技创新中心、“一带一路”建设的重要支撑、内地与港澳深度合作示范区，还要打造成宜居宜业宜游的优质生活圈，成为高质量发展的典范。

粤港澳大湾区以香港、澳门、广州、深圳四大中心城市作为区域发展的核心引擎。粤港澳大湾区战略，不仅是粤港澳地区自身加快经济社会转型、实现可持续发展的迫切需要，也将为深圳实现更高水平发展提供广阔空间。在国家大力推进粤港澳大湾区建设的背景下，深圳发展面临重大的战略机遇。作为粤港澳大湾区发展的纲领性文件，“绿色发展，保护生态”是《粤港澳大湾区发展规划纲要》的基本原则之一，这与海绵城市的建设理念一脉相承。此外，为了促进大湾区可持续发展，《粤港澳大湾区发展规划纲要》提出了“牢固树立和践行绿水青山就是金山银山的理念”“强化近岸海域生态系统保护与修复”“推进城市黑臭水体环境综合整治”“创新绿色低碳发展模式”等重要论断，分别对接海绵城市建设的水生态、水环境、水资源、水安全部分，并为每一部分工作的推进提供了指导。

（四）中国特色社会主义先行示范区建设

2019年8月18日《中共中央　国务院关于支持深圳建设中国特色社会主义先行示范区的意见》正式印发。国家要求深圳“抓住粤港澳大湾区建设重要机遇，增强核心引擎功能，朝着建设中国特色社会主义先行示范区的方向前行，努力创建社会主义现代化强国的城市范例”。

深圳建设中国特色社会主义先行示范区的战略定位之一是“可持续发展先锋”。在生态环境领域，深圳将率先打造人与自然和谐共生的美丽中国典范，计划力争实现三大阶段性目标：到2025年，生态环境质量达到国际先进水平，基本实现生态环境治理体系和治理能力现代化，全面形成绿色发展方式和生活方式，率先实现碳排放达峰，为落实联合国《2030年可持续发展议程》提供中国经验；到2035年，生态环境质量达到国际一流湾区水平，成为具有国际影响力的美丽湾区城市；到21世纪中叶，成为竞争力、影响力、示范力卓越的全球可持续发展标杆城市。

在先行示范区建设的具体措施中，明确要构建城市绿色发展新格局：坚持生态优先，加强陆海统筹，严守生态红线，保护自然岸线；实施重要生态系统保护和修复重大工程，强化区域生态环境联防共治，推进重点海域污染物排海总量控制试点；同时要提升城市灾害防御能力，加强粤港澳大湾区应急管理合作；加快建立绿色低碳循环发展的经济体系，构建以市场为导向的绿色技术创新体系，大力发展绿色产业，促进绿色消费，发展绿色金融；继续实施能源消耗总量和强度双控行动，率先建成节水型城市等。中国特色社会主义先行示范区建设也对深圳海绵城市建设提出了更高更远的目标。

第二章　深圳海绵城市建设的总体方略

借鉴国内外海绵城市建设经验，深圳市将海绵城市建设纳入城市发展战略，从系统治理流域统筹、宏中微观综合考量、治水治产治城融合、部门协同社会参与等方面探索海绵城市建设的方略。

第一节　国内外海绵城市建设经验的借鉴

一、先进治水理念的借鉴

（一）国外先进治水理念

20 世纪 70 年代以来，全球范围内由于暴雨造成的城市径流污染与内涝灾害日益加剧，各国纷纷意识到城市雨水管理的模式应由原来的“快速、高效的工程排水”转化为“雨水蓄渗、缓排、利用”，并提出了各种新型的雨洪管理理念，如最佳管理措施（BMPs）、低影响开发（LID）、绿色基础设施（green infrastructure，GI）、可持续城市排水系统（SUDS）、水敏感城市设计（WSUD）、基于自然的解决方案（nature-based solutions，NBS）等。

1. BMPs

20 世纪 70 年代，美国针对非点源污染控制问题提出了 BMPs。美国国家环境保护局（United States Environmental Protection Agency，USEPA）把 BMPs 定义为任何能够减少或预防水体污染的方法、措施或操作程序，包括工程、非工程措施的操作和维护程序。该理念最初运用在水利及农业方面，随后逐渐运用于城市雨水系统。工程措施方面主要通过延长径流停留时间、减缓水流、增加入渗、沉淀过滤等方法削减雨水径流体积及净化雨水水质，具体措施包括渗透路面、雨水湿地、砂滤系统等。非工程措施包括法律法规和公众教育等，强调政府与公众的互动，通过加强管理和公众自觉维护来减少雨水径流对环境的影响。80 年代美国国家污染物排放削减体系（national pollutant discharge elimination system，NPDES）将雨水径流所带来的面源污染的防治纳入其中，通过法律手段进一步促进 BMPs 的实施。经过多年的实践和不断完善，90 年代末 NPDES 重新修订并于 2003 年在全美范围内推广实施。

随着研究的深入和实践的累积，20 世纪 90 年代美国提出了第二代 BMPs 即低影响开发 BMPs（LID-BMPs）。它主要采用分散的、小型的雨水处理设施取代大型的处理设施，主要措施有植被草沟、生物滞留池、绿色屋顶等。与第一代相比，第二代 BMPs 规模小且灵活，适合在建筑密度大的地区使用，造价也更加低廉，还同时考虑到了城市景观、生态效益提升的需求。

2. LID

20 世纪 90 年代初，美国马里兰州乔治王子郡环境资源署提出 LID 的理念。该理念强调景观设计与雨水滞留相结合，旨在从源头避免城市化或场地开发对水环境的负面影响，强调利用小型、分散的生态技术措施来维持或恢复场地开发前的水文循环，如构建屋面雨水系统、雨水调蓄系统、植被草沟等，设施的尺度大多是场地尺度。USEPA 对 LID 的定义为“在新建或改造项目中，结合生态化措施在源头管理雨水径流的理念与方法”。90 年代末 USEPA 编制了第一个全面的 LID 设计技术标准；2008 年 USEPA 在绿色基础设施框架下编制了一系列 LID 指导文件；随后，美国绝大部分州也颁布了 LID 设计手册等技术指导文件（张颖夏，2015）。历经多年的发展和研究，美国 LID 技术应用已迈进了法规化、系统化的全新阶段。

实践证明，这些主要针对高频次、小降雨事件的分散型 LID 有很好的环境和经济效益，弥补了传统灰色措施在径流减排、利用和污染控制方面的不足。监测数据表明，通过绿色屋顶、雨水花园、植被草沟等 LID 可以去除雨水径流中的悬浮物、总磷、总氮和重金属等，还可以有效减少暴雨径流量，延缓径流峰值，显著改善水生态环境。LID 技术还具有一定的景观功能性，在城市道路、广场、公园、居住区等空间中具有较强的适用性，特别适用于改造工程和新建地区。与传统雨洪管理措施相比，LID 还有造价与维护费用低等优点。

3. GI

在传统发展模式和灰色基础设施下，大量城区雨水直接排放，严重影响城市流域内的水循环，并且危及生态系统，GI 在此情形下应运而生。美国保护基金会和森林管理局组织的“GI 工作小组”于 1999 年提出了 GI 的首个定义：GI 是国家的自然生命支持系统（nation’s natural life support system）——一个由水道、湿地、森林、野生动物栖息地和其他自然区域，绿道、公园和其他保护区域，农场、牧场和森林，荒野和开敞空间组成的相互连接的网络（Benedict and McMahon，

2000）。2007 年，USEPA 将 GI 这一概念引入城市雨洪管理之中。

在实际应用中，GI 的主要技术措施可分为场地（雨水桶、渗透铺装、绿色屋顶等），居住小区（绿色停车场、生态景观水体等）和区域或流域（滨水生态景观带、生态公园等）等不同层次，通过下渗、调蓄、滞留、蒸腾、蒸发等原理和一系列技术措施，控制城市雨水径流、科学利用雨水资源、保护城市水环境和促进城市良性水循环。例如，美国西雅图市的街道边缘新方案项目利用 GI 处理街区道路及其周边近 0.93hm^2 用地的雨洪，有效减少了 99% 的雨水径流流量（王茜和姜卫兵，2019）。

4. SUDS

20 世纪 90 年代，针对传统排水系统水资源得不到合理利用、水环境遭到破坏等现象，英国提出了 SUDS 的理念，将排水系统的建设目标从单纯的雨水管理逐渐发展到对整个自然水环境的保护。21 世纪初，SUDS 迈入法规化阶段，英国首先将 SUDS 建设纳入法律强制条例，规定 2006 年之后新建地区必须采用 SUDS（王健等，2011）；英国环境、食品及农村事业部于 2007 年发布了第一部《SUDS 指南》，并于 2015 年更新。

SUDS 是个多层次、全过程的控制系统。SUDS 在设计上要求综合考虑土地利用、水质、水量、水资源保护、景观环境、生物多样性、社会经济因素等多方面问题，其主要宗旨是从可持续的角度处理城市的水质和水量，并体现城市水系的宜人性。SUDS 改变了传统雨水系统设计的快速排放方式，采取过滤式沉淀池、渗透路面等多种措施来调峰控污，既可以应用于新建城区增加雨水的利用，也可以改造老城区扩展其饱和的排水系统容量。例如，英国建设丹弗姆林东区时采用了包括源头控制、储存池、滞留塘、暴雨径流湿地等多项技术措施，构建起了完整的可持续排水系统，实施后区域地表径流排放大大减少，且几乎完全消除了新开发区域的面源污染，同时节省了投资者的费用并实现了人与自然的和谐相处。

5. WSUD

澳大利亚有超过一半的人口定居在城市并且该比例在逐年上升，而近年来水体污染、水土流失、城市内涝、水资源短缺等城市水问题愈发严重。1994 年，Whelan 等在报告中正式提出针对澳大利亚城市特点的雨水管理模式，称为 WSUD（Beecham，2002）。1999 年在维多利亚雨洪大会上，研究者进一步补充、完善了 WSUD 的概念。到 21 世纪初，人们更加重视 WSUD 与 LID 的整合，同时也注重它与排水管网的配合（穆文阳，2016）。澳大利亚国家水务委员会对该概念的界定是“它将城市规划与城市水循环的管理、保护和保持有机结合在一起，以确保城市水管理对自然水文和生态循环的敏感性”（National Water Commission，2004）。2009 年，澳大利亚水敏感城市联合指导委员会印发了《水敏感城市设计国家指南》，一些地区接着颁布了地方指南，以便将 WSUD 纳入当地的法律法案和管控体系（邓龙，2017）。

WSUD 系统将供水、污水、雨水、地下水等在内的城市水循环作为一个整体进行考虑，以雨水系统为核心，通过与其他子系统产生联系和衔接来构建城市的良性水循环系统，并通过雨水水量、水质、水资源、水生态及水景观的整合设计建立起城市社会功能、环境功能和经济效益之间的联系。例如，澳大利亚黄金海岸水项目整合了三个供水来源为社区供水，包括自来水、处理后的废水及收集的屋顶水，使自来水的用水量减少 80% 以上；澳大利亚林恩布鲁克房地产将建筑、道路、街道景观、公共开放空间与雨洪管理系统结合，形成一套完整的 WSUD 系统，有效降低了径流量和径流污染（降低了径流中 90% 的悬浮固体、80% 的磷、60% 的氮）（冀紫钰，2014）。

6. NBS

为应对人类生产、生活引发的生态失衡、服务功能退化、突发风险增强等一系列问题，既需要依靠技术解决工程问题，又需要全面管理社会生态系统，以提高生态系统的服务能力。在此背景下，NBS 孕育而生。20 世纪 90 年代，欧盟委员会首次提出 NBS 的概念：“NBS 是受到自然启发和支撑的解决方案，在具有成本效益的同时，兼具环境、社会和经济效益，并有助于建立韧性的社会生态系统”（European Commission，2015）。与以往的概念相比，NBS 明确地建立起与其他概念、方法的联系，同时更加强调资源和资本的有效性，因此 NBS 具有更大的潜力支持可持续发展目标的实现。

NBS 的发展与规范化得益于多个国际组织的积极推动。世界银行在 2008 年发展报告中将 NBS 作为减缓和适应气候变化领域的投资重点。2009 年世界自然保护联盟也在关于联合国气候变化框架公约的文件中引入 NBS。2012 年，世界自然保护联盟正式将这一概念作为其 2013 ~ 2016 年三大工作计划之一，并确立了工作框架，使得 NBS 具备了一定的可操作性。自 2013 年以来，NBS 先后成为世界自然保护联盟及欧盟委员会的优先工作领域。2015 年欧盟委员会将 NBS 纳入“地平线 2020”（Horizon-2020）科研计划，以更大规模开展试点（陈梦芸和林广思，2019）。

NBS 促进城市适应性转型的成功案例有很多。例如，美国纽约斯塔滕岛为了防范风暴潮灾害，摈弃传统堤防的模式，采用具有多重环境、经济效益的牡蛎生态堤防模式。一方面，牡蛎生态堤防可以净化雨水，另一方面，牡蛎作为经济产业，增加了当地居民的就业机会。牡蛎壳还可以通过加工制作成建造材料，实现绿色循环经济，降低海岸建设和维护的成本，并提供社会参与基础设施建设的机会。

上述国外雨洪管理模式的核心理念、设计目标、保障机制的比较如表 2-1 所示。

表 2-1　国外雨洪管理理念比较

名称	核心理念	设计目标	保障机制
LID	利用小型、分散的生态技术措施来维持或恢复场地开发前水文循环，经济、高效、稳定地解决雨水系统综合问题	①侵蚀和泥沙控制目标 ②补水 / 基流目标 ③水质目标 ④河道保护目标 ⑤洪水控制目标	国家层面：国家污染物排放清除系统联邦条例、LID 设计技术标准、LID 指导文件； 地区层面：LID 设计手册等技术指导文件、雨洪管理相关法规
GI	通过多尺度的绿色空间规划实现自然水环境、生态系统的修复和保护等综合目标		
BMPs	控制雨水径流和改善雨水径流水质		
SUDS	综合考虑城市环境中水质、水量和地表水的娱乐游憩价值，构建可持续的良性城市水循环	①地表径流去向 ②水量标准 ③水质标准 ④舒适度标准 ⑤生物多样性标准	欧盟水框架指令、德国联邦水法、SUDS 指南
WSUD	围绕城市水的可持续循环来科学地规划城市设计，最大限度地减少对环境的不利影响	①水质目标 ②水量－水文管理目标 ③水供应及废水目标 ④自然功能和舒适性 ⑤维护和持续运行	国家层面：WSUD 国家指南； 地区层面：对应地方指南
NBS	依靠科技力量了解自然，并利用自然以应对社会－经济－环境三者耦合的可持续发展的挑战	①加强可持续城市化 ②恢复退化的生态系统 ③减缓气候变化 ④提高风险管理和生态复原力水平	全球层面：联合国气候变化框架公约、世界自然保护联盟 2013 ~ 2016 年三大工作计划之一、欧盟委员会“地平线 2020”科研计划

（二）可借鉴之处

1. 建设目标

20 世纪 70 年代，第一代 BMPs 提出，以控制非点源污染为目标；随后出现 LID、GI 等理念，目标从单纯的污染控制扩展到了水质水量控制、资源利用、生态恢复、构建良性水循环等多方面。深圳历经多年的快速城市化后，资源环境承载力相对不足，面临着多种城市水问题，为统筹城市水系统治理与城市建设，深圳海绵城市的建设目标不能仅局限于雨洪管理，而是要以现代城市雨洪管理为核心和着力点，探索新型、可持续的城镇化建设和发展模式，实现城市安全保障、资源高效利用、生态环境提升和社会治理现代化。

2. 控制指标

欧美等国家在解决城市雨水问题的过程中，逐步建立了完善的指标体系，涉及水量、水质、生态、景观等多项指标，具体包括洪水控制、基流补给、河道侵蚀、面源污染、自然功能和舒适度、生物多样性等。我国在海绵城市建设方面也先后出台了相应的指标控制要求，但是中国幅员辽阔，各地区地理气候特征、水资源禀赋不同，其海绵城市建设的任务指标也应该有所不同。深圳应结合其自然地理条件和高密度、高强度开发的特征，制订相应的水生态、水环境、水资源、水安全指标。

3. 实施途径

发达国家由于较早迈入城市化，在协调、平衡城市发展与水环境保护方面积累了丰富经验，逐渐形成了较完善的水治理体系。例如，美国的 BMPs、LID 强调利用生态措施控制面源污染、削减源头径流；英国的 SUDS 利用源头渗透措施、排水管网、滞留池构建起多层次、全过程的控制系统，实现雨水全过程控制及利用。针对深圳城市建筑密度大、降雨量充沛且时空分布不均、流域水系发达等特点，明确海绵城市实施的总体思路，即把握宏观与微观措施衔接融合，灰色与绿色设施融合互补，最终实现源头、过程、终端全过程控制。具体而言，可以从源头低影响开发雨水系统、城市排蓄系统、水生态体系三个层次借鉴相关的实施途径。

建设源头低影响开发雨水系统。通过分布式的生物滞留池、渗透铺装、绿色屋面、雨水花园、植被草沟等措施，减少不透水表面的面积，模拟自然状态的排水系统，充分利用土壤渗透和绿化滞留、吸附作用，削减雨水径流的排放量、产流速度和污染负荷，并且补给地下水，实现“慢排缓释”和“源头控制”的规划理念。

建设城市排蓄系统。首先是城市骨干排水系统的建设完善，包括水库、湖泊、排涝骨干河网、排涝泵站等设施的规划建设；其次，应对一般河道、坑塘等水域进行规划，保证城市河网的调蓄能力；最后，还要加强城市调蓄系统的建设，包括传统的地下调蓄池、调蓄隧道，以及结合城市绿地、广场而建设的多功能调蓄设施，旨在进一步提升城市的调蓄能力。

构建水生态体系。首先，应结合基本生态控制线、蓝线和绿线规划等，将山水林田湖草等与城市水生态密切相关的要素划入保护范围，严格管控。其次，采用各类近自然的措施恢复和重构受损城市河网生态系统、提升周边景观，构建城水融合的城市水生态体系。

4. 保障机制

海绵城市建设是涉及许多行业的系统化工程，需要综合运用行政、法律和经济政策激励等多种手段，才能保证海绵城市建设的顺利推进。

在法律方面，美国的《清洁水法案》将污水排放许可制度、雨水径流排放相关要求纳入其中，为BMPs、LID、GI等理念的推广应用提供了依据，WSUD同样也有相关法律支撑。在技术标准方面，LID设计技术标准、WSUD国家指南等从技术角度规定了项目规划、设计、施工、运维的具体标准，保证了项目质量。我国海绵城市建设需要因地制宜的法律法规支撑，在海绵城市建设的规划、设计、实施和运维等环节也需要技术规范的指导。

在激励政策方面，美国采取控制税收、给予补贴资助和优惠贷款、发行义务债权等一系列经济手段，激励企业和居民参与LID和GI建设。例如，一些州的雨水收集利用项目会减免相关的固定资产税和销售税，同时为安装雨水收集利用的家庭提供一定数额的费用支持；华盛顿特区创设了“绿色屋顶基金”，鼓励建筑开发商在房屋建造过程中将普通屋顶改建为绿色屋顶，政府从所征得的雨水管理费中支出相应的补贴费用。参考国外的经验，深圳的海绵城市建设也需要制定相应的激励政策。例如，以补贴的方式减少雨水利用设施的建设费用，还可根据海绵城市的实际开发建设情况，建立相应的评价体系，根据评价结果给予相应奖励等。

二、先进城市经验的借鉴

（一）国外城市借鉴

发达国家在城镇化过程中同样经历过城市内涝、水质污染、水资源短缺等困境。国外城市根据其自然条件、社会经济及水问题，已经开展了大量的探索和实践，因地制宜地提出了各自的雨洪管理模式。本节选择在雨洪管理上较为成功、在气候条件或社会经济发展方面与深圳相似度较高的国外城市，通过梳理这些城市的雨洪管理经验，为深圳海绵城市建设提供借鉴。

1. 新加坡

新加坡位于东南亚，是马来半岛最南端的一个热带城市岛国，国土面积约为682.7km^2，人口约500万。新加坡由新加坡岛及附近63个小岛组成，其中新加坡岛占全国面积的91.6%。新加坡属热带海洋性气候，常年高温多雨，年平均降雨量约2400mm，远高于世界平均水平的1050mm，降雨密度高、持续时间短。

虽然新加坡的降雨充沛，却属于水源型水资源缺乏国家，其人均水资源占有量排名世界倒数第二。由于地势起伏和缓、平均海拔低、无良好蓄水层、国土面积狭小、河流短促等原因，新加坡水资源调蓄能力较差，天然水资源十分有限。为了实现用水自给自足的目标，新加坡积极推动雨水收集利用，在城水融合、人水和谐理念的指导下保障水的基本生态空间，开展了富有成效的探索，具体措施如下。

1）ABC 水计划

A——活跃（active），在水体边打造新的社区空间，鼓励市民参与环境保护与管理，并积极参加亲水活动；B——美丽（beautiful），提倡将水道、水库等打造成充满活力、风景宜人的空间，将水系与公园、社区和商业区的发展融为一体；C——清洁（clean），通过降低流速、清洁水源等全局性的管理手段来提高水质，美化滨水景观。为保障项目建设质量，提高建设单位积极性，公用事业局推出 ABC 城市水域景观设计认证计划，被授予 ABC 认证的开发建设项目将会得到一定的奖金。除了经济激励外，该认证也是对项目荣誉和专业上的认可。

2）完善的雨水收集系统

在新加坡的规划中，居民小区、街道、绿地、高速公路两旁等都设置了雨水沟道或集水明沟渠，雨水经边沟收集流入若干条雨水干道，再流入分布在新加坡本岛四周的主雨水干渠道，最后流入在海边建设的大型蓄水库。大型蓄水库通过管道联通，根据需要调节利用。雨水地下渠道网络既解决洪涝问题又可充分利用雨水，造福于民。新加坡每天耗水的 50% 水源都来自收集的雨水。

3）水敏性与宜人性的完美结合

ABC 项目在实施过程中重视水敏性手段与城市空间和景观的整合，尽量加强环境的美学性，创造富有活力的滨水娱乐空间。通过这些措施，可以改善生活服务设施和提升土地价值，并提高公众对项目的欢迎程度。

4）集水区设置、管理与保护

新加坡因地制宜设置集水区，并建立了完善的法律体系来保护这些集水区。集水区大致可以分成三类：受保护集水区、河道蓄水池及城市骤雨收集系统。受保护集水区为自然保护区，其土地专门用来收集雨水；利用河道出口和海滨堤坝修建的均为大型的河道蓄水池；城市骤雨收集系统即建筑屋顶专门用于收集雨水的蓄水池，雨水经过管道输送到各个水库储存。为保证水质达标，委托相关单位定期监测从集水区到用户用水点之间各个节点的水质，并不定时对集水区周边的工厂进行突击检查。

2. 东京

东京是日本的首都，位于日本关东平原中部，是面向东京湾的国际大都市，也是世界经济发展度与富裕程度最高的都市之一。东京市总面积 2194km^2，人口密度 6224 人 /km^2（2016 年），与深圳（常住人口 6484 人 /km^2，2018 年）较为接近。东京属于亚热带季风气候，四季分明，降水充沛，年降雨量 1445mm（2018 年），夏季受东南季风影响降水较多。与深圳类似，东京易受到台风影响而遭受强降雨袭击，面临较为严峻的暴雨灾害问题。为应对城市暴雨问题，东京在全市推广应用雨水调节池、雨水多功能调蓄设施及小型的雨水渗透设施，以期削减地表径流，与此同时利用收集到的雨水缓解供水压力。东京还通过法律制度、激励措施等保障雨水工程的高效推进，具体措施如下。

1）雨水储留渗透计划

1980 年日本开始推广雨水储留渗透计划，利用公共设施、停车场、庭院、绿地、公园的大面积场所，修建大量的雨水调节池，将天然雨水储存下来。随后，在传统的、功能单一的雨水调节池的基础上发展了多功能调蓄设施的理念，雨季可以用来蓄洪，非雨季或没有大暴雨时，多功能调蓄设施还可以发挥景观、运动、休闲娱乐、泊车等功能。雨水利用不但满足了日本人自己的需求，还通过中东装石油的油轮，向阿拉伯国家出口雨水（钟素娟等，2014）。

2）激励措施

在经济政策上，日本采用减免税收、发放补贴、基金、提供政策性贷款等方式来促进雨水利用工程的实施。在 1996 年建立的“墨田区促进雨水利用补助金制度”试点工程，按储水装置大小分三个等级进行补助，补助金额在 2.5 万 ~ 100 万日元不等。

3）法律制度

1988 年，非政府组织“雨水储留和渗透技术协会”在民间成立，该协会编写了雨水利用指南，为日本雨水利用法律法规的制定提供了依据。日本政府于 1992 年颁布了“第二代城市下水总体规划”，要求新建、改建的大型公共建筑物必须设置雨水下渗设施，将可渗透路面、雨水渗渠、下沉式绿地、渗透塘正式作为城市规划的组成部分（罗义等，2018）。

3. 墨尔本

墨尔本是澳大利亚第二大城市，位于澳大利亚东海岸维多利亚州南部，面积为 8831km^2，人口为 448 万人（2011 年）。墨尔本地处平原，有少量的矮山地。墨尔本属温带海洋性气候，气候干燥，年蒸发量在 1241mm，多年平均降雨量约 400mm，全年降水均匀。随着城市规模的扩张和经济的快速发展，墨尔本面临洪涝威胁、水资源短缺、水环境污染、湿地萎缩等问题，为应对上述问题与挑战，墨尔本开始探索新的水资源利用模式，有借鉴意义的措施如下。

1）制度保障

墨尔本的主要雨水管理理念为WSUD，而墨尔本市有关WSUD的立法与政策的构架主要从联邦政府、维多利亚州政府和墨尔本市政府三方面展开，三级立法虽然在内容上有重叠但是指标体系是逐层细化的。澳大利亚联邦政府主要从《国家水倡议》（*The National Water Initiative*）的角度，对各州水系管理提出总体原则和管理目标。维多利亚州涉及的相关政策与法规包括《1970年环境保护法案》（*Environment Protection Act 1970*）、《墨尔本2030——可持续发展的规划》（*Melbourne 2030—Planning for Sustainable Growth*）、《国家环境保护政策》（*State Environment Protection Policies*）、《1989年地方政府行动》（*Local Government Act 1989*）、《1987年规划与环境保护法》（*Planning and Environment Act 1987*）、《1993年建筑法》（*Building Act 1993*）、《维多利亚州规划政策框架》（*State Planning Policy Framework*）、《墨尔本市战略声明》（*The Municipal Stategic Statement*）。墨尔本市政府主要从墨尔本未来计划、零碳排放量计算、总体城市流域规划等方面来构建政策框架WSUD的行动纲要（Melbourne Water，2010）。

2）激励政策

墨尔本水务局河流健康激励计划（RHIP）为土地所有者、当地政府、维多利亚公园和社区团体等提供财务和技术援助，帮助他们改善水道状况。RHIP由4种不同的计划类型组成，包括溪流临街管理计划、农村土地计划、社区补助金和绿色走廊计划等。

3）利用模型进行规划管理

数学模型在墨尔本水敏城市建设中起着重要的作用。通过MUSIC模型在采取任何雨洪管理措施之前估计预期污染负荷对流域影响，为项目中可替代的雨洪处理措施的优劣比较提供基础依据。考虑到不同场址、技术和潜在用水方式的组合可能会对公众健康、生态环境带来不同的风险类型和水平，墨尔本将质量管理分为4个阶段，即计划（plan）、执行（do）、检查（check）、处理（act），使用基于PDCA循环的风险评估框架来管控风险。

4）示范项目

林恩布鲁克房地产是澳大利亚较有代表性的WSUD应用实例。该项目将建筑、道路、街道景观、公共开放空间与雨洪管理系统相结合，形成完整“链条”。例如，位于次级道路上的植被草沟和砾石沟系统对径流进行收集、渗滤并传输到主干道；径流继续通过在主干道隔离带中设置的生物滞留系统，经过植被渗滤后由下部管道传送到湿地和湖泊系统；在湖泊一侧的渗滤系统则可通过自重供给从湖里获得的经过处理的水，以保证提供足够的水来灌溉城市公园。这一系列WSUD措施减少了新建设项目对环境的影响，降低了暴雨后内涝的风险，减少了径流量和径流污染。

4. 纽约

纽约是美国第一大城市及第一大港，建成区面积约为790km^2，人口密度达到10715人/km^2（2010年）。纽约市属于北温带，四季分明，雨水充沛，年降雨量达到1056mm。纽约市滨海的地理位置、极高的人口密度、较高的不透水率都与深圳市的现状颇为相似，不透水区域比例约为72%，合流制区域比例在70%以上，在纽约城市建成区内实施雨水系统改造极具挑战。为有效引导城市建成区雨水流向，纽约市最大限度保留自然水体与河道，发挥自然蓄积力量，同时顺应高度城市化特征，因地制宜地在全市应用小型雨水收集设施，并利用公开在线系统展示全市设施建设情况，有借鉴意义的措施如下。

1）纽约环保局雨桶赠品计划

该计划主要目标是实现源头控制和鼓励公众参与。计划从2008年起开始执行，首批250个60加仑①雨水桶面向牙买加湾流域试点的学校及居民免费发放，现已推广全市，共发放雨水桶超过5000个，在市民中引起了热烈的反响。

2）公开的交互式网络地图

纽约的GreenHUB研发项目是一个基于Web的应用程序，具有数据管理功能，可在整个生命周期内在全市范围内为成千上万的绿色基础设施实践提供项目跟踪。2015年，纽约环保局发布了一个可公开访问的交互式网络地图，显示所有先进设计、施工或建造状态下的绿色基础设施实践。地图可以在纽约环保局网站上找到，每月自动更新一次。该网站向公众免费开放。

3）蓝飘带项目

纽约环保局制订了部分流域的排水规划，最大限度地保留原有的包括溪流、池塘和湿地的自然排水廊道，称为蓝飘带（blue belt）。该项目将自然排水渠道与传统雨水排水管道结合，形成综合雨洪管理系统。在集水区建立湿地作为雨洪控制的措施，湿地通过暂时储存雨水使相邻区域和下游区域免受洪涝危害。该项目有效地解决了斯塔滕岛1/3的雨水径流量，同时也为公众提供了公共开放空间，为生物提供了多样化的栖息地。整个项目相比同样面积的传统排水管道节约了数百万美金，同时证明了其生态价值和经济价值。

5. 伦敦

伦敦位于英格兰东南部的平原上，地形平坦，全市平均海拔约为24m。伦敦

①1加仑=3.785L。

面积约为 1572km^2，人口密度约 5729 人 /km^2（2018 年）。伦敦属温带海洋性气候，四季温差小，夏季凉爽，冬季温暖，年均降雨量约为 600mm，一年四季降雨较为均匀。伦敦和深圳同属于高度城市化地区，人口密度大。伦敦因为城市化早，下垫面硬质化程度极高，排水管网复杂，在极端天气条件下，城市内涝经常发生。通过运用 SUDS 理念，以及法律制度、激励措施的保障，伦敦对多个地块进行改造，成效显著，具体措施如下。

1）社会建筑的可持续排水理念改造

伦敦 Priory Road 区域改造前受到水文和水质两方面的干扰。该区域在百年一遇的降雨条件下，部分区域可达到 1.5m 的水深。开发后建筑落水管与雨水管相衔接，多余的雨水通过市政管网排走。将原先沿道路排水的部分雨水径流引入路边的低势绿地。建设由深浅不一的洼地组成的大型蓄滞空间。这一地区的改造为区域多样性活动的开展、学校教育对 SUDS 理念的纳入都起到了巨大的推动作用。

2）持续监测

持续监测伦敦可持续排水行动计划，每年提供进度报告，以进行趋势分析并发现新的可能性。只要有可能，更新项目的排水面积、体积和流量都会和项目一同进行报告。伦敦市将发布在线可持续排水项目制图工具，以提供在整个伦敦区域的可持续排水项目的信息。

3）示范项目

伦敦 Bridget Joyce 广场开发前由于不透水道路和停车场的存在易受到洪水影响。开发后，在道路中央开辟了一系列下沉式绿地，花园中部为行人提供了一条穿行的通道。这样不仅可以削减城市洪水带来的影响，而且可以为附近居民非正式的集会提供场所。该项目有以下可借鉴之处：在介入阶段方面，较早地介入建设开发过程有助于更好地确定实施方案和材料；在施工经验方面，安排有经验的设计者进行可持续排水监管是十分有必要的；在设计细节方面，超标雨水排放口处设置有粒径较大的石子作为雨水径流进入管网前的过滤装置；在社区参与方面，社区的共同参与在可持续排水项目中起到了重要作用。

表 2-2 总结了上述城市及深圳的自然气候条件、社会经济发展情况及雨水管理先进经验，以便更直观地进行比较。

表 2-2　深圳与国外先进城市对比

城市	自然条件	社会经济	先进经验
深圳	年降雨量 1830mm，降雨集中在汛期（4 ~ 9 月）	人口密度 6484 人 /km^2；人均 GDP 水平 18.9 万元（2018 年）	—

续表

城市	自然条件	社会经济	先进经验
东京	年降雨量 1445mm，降雨集中在夏秋季节	人口密度 6224 人 /km^2；人均 GDP 水平 48.6 万元（2016 年）	①综合性治理，恢复流域蓄水、滞水能力，抑制城镇化对径流系数的影响；②雨水分担概念：自然和人工设施分别分担不同流量的雨水；③雨水储留渗透走向法制化
新加坡	年降雨量 2400mm，降雨集中在 11 月至次年 3 月	人口密度 7804 人 /km^2；人均 GDP 水平 60.1 万元（2019 年）	①完善的雨水收集系统；②水敏性与宜人性的完美结合；③集水区设置、管理与保护；④ ABC 水计划设计认证
墨尔本	年降雨量 400mm，全年降雨分布均匀	人口密度 508 人 /km^2；人均 GDP 水平 33.7 万元（2011 年）	①运用数学模型为雨洪管理措施的规划、建设提供参考依据；②基于 PDCA 框架的风险管控；③在考虑居民需求的前提下实施 WSUD
纽约	年降雨量 1056mm，全年降雨分布均匀	人口密度 10715 人 /km^2；人均 GDP 水平 42.5 万元（2010 年）	①自然排水渠道与传统雨水排水管道结合，形成综合雨洪管理系统；②面向公众免费发放雨桶，鼓励雨水收集；③建立绿色基础设施数据库，对全社会开放
伦敦	年降雨量 600mm，全年降雨分布均匀	人口密度 5729 人 /km^2；人均 GDP 水平 50.0 万元（2018 年）	①发挥蓄水设施的游憩功能；②运用监测手段检验 SUDS 的可靠性；③规范融资和制度激励；④注重公众教育，培养公众认同感

注：人均 GDP 水平以 2019 年平均汇率进行汇率计算；深圳社会经济数据来源于《深圳统计年鉴 2019》；东京社会经济数据来源于 *Tokyo Statistical Yearbook 2017*；新加坡社会经济数据来源于 *Yearbook of Statistics Singapore 2019*；墨尔本社会经济数据来源于 https://www.melbourne.vic.gov.au/Pages/home.aspx；纽约社会经济数据来源于 https://apps.bea.gov/iTable/iTable.cfm?reqid=99&step=1#reqid=99&step=1&isuri=1，https://www.jetpunk.com/charts/population-of-new-york-city；伦敦社会经济数据来源于 https://data.london.gov.uk/dataset。

（二）国内城市借鉴

1. 海绵试点城市借鉴

2015 年我国以试点方式正式启动全国性的海绵城市建设，重庆、武汉、厦门等 16 座城市成为首批建设试点地区，先行获得国家财政每年 4 亿～6 亿元的支持探索海绵城市建设；2016 年 4 月，14 座城市入围第二批海绵城市建设名单，包括北京、深圳、上海等城市。首批试点中萍乡、南宁、池州、遂宁、白城、镇江 6 个城市评估优秀，第二批试点中深圳、青岛、宁波、西宁、福州 5 个城市评估优秀。纵观 4 年历程，各试点城市积极探索实践，基本实现了“小雨不积水、大雨不内涝、水体不黑臭、热岛有缓解”的整体目标，并逐步形成了完善的经验体系，对于深圳海绵城市建设有着极为重要的借鉴意义。

1）制度保障

海绵城市建设是对以往不成熟发展模式的改进，要有打持久战的耐心，更要有长效机制的保障。江苏镇江市政府设立“镇江市海绵城市建设管理办公室”，全面推进海绵城市建设试点后的相关工作，进一步完善海绵城市规划、设计、建设、运维等方面的管理机制，依法、持续将海绵城市建设推向深入。四川遂宁市也出台了《关于持续推进海绵城市建设工作的实施意见》，建立了海绵城市建设长效机制，强调要坚持规划引领、统筹推进，坚持问题导向、民生优先，坚持因地制宜、务实创新，坚持辖区负责、部门协同。同时遂宁市明确了拓展建成区海绵城市建设面积、海绵城市系统治理、改善人居三方面的要求，制定了有关规划编制、海绵建设管控、存量改造、要素保障、海绵设施运维、督察考核的措施。在该机制的保障下，海绵城市建设理念被贯穿到城市规划建设治理全过程，海绵城市建设持续深入推进。

2）全局把控

萍乡市经近百年无序扩张后，老城区布局不合理，局部地势低洼，同时城市基础设施薄弱、整体管网排水能力不足。针对这些不足，萍乡市提出了“全域管控、系统构建、分区治理”的技术方案，将 32.98km^2 的试点区域，扩大到全市域 3802km^2，构建起了全域尺度“海绵体”。在上游，通过建设截流隧道，减少城区段防洪排涝压力；在中游，打造总调蓄库容 350 万 m^3 的三大景观湖体，调节洪峰流量；在下游，建设河道连通工程、排涝闸泵站，增强城区排涝能力。同时，基于大排水系统的总体构架，萍乡市新城区注重利用自然肌理，保护河流、湖泊、塘堰、滩涂等自然蓄滞空间；老城区则重点解决内涝积水点和水环境治理等问题。通过开展海绵城市建设，萍乡城市排水防涝综合治理初见成效。

3）分区治理

经过多年的城市化发展后，国内很多城市处于新、老城区并存的状态。由于建设时间的早晚差异，老城区相比新城区在规划、施工、运维等方面落后许多，暴露的环境问题也更加复杂。为统筹推进新城区提升及老城区改造，宁波市提出新城区以目标为导向、老城区以问题为导向的建设思路。在新城区改造提升过程中注重规划引领，从因地制宜、灰绿结合、蓄用一体三方面出发全面提升新城区排水效率及环境质量，改造后植被覆盖率、水面率大幅度提高，城区热岛效应也显著低于中心城区。老城区应对缓解内涝、停车紧张、景观破损、公共设施欠缺等问题，以海绵改造为切入口，进行综合提升，效果显著。

2. 香港与台北经验借鉴

香港和台北针对雨水管理、水污染治理等问题也开展了广泛的研究与实践，相关经验也可为深圳海绵城市建设提供借鉴。

1）香港

香港地处中国华南地区，北接深圳市，西接珠江口。香港管辖总面积 2755.03km^2，人口密度 6698 人 /km^2。香港属亚热带气候，全年气温较高，年平均温度为 22.8℃。夏天炎热且潮湿，冬天凉爽而干燥。香港平均全年雨量 2400mm，5 ~ 9 月多雨，有时雨势颇大，雨量最多月份是 8 月，雨量最少月份是 1 月。

深圳和香港同属高度发达城市和地区，而且因为地理位置临近，地形地貌类似，气候特征十分相似。香港与深圳一样，暴雨等极端天气集中在雨季，容易产生洪涝灾害；香港河流属雨源性河流，城市水资源匮乏。香港的雨水管理注重灰色与绿色基础设施的构建与融合，以提升城市排水系统的韧性与弹性，具体措施如下。

（1）“防洪三招”治理水浸，即上游截流、中游蓄洪和下游拓渠。上游截流是通过将上游的雨水截取，然后经过排水隧道让雨水直接排放入海，不让雨水流到市区；中游蓄洪是指在中游建立地下蓄洪池，在暴雨期间将部分来自上游的地面水流储存，将高峰时期的洪水流量限制在下游排水系统的容量范围之内，然后错峰排放；下游拓渠主要是通过拓宽渠道来加强排洪能力。

（2）“蓝绿”建设提高排水系统的可持续性和弹性。香港在 2016 年 11 月发布了《蓝绿空间概念性框架》用来指导香港的“蓝绿建设”。“蓝绿”设施通过雨水的下渗和自然过滤来削减径流和提高径流水质。因此，“蓝绿”排水设施可以削减径流、降低径流污染、改善城市热岛效应、减少碳排放和能源消耗，并将自然水体环境融入城市空间。同时，其也可以通过辅助传统的排水管网削减径流和降低径流峰值，使得排水系统在面对极端暴雨事件时更有弹性。“蓝绿”设施包括植被草沟、生物滞留池、透水铺装、雨水花园、绿色屋顶及湿地等。

2）台北

台北位于台湾岛北部的台北盆地，西界淡水河及其支流新店溪，东至南港附近，南至木栅以南丘陵区，北包大屯山东南麓。总面积 271.8km^2，人口密度 9870 人 /km^2。台北属亚热带气候，由于海洋的调节，其气温比同纬度陆地地区高 2 ~ 5℃。该地区水资源主要来源就是充沛的降雨资源，多年平均降雨约为 2300mm，其中有约 78% 的降雨集中在 5 ~ 10 月，降雨分布的时空不均及山地多平原少的地貌特征使得大部分降雨快速流入海洋，雨水可留用能力极其有限，造成台北及整个台湾地区成为高度缺水的地区（王墨，2013）。降雨资源的时空分布不均、城市高度缺水，是台北、深圳共同面临的难题。台北积极运用城市自然水体、植被等天然调蓄设施调控雨水径流，同时开发其景观休闲、宣传功能，成为城市居民与环境相联系的纽带，具体措施如下。

（1）生态滞洪池：生态滞洪池一般结合绿地和水体进行设计，占地面积大，常设于流域内的泄水区、洪泛区或高滩地等易受淹浸的区域，以利于暴雨期间容纳暴雨径流。生态滞洪池能够降低洪峰流量、延缓峰值出现时间及增加入渗能力。暴雨过后，释放出积蓄的雨水量，又可发挥海绵体的作用。在进行设计时参考附近环境景观整体规划，对滞洪池进行兼具景观、休憩功能的规划，赋予滞洪池生命力。此外，滞洪池现阶段规划还考虑场地的长远使用目标，如有未来建筑的构建，则滞洪池在设计时会尽量避免结构体，利于建筑的基底施工（程慧等，2015）。

（2）生态河流：台北科技大学沿忠孝东路校园界面的“生态河流”改造设计，通过街道空间的景观设计达到美化环境与降低环境温度的目的，形成自身循环良好的微生态系统。该工程拆除了将校园与城市街道分隔的围墙，修建模拟自然状态的“生态河流”，河流收集雨水并将其纳入循环，并与“生态池”共同组成循环水流系统，缓解局部热岛效应、保证生物多样性长期稳定存在。“生态河流”还定期举行为中小学生及建筑设计从业人员服务的导览服务，向其传递生态设计理念，成为城市居民与环境相联系的纽带（曾煜朗，2010）。

（三）可借鉴经验

1. 建立多级雨洪管理系统

基于海绵城市理念的雨洪管理应是全过程、多尺度的。例如，萍乡在推进海绵城市建设的同时强调系统构建，构建起了全域尺度“海绵体”：既有保障防洪排涝的大排水系统，也注重分散式的雨水蓄滞措施，包括绿地、护坡及低影响开发措施。

深圳作为一个硬化面积大、天然景观较少、极端暴雨事件多的城市，可构建层次更加分明、功能更加多样的雨洪管理系统。合理布置渗透铺装、雨水花园、生物滞留池等低影响开发设施，通过对雨水的渗透、储存、调节、转输与截污净化等功能，有效控制径流总量、径流峰值和径流污染，解决大概率、小降雨事件的雨水径流；高标准改造排水系统，保证低影响开发设施溢流的雨水能通过转输系统排至河道等自然水体中，解决中概率、中降雨事件的雨水径流；构建行泄通道、调蓄池、深层隧道等人工设施，或者开发集休闲娱乐、蓄水于一体的多功能调蓄空间如湿地公园、景观水体等，来应对超过雨水管渠系统设计标准的雨水径流，解决小概率、大降雨事件的雨水径流。

2. 雨洪资源利用

回收利用大型市政建筑和商业建筑的雨水可节省大量的可利用水资源。例如，新加坡建立了完善的雨水地面渠道网络，既解决洪涝问题又充分利用雨水，收集的雨水支撑起了新加坡 50% 的供水量；伦敦奥林匹克公园内主体建筑和林地建立了完善的雨水收集系统，将回收的雨水和中水用于公园灌溉的同时还供给周边居民，居民每天人均用水量大幅度下降。

深圳人均水资源量低，外部调水依赖度高，应结合海绵城市建设，充分利用河道、湿地、水库等蓄水功能，完善雨水收集、调蓄、利用设施，推进雨洪资源化。应鼓励公园、大屋顶工业厂房、小区或商业区等建设项目结合自身特点，经过经济分析比较论证后，适度建设雨水收集回用设施，用作小区景观循环用水和绿地浇灌水等，缓解雨季排水压力的同时也可缓解水供需矛盾。

3. 强调人文、景观需求

现代雨水管理已不仅致力于解决雨洪问题，同时强调“以人为本”。在雨水管理过程中营造良好的人类生存空间已成为雨水管理者的共识，这包括增加亲水空间、改善城市景观、提供娱乐环境等。舒适性成为雨水管理的一个常见指标。新加坡 ABC 水计划强调在水治理的同时，美化水域周边环境，吸引市民回归滨水带，并鼓励市民参与环境保护与管理，打造活力城水空间。台北在设计生态滞洪池、生态河流时，也充分考虑了景观、休憩功能，并以其为纽带向周边居民积极传递生态设计理念。

深圳市建筑密度大，用地紧张，通过海绵城市的建设开发地块的雨水利用、景观休闲、科普教育的多重功能，对于改善城市人居环境、提升百姓生活幸福感有着极为重要的意义。应以水库、湿地、河流等水域（水体）为依托，建设打造以居民休闲观光、水文化展示为主要功能的休闲公园，将流域综合治理与公园建设有机结合，在为市民提供景观、休闲空间的同时，广泛宣传深圳水情水文化。

4. 打造智慧海绵

科技手段的辅助可进一步提升项目建设管理的效率。墨尔本运用数学模型为雨洪管理措施的规划、建设提供参考依据，同时以 PDCA 为模型构建的风险评估框架来管控风险，最大化提升项目建设效益。伦敦运用监测手段持续检验可持续排水系统的可靠性，并分析趋势，以便后期排水系统的优化与改造。

深圳应充分利用自身互联网的发展优势，依托大数据发展释放的红利，打造海绵城市一体化信息管理平台，为规划设计、工程改造、运行管理提供可靠依据，让海绵城市实现智慧化管理，大幅度提高城市排水运营管理水平。在项目开展前，通过模型应用，分析建设区域的现状情况，为规划设计提供理论支撑，同时根据模拟结果筛选出较为合理的方案；在海绵城市建设的不同阶段，对全市、试点区、项目三个层次开展在线监测和人工采样，构建考核评估系统，实现项目建设全生命周期管理、海绵城市建设成效的精细化评估和综合展示。

5. 鼓励公众参与

海绵城市建设是惠及广大百姓的民生工程，要把国家自上而下的工作要求转化为公众自下而上的民生需求，从旁观者的“被动海绵”转变成主人般的“自觉海绵”。国外的一些城市在这方面有很丰富的经验，如伦敦在进行小区改造时会充分收集、考虑居民的意见，并且鼓励他们参与施工过程，大大提升了居民们的认同感与满意度。纽约通过赠送雨桶，一方面推广了雨水收集技术，另一方面也提高了公众参与积极性，可谓一举两得。

深圳可以从以下几个方面培养公众意识，提升积极性：开展教育、培训普及海绵知识，使公众意识到雨水控制与利用的重要性；鼓励公众参与公共事务的决策过程；建立完善的意见收集反馈机制，鼓励公众积极献言献策；发挥社区的组织和管理作用，在考虑居民实际需求的前提下进行海绵项目的实施，项目施工过程中让当地居民参与其中，培养居民的主人翁意识的同时进而提升项目实施效果。

第二节　深圳海绵城市建设的目标

一、国家的要求

通过海绵城市建设，综合采取“渗、滞、蓄、净、用、排”等措施，最大限度地减少城市开发建设对生态环境的影响，将 70% 的降雨就地消纳和利用。到 2020 年，城市建成区 20% 以上的面积达到目标要求；到 2030 年，城市建成区 80% 以上的面积达到目标要求。

充分发挥山水林田湖草等原始地形地貌对降雨的积存作用，充分发挥植被、土壤等自然下垫面对雨水的渗透作用，充分发挥湿地、水体等对水质的自然净化作用，努力实现城市水体的自然循环。统筹发挥自然生态功能和人工干预功能，实施源头减排、过程控制、系统治理，切实提高城市排水、防涝、防洪和防灾减灾能力。通过大中小海绵的有效协调，逐步实现小雨不积水、大雨不内涝、水体不黑臭、热岛有缓解的建设目标。

为具体落实海绵城市建设目标要求，科学、全面评价海绵城市建设成效，住房和城乡建设部制订了海绵城市建设绩效评价与考核指标，分为水生态、水环境、水资源、水安全、制度建设及执行情况、显示度 6 个方面。水生态方面包括年径流总量控制率、生态岸线恢复、地下水位、城市热岛效应等，其中年径流总量控制率是最主要的指标。水环境方面，重点关注地表水环境质量和城市面源污染控制，鼓励设立地下水水质考察指标。水资源方面，重点关注污水再生利用率和雨水资源利用率，鼓励设立管网漏损控制指标。水安全部分，重点关注城市暴雨内涝灾害防治，鼓励设立饮用水安全指标。制度建设及执行情况方面，主要是约束性指标，鼓励制定促进相关企业发展的优惠政策。显示度方面，设立连片示范效应约束性评价指标。通过这些考核指标，推进全国海绵城市建设，增强海绵城市建设的整体性和系统性，使海绵城市建设做到“规划一张图、建设一盘棋、管理一张网”。

二、深圳的目标

作为经济高度发达的南方滨海城市，深圳雨水资源充沛、城市化水平高、人口密度大、土地开发强度高，面临着多种城市水问题。深圳的海绵城市建设不仅要围绕国家要求解决水安全、水资源、水环境和水生态等各个层面的问题，作为中国特色社会主义先行示范区，深圳在涉水的各个方面都应有更高的建设目标，不断探索新型、可持续的城镇化建设和发展模式，实现资源高效利用、生态环境治理、健康深圳建设和社会治理现代化。

（一）全市目标

深圳市以高标准推动海绵城市建设，构建完善的城市低影响开发系统、排水防涝系统、防洪潮系统，并使其与城市生态保护系统相结合，逐步建立“制度完善、机制健全、手段先进、措施到位”的管理体系，为建设经济发达、社会和谐、资源节约、环境友好、文化繁荣、生态宜居的中国特色社会主义先行示范区和国际化城市提供安全保障。

通过海绵城市建设，综合采取“渗、滞、蓄、净、用、排”等措施，最大限度地减少城市开发建设对生态环境的影响，将 70% 的降雨就地消纳和利用，条件较好的地区（如大鹏新区）力争不低于 75%。到 2020 年，除特殊污染源、地质灾害易发区外，城市建成区 20% 以上的面积达到目标要求；到 2030 年，城市建成区 80% 以上的面积达到目标要求。通过构建“自然海绵与人工海绵”的城市海绵系统，提升城市生态品质，增强风险抵抗能力，从而实现缓解城市内涝、削减径流污染负荷、提高雨水资源化水平、降低暴雨内涝控制成本、改善城市景观等多重目标，构建起可持续、健康的水循环系统，有力促进绿色生态城市的建设，探索新型城镇化建设道路。

为高效推进海绵城市建设，落实重点建设任务，考虑本地水生态、水环境、水资源、水安全等方面存在的问题，按照科学性、典型性并体现深圳市自然本地特征的原则，依据《海绵城市建设绩效评价与考核办法（试行）》等国家相关政策要求，参考深圳市相关研究成果，确定了深圳市海绵城市建设的六大类共 20 项指标，具体指标近、远期目标值如表 2-3 所示。

表 2-3　深圳市海绵城市建设指标体系

类别	序号	指标	目标值	
			近期（2020 年）	远期（2030 年）
水生态	1	年径流总量控制率	重点区域率先达到 70%	70%
	2	区域生态岸线比例	50%	70%
	3	建设项目生态性岸线恢复比例	70%	
	4	城市热岛效应	缓解	明显缓解
水环境	5	地表水体水质标准	饮用水达标率 100%，其他河流达到水污染治理考核要求	100%（地表水环境质量达标率）
	6	城市面源污染控制	旱季不得有污染物进入水体	基本建成分流制排水体制；源头雨水径流污染控制区域面积达到 80%
	7	合流制溢流污染（CSO）溢流污染控制	雨天分流制雨污混接排放口和合流制溢流排放口的年溢流体积控制率均不小于 20%	雨天分流制雨污混接排放口和合流制溢流排放口的年溢流体积控制率均不小于 50%
水资源	8	污水再生利用率	30%（含生态补水），其中替代自来水 3%	60%（含生态补水），其中替代自来水 12%
	9	雨水资源利用率	雨水资源替代城市自来水供水的水量达到 1.5%	雨水资源替代城市自来水供水的水量达到 3%
	10	管网漏损控制率	12%	10%
水安全	11	内涝防治标准	50 年一遇（通过采取综合措施，有效应对不低于 50 年一遇的暴雨）	
	12	城市防洪（潮）标准	200 年一遇（分区设防，中心城区为 200 年一遇）	
	13	饮用水安全	集中式水源地水质达标率 100%	集中式水源地水质达标率 100%
制度建设及执行情况	14	蓝线、绿线划定与保护	完成《深圳市蓝线管理规定》，严格执行《深圳市基本生态控制线管理规定》	
	15	技术规范与标准建设	进一步完善海绵城市相关技术规范与标准建设	
	16	规划建设管控制度	在全市范围内进一步推广和完善海绵城市规划建设管控制度、技术规范与标准、投融资机制、绩效考核与奖励机制、产业促进政策等机制	
	17	投融资机制建设		
	18	绩效考核与奖励机制		
	19	产业化		
显示度	20	连片示范效应	20% 以上达到要求	80% 以上达到要求

注：文献来源于《深圳市海绵城市建设专项规划及实施方案（优化）》。

除了以上量化指标，对于水生态、水环境、水资源、水安全和制度建设 5 个方面的目标有以下定性描述：水生态方面，加强蓝绿线的划定和管理工作，禁止侵占河湖水域岸线，不得降低天然水面率，维持城市水循环所必要的生态空间。基本完成“三面光”岸线改造，恢复河湖水系的生态功能。水环境方面，有序推进点源、面源的治理工作，保障地表水环境质量有效提升和水环境功能区达标。完善雨污分流制管网，努力实现建设区雨污分流，近期未能实现雨污分流的区域重点加强管网的溢流控制和处置。水资源方面，加强雨水、再生水、海水等非常规水资源的利用工作，有效补充常规水资源，提高本地水源的保障能力。水安全方面，有效防范城市洪涝灾害，内涝灾害防治标准达到 50 年一遇，城市防洪标准达到 200 年一遇。制度建设方面，制定海绵城市规划建设管控制度、技术规范与标准、投融资机制、绩效考核与奖励机制、产业促进政策等长效机制。

（二）试点区目标

国家试点区域所在深圳市光明区通过构建“自然海绵与人工海绵”的城市海绵系统，提升城市生态品质，增强风险抵抗能力，从而实现缓解城市内涝、削减径流污染负荷、提高雨水资源化水平、降低暴雨内涝控制成本、改善城市景观等多重目标，构建起可持续、健康的水循环系统，有力促进绿色生态城市的建设，积极探索新型城镇化建设道路。

为实现海绵城市建设总体目标，光明区设定了水生态、水安全、水环境、水资源 4 类指标，共 12 项（表 2-4）。

表 2-4　试点区海绵城市建设指标体系

类别	序号	指标	要求
水生态	1	年径流总量控制率	整体达到 70%，对应设计降雨量 27.8mm
	2	生态岸线恢复	100%
	3	城市热岛效应	明显缓解
水安全	4	内涝防治标准	50 年一遇（通过采取综合措施，有效应对不低于 50 年一遇的暴雨）
	5	雨水管渠设计重现期	中心城区 5 年一遇，高铁站排水分区 10 年 一遇，其他地区 3 年一遇
	6	城市防洪标准	茅洲河干流防洪标准达到 100 年一遇，主要一级支流达到 50 年一遇标准
	7	饮用水安全	集中式水源地水质达标率 100%
水环境	8	地表水体水质标准	近期实现不黑不臭，基本达到地表水 V 类，远期达到《地表水环境质量标准》Ⅳ 类
	9	城市面源污染控制	建成分流制排水体制，径流污染削减率不低于 45%
水资源	10	污水再生利用率	≥ 60%（含生态补水）
	11	雨水资源利用率	雨水资源替代城市自来水供水的水量达到 3%
	12	管网漏损控制率	不高于 12%

注：指标体系数据来源于《光明新区海绵城市规划设计导则》。

除了量化指标，对于水生态、水安全、水环境、水资源 4 个方面的目标有以下定性描述：水生态方面，强化保育和修复，系统打造山体绿地、公园绿地，道路绿地和河流湿地等生态网络系统，改善区域河流生态，实现“河畅、水清、岸绿、景美”。水安全方面，按照“源头治理，中间削减、系统治理”的技术理念，安排源头建设项目径流控制设施、城市排水管渠和设施、内涝防治设施，并与防洪河流综合整治工程相结合，有效提升区域排水防涝、防洪能力，试点区域城市水安全得以保障。水环境方面，通过控源截污、内源治理、水质净化、生态修复、再生水补水的综合运用，完成黑臭河道治理并建成生态河流，使试点区城河流水质得到有效改善，治水提质工作取得阶段性成果。水资源方面，实质性推进节水工作，有效提升非常规水资源利用率，保障试点区域水资源利用率。

第三节　深圳海绵城市建设的关键策略

基于经验借鉴、建设目标及本底条件，深圳市从系统治理流域统筹、宏中微观综合考量、治水治产治城融合、部门协同社会参与 4 个方面制订了海绵城市建设的策略。

一、系统治理流域统筹

（一）系统治理

1. 系统治水的理念

系统治理是立足山水林田湖草生命共同体，统筹自然生态各要素，解决复杂水问题的根本出路，是习近平总书记提出的新时期治水工作的指导思想。系统治水，在对象上要求统筹山水林田湖草治理；在空间上要统筹岸上岸下、上下游、左右岸关系；在环节上要求统筹从源头、过程到末端的全过程水治理；在方法上要求综合运用多种治理手段；在主体上要求统筹发挥各方合力。海绵城市是一种系统治水的理念，它强调将各种涉水问题协同考虑，并从多层级、全过程、综合性的角度寻找解决方案。

传统的城市水管理，通常依据专业，将各种水问题进行分别考虑，如水质净化厂（原称污水处理厂）只考虑水环境问题、河道生态修复只考虑水生态问题、雨水管网建设只考虑水安全问题等。这样将不同水问题孤立来考虑，固然可以使设施建设和管理更加方便和有针对性，但忽略了不同水问题之间的复杂关系，可能造成顾此失彼的后果。城市水问题非常复杂，既自成系统，又相互关联。例如，城市雨水管理不仅要应对城市洪涝灾害等水安全问题，还要控制面源污染和截排系统溢流等水环境问题，而且还应考虑雨水利用、地下水回补等水资源、水生态问题。海绵城市建设提倡将各种子系统整合起来，将水资源、水环境、水安全、水生态、水文化等问题协同考虑（图 2-1），统筹解决城市内涝、水环境污染、水资源利用、水生态退化和水文化缺失等问题。

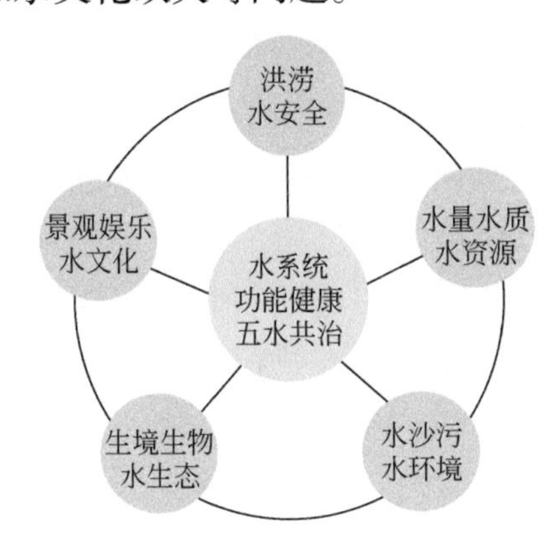

图 2-1　海绵城市系统治水思路图

2. 海绵城市中系统治水的内涵

海绵城市建设是一项系统性治水的策略，强调从源头、过程到终端的布局，采取灰色和绿色结合、工程与管理并行的手段，需要统筹水务、规土委、环保等多个部门，协同推进（图 2-2）。

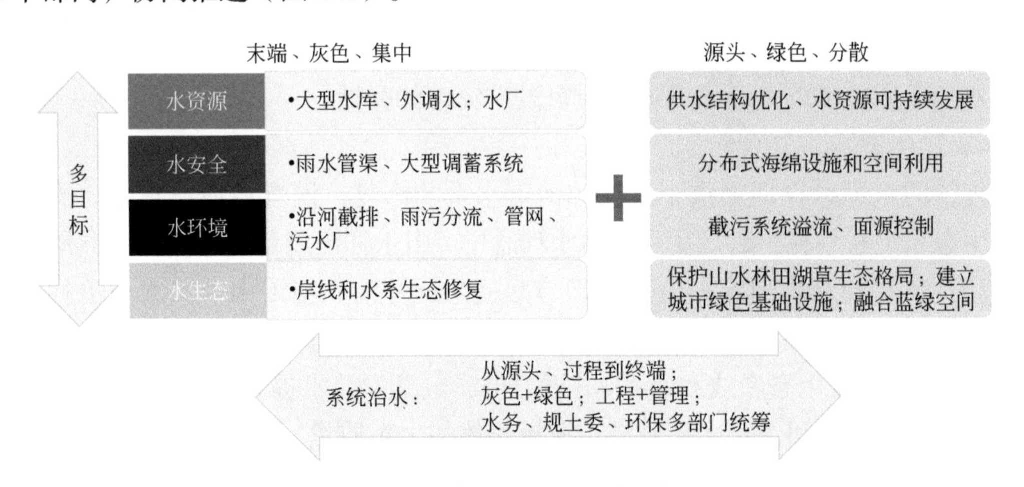

图 2-2　海绵城市中系统治水的内涵

1）水资源

传统的城市水资源供给多依靠大型、集中的工程设施，如修建大型水库、跨流域 / 区域调水等。这种水资源供给方式比较单一且不可持续，特别是极端干旱天气条件下城市将面临巨大的水资源危机。海绵城市建设为城市提供了一种可持续的水资源解决方案。海绵城市在传统供水方式的基础上结合源头、分散的措施，如雨水利用、中水回用、海水淡化等，实现多水源供水结构，促进水资源的可持续利用，提高城市供水系统应对极端天气和事件的能力。

2）水环境

传统的水环境治理主要依靠污水管网和水质净化厂，可以有效解决工业废水和生活污水的点源排放问题。然而在暴雨条件下，城市面源污染、合流制管网溢流等对城市水环境具有不可忽视的影响。传统的灰色末端措施对于这些问题的处理显得捉襟见肘。海绵城市在传统水环境治理方案的基础上，因地制宜地采用源头分散的工程措施，如雨水花园、渗透铺装、下沉式绿地等，实现从源头、传输到末端的全过程系统治理，不仅能够有效控制点源污染，也可以削减面源污染和合流制管网溢流，促进城市水环境的全面提升。

3）水安全

城市的发展挤占了水的空间，加剧了洪涝灾害。为了防治洪涝灾害，一般依靠排水管网、雨水泵站、水库、河流堤坝、调蓄池、滞洪区等设施，而这些设施又挤占了城市空间。因此，在用地紧缺的高度城市化地区，城市发展与防洪排涝的矛盾十分突出。海绵城市将源头的低影响开发雨水系统、城市雨水管渠系统、超标雨水径流排放系统有机融合，并充分利用源头、分散的海绵设施和空间，对城市洪涝进行分级调控。由于大多数海绵空间可以进行多功能设计（如下沉式广场、下沉式体育场、大型公建的地下停车场等），在一定程度上解决了城市发展与防洪排涝的矛盾，可以全面提升城市应对洪涝灾害的弹性。

4）水生态

传统的水生态管理侧重于岸线和河道水系的修复，没有将河道水系与流域内整个生态系统联系在一起。在系统治水理念中，山水林田湖草是一个生命共同体，它们相互依存相互影响，水生态保护与修复应统筹治水与治山、治水与治林、治水与治田、治山与治林及治水与治城等。海绵城市建设强调保护山水林田湖草的生态大格局、修复生态岸线和水系，并通过低影响开发技术提升建设区的生态功能、融合城市与蓝绿空间，全面提升城市流域整体的生态质量。

5）水文化

水是生命的依托，与人类生活乃至文化历史形成有不解之缘。所谓水文化，是指人类社会历史发展过程中积累起来的关于如何认识水、治理水、利用水、爱护水、欣赏水的物质和精神的总和。传统的水文化往往孕育于江河湖海甚至山间小溪。然而在高度城市化地区，由于水体黑臭、水系萎缩、生态退化、景观单一等一系列原因，水文化成为无源之水、无本之木。海绵城市建设为水文化的重塑与发扬提供了广阔的空间。在宏观层面，通过山水林田湖草的保护，为水文化保护与传承提供了物质基础；在中观层面，通过开展治水提质、生态修复和景观提升等工程，为水文化重塑提供了条件和场景；在微观层面，绿色屋顶、雨水花园、多功能下沉式广场、蓄洪公园等城市雨水绿色基础设施的应用，以及与城市雨洪综合利用相关的探索与实践等，均为都市水文化的孕育提供了更多新的机会。

（二）流域统筹

1. 流域统筹的理念

流域统筹是系统治水的具体体现。流域具有整体性、多尺度、空间差异和复合性等特点。首先，流域存在整体性。流域上中下游、左右岸、干流与支流等各部分相互联系、相互影响。其次，流域是个多尺度的概念。城市可以是一个大流域的组成部分，而城市本身也可以包括若干个城市流域。例如，深圳归属于珠江三角洲流域，而深圳又可划分为九大流域。城市流域又可继续细分为排水片区或汇水区等。广义而言，排水片区或汇水区都可看成是小流域。再次，流域一般存在空间差异。流域不同部分在自然地理、社会经济、技术、历史背景、文化传统等方面有较大不同。最后，流域以水为媒介，其自然要素和人口、社会、经济等人文要素相互关联、相互作用，构成自然－社会－经济复合系统。流域的这些特征，决定了流域内任何一个区域子系统的变化或局部调整均将不可避免地对整个流域产生重要影响。

流域统筹是指在规划方案定位时，根据流域统筹目标、流域统筹项目、流域统筹地域，将各水功能治理目标有机结合到一起，明确各阶段的主要目标，厘清各目标间的互补关系，通过推动治水项目的落实实现多目标的融合，同时打破治理过程中行政区划的限制，避免出现责任不清产生管理真空区的情况。流域统筹治理涉及的自然要素类型复杂、影响因素较多，且涉及多部门协同合作，需要明确各部门在参与流域统筹治理中的角色定位和职责范围，强化各部门在流域内开展相关工作的源头管控。流域统筹需平衡好上下游、左右岸及流域内利益相关者之间的利益分配，吸引更多的利益相关者参与到流域统筹治理工作中来，才能有效提升流域治理的效率。以上可知，流域统筹已经成为流域治理的重要原则。

“十三五”以来，深圳治水遵循了流域统筹的原则。《深圳市水务发展“十三五”规划》中，将“坚持系统，均衡协调”列为原则，即以流域为单元，统筹不同流域经济社会发展的特点和需求，统筹当前长远，系统分析解决防洪排涝、水环境治理、供水安全等重大问题，加快完善水务基础设施网络。该规划还将“流域统筹，系统治理”作为治水策略：以流域为单元，统筹水资源、水安全、水环境、水生态、水文化“五位一体”，系统规划治水提质，强化治理的系统性，有效衔接海绵城市、地下综合管廊等城市基础设施建设规划，全面开展治水工作。

2. 海绵城市中流域统筹的内涵

在传统流域治理的基础上统筹海绵城市建设工作，实现海绵设施与流域管治同步推进，需重点考虑两者的关键工作衔接。概括而言，在流域范围内需考虑水质与水量、生态与安全、绿色与灰色、分散与集中、景观与功能、岸上与岸下、地上与地下等的统筹（章林伟，2018），如图 2-3 所示。

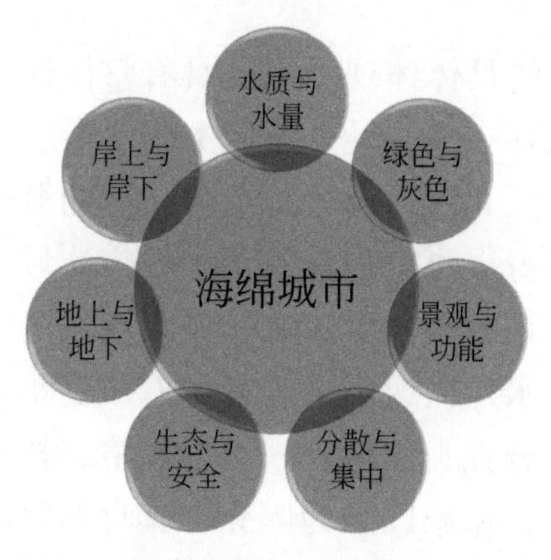

图 2-3　海绵城市建设中需统筹的关系

（1）水质与水量统筹。水质与水量同为水资源最重要的属性，二者互为依存、缺一不可。缺水则水的质量自然不高，而水质不好又会使缺水问题更加严重。在海绵城市建设中，需统筹考虑水量、水质关系，特别在丰枯季节水位变化时期，更应协调保障水资源的水质与水量，唯有量和质统一，才能处理好水的自然循环和社会循环的关系。

（2）生态与安全统筹。水是生命之源、生态之基。然而，暴雨洪涝灾害对社会经济和人民生活影响巨大。兼顾生态与安全的治水理念，对于大概率小降雨，要留住雨水，涵养生态；对于小概率大降雨，要排水防涝，安全为重。

（3）绿色与灰色统筹。绿色基础设施主要运用自然力量或其生态功能应对外界的变化，有利于实现雨水的“自然积存、自然渗透、自然净化”。虽然成本低，但只能应对低负荷。灰色基础设施主要包括管网、泵站与调蓄工程等人工强化设施，其效率高并可应对高负荷，但其成本高且对生态系统有干扰。海绵城市建设中应避免过度工程化带来的对环境生态系统的干扰和破坏，适度控制灰色设施的建设规模，构建灰绿设施有机结合的治水布局。

（4）分散与集中统筹。集中就是要集零为整，末端处理，如传统建设模式下的“大截排”与“大集中”等。该模式下的污水处理厂等设施建设规模大，具有规模效应，但不利于资源再生利用，也无法解决城市面源污染问题。分散就是化整为零，源头减排，如人工湿地、绿色屋顶、生物滞留系统等。该模式应用的是小型、分散的水治理措施，利于污水回用、雨水利用和面源污染的原位处理等。分散和集中治水的模式各有利弊。在海绵城市建设中，需因地制宜地统筹好分散与集中的关系。

（5）景观与功能统筹。传统景观基础设施存在有景观无功能的现象，而传统水基础设施存在有功能无景观的现象。在海绵城市建设中，需要统筹设施景观与功能的关系：一方面，开发和利用自然或人为景观的蓄、渗、滞、净、用、排的海绵生态功能；另一方面，提升水基础设施的美感景观价值，同步实现景观价值与功能效应，丰富城市居民水文化体验。

（6）岸上与岸下统筹。水系是连通的，岸上和水下是相邻的，只有以流域为单元，统筹岸上岸下、上下游、干支流、左右岸进行系统治理，才能显著提升水环境，保障水安全。

（7）地上与地下统筹。传统的城市建设比较重视建筑、道桥、园林绿地、马路广场等地上部分的质量，而对雨污水管网、综合管廊、地下调蓄池等地下设施的质量重视不够。海绵城市建设需要加强城市地下和地上基础设施的统筹。

二、宏中微观综合考量

（一）宏观海绵体系

构建宏观海绵体系，指的是对以山水林田湖草为代表的宏观生态格局的把控，通过基本生态控制线的管制和蓝绿线规划，保护城市河湖水系、绿地农田等在内的自然海绵体。宏观海绵系统是蓄积、调节和净化雨水径流的主要场所，是保障海绵城市“渗、滞、蓄、净、用、排”各项功能发挥系统效益的重要基础。具体而言，丰富的植被体系与完整健康的土壤作为天然蓄水装置，通过雨水的下渗与原位蓄存，能有效削减暴雨地表径流，防止水土流失与面源污染扩散。同时，植物－土壤－微生物的复合型生态系统，可通过物理吸附沉淀、生化降解等过程，有效截流与去除雨水径流中的氮磷污染物与有机物。而连通的水系形成天然的行洪通道、调蓄水库，能有效引导超过雨水管渠设计标准的雨水径流排放，并尽可能多地蓄存雨水，一般可应对 10 ~ 100 年一遇的小概率暴雨事件。除此之外，宏观海绵系统在维持生态系统循环、调节城市小气候、降低热岛效应方面也都起着重要作用。

（二）中观海绵体系

中观海绵体系主要包括城市水系和绿地，也包括雨污水管网、污水处理厂、泵站、水库、雨水行泄通道等灰色基础设施。这些设施在城市防洪排涝、水环境治理、水资源保障中发挥着举足轻重的作用。由城市大型调蓄设施（水库、调蓄池、蓄滞洪区）、雨水管渠、排涝泵站及城市水系等构成的防洪排涝系统，可有效蓄滞和有组织排放雨水，一般可应对 10 ~ 20 年一遇暴雨条件下的城市内涝；由污水管网系统、水质净化厂和人工湿地等构成的水环境治理体系，可全面控制点源污染，消除黑臭水体；由水库、输水管网、水厂等构成的水资源保障体系，可以保障城市的供水稳定与安全。

（三）微观海绵体系

微观层面的绿色雨水基础设施，也是城市雨水管理的重要设施，一般称为低影响开发设施或是源头减排设施，依据“渗、滞、蓄、净、用、排”的设计治理手段，可分为渗透技术，如透水铺装、雨水花园、渗井等；滞水技术，如滞留（流）设施、雨水湿地等；储蓄技术，如蓄水池、湿塘；净化技术，如植被缓冲带、初期雨水弃流设施、人工土壤渗透；利用技术，如雨水罐；传输技术，如植被草沟和渗管或渗渠。微观海绵体系在 1 年一遇以下的中小雨条件下，主要面对高频的城市轻微内涝和积水问题。此时，微观设施可同步实现雨水的收集、就地下渗、回收、储蓄、污染净化，在源头实现洪峰削减、径流总量控制、降雨期间的水质控制，从而有效地减轻雨水管渠和城市水体的排放压力。而这些设施形成的微观生态系统，为海绵城市生态空间中的动植物提供了城市建成区内的栖息地，最大限度地保留流域生态系统完备性，也为居民提供了休闲娱乐空间与审美价值体验。

（四）宏中微观融合

宏观上，以山水林田湖草为城市的生态基底，是海绵城市建设的生态屏障；中观上，城市的绿地、水系和市政排水系统是海绵城市建设的骨架，可以有效应对城市内涝与黑臭水体问题；微观上，建筑小区、街坊与道路广场等地块中应用的低影响开发设施是海绵城市建设的毛细血管，可以在源头上起到削减径流、控制面源污染和改善城市生态的重要作用。各级海绵体在各自尺度发挥治水功能，并相互配合补充，形成完整的治水体系。在人口少、开发强度较低的地区，通过低影响开发模式，可以实现开发前后的径流总量和峰值等水文过程中的相关指标不发生变化。但是，在高密度、高强度开发地区，由于城市化程度高、污染物产生量大、用地紧缺等原因，低影响开发设施的应用受到限制。因此，在这些地区，特别需要强调宏、中、微观海绵体的联系与协同，以发挥海绵城市净化、调蓄和安全排放等综合功能，实现径流污染控制、排水防涝等海绵城市的综合控制目标，全面增强城市发展的韧性和弹性。

三、治水治产治城融合

（一）治水治产融合

城市的高速发展离不开产业的支撑，而产业的发展需要空间也需要优美的环境。土地资源短缺是制约深圳产业发展的主要瓶颈之一。一方面，由于水体黑臭、洪涝灾害频发等原因，沿河地区景观环境差，高端企业不愿入驻，又进一步加剧了产业用地的短缺。另一方面，沿河地区只有低端、重污染企业在此聚集，又进一步加剧了水环境的恶化。以茅洲河为例，2013 年流域内的松岗、沙井、石岩街道等有工业企业 7430 家，其中重污染 235 家，每天产生工业废水 9.2 万 t。该流域也存在人口密度高、生活污水收集处理率低等问题。工业废水、生活污水的污染叠加使得茅洲河干流和 15 条主要支流水质指标一度劣于V类水标准，氨氮、总磷等指标严重超标。因此，有必要改善城市水生态系统，美化产业周边水体环境，为各企业提供适宜的成长空间，吸引更多高端科技产业入驻，以此促进城市产业转型与发展，保障城市经济健康可持续发展。

海绵城市建设带来的水质、环境、景观的提升，将为深圳产业提供更丰富、更优美的发展空间。海绵城市建设从高度、广度和深度不断推进，将显著降低城市洪涝风险，消除黑臭水体，缓解城市面源污染问题，保障城市水安全性，提升城市水环境和生态景观，增加环境友好型生态用地，吸引更多的高端科技产业聚集，实现产业因水而兴、产业因河而居，形成可持续发展的绿色经济滨河产业带。而且，海绵城市建设不仅可治理河流和改善水滨环境，还可对片区的改造将腐朽化为神奇。例如，废弃采石场经过海绵化的建设，不仅可以成为靓丽的风景，还可以吸引众多企业入驻或者成为科普教育基地等。

（二）治水治城融合

高密度高强度开发区，治水与治城密切相关。一方面，传统的城市发展模式，挤占了水的空间。随着城市道路越来越宽、建筑密度越来越高、绿色植被越来越少、土壤绿地面积骤减，土壤吸收、涵养水源的功能下降，加大了地表径流量，加剧了洪涝灾害。与此同时，为防治洪涝灾害而建设的水基础设施（如排水管网、雨水泵站、水库、大型滞洪区等）又需要占用大量城市发展空间。因此，在用地紧缺的高度城市化地区，城市发展与防洪排涝的矛盾十分突出。另一方面，随着城市的快速扩张，原来的村庄被包入城市建设用地内，形成了独具特色的“城中村”。由于城中村缺乏统一规划，基础设施普遍落后，整体环境脏乱差，具体表现为垃圾随意堆放、垃圾收纳处清理不及时，雨水冲刷造成面源污染；污水排放管道老旧，不能满足高人口密度生活区生活污水的排放，污水倒灌、溢出现象时有发生；截污纳管不到位，雨污合流，社区的生活污水和化粪池粪水直排就近河道、溪沟，造成环境污染（曾礼祥，2016）。

为在更高层次上实现人与自然、环境与经济、人与社会的和谐，保障超大型城市可持续发展，深圳应摈弃以牺牲环境为代价换取城市发展的旧有模式。宏观尺度上，城市水治理与城市发展通过共用空间，在保障城市水系统良性循环的基础上，实现城市社会经济发展；微观尺度上，充分顺应建成区开发强度大、地下空间开发程度高等特点，将城市用地打造成同时具有水管理功能和社会功能的海绵空间，实现人水和谐共存的新格局。具体而言，通过海绵城市建设落实雨污分流、截污纳管，构建完善的防洪排涝系统，实现“小雨不积水，大雨不内涝”的目标，还市民一个干净整洁的街道；大大小小的“海绵体”穿插在建筑之间，在消纳附近雨水径流的同时，提高城市绿地覆盖率、水面率，缓解局部热岛效应，为美化城市增添新气息；实施河流水系治理，改善城市水环境，营造流域滨水景观，充分发挥本地水文化、自然和人文景观的整体效益，焕发城市水环境魅力。

（三）治水治产治城融合

深圳是转型发展中的高密度超大城市。它以不足 1000km² 的可建设用地，承载了超过 2.4 万亿元的 GDP 和 2100 万的管理人口。目前中国还没有任何一座城市，在如此狭小的空间，承载如此多的人口和经济活动。受生态空间有限、水环境容量小等先天因素，以及城市高速发展、人口持续增长、设施建设相对滞后等现实因素影响，深圳市的水资源短缺、受纳水体污染严重、热岛效应突出、内涝风险长期存在。在这种情况下，深圳产业发展空间受限、周边环境堪忧，居民生活空间压缩、生活质量难以保障。

为彻底解决长期困扰深圳发展的水问题，打造安全高效的生产空间、舒适宜居的生活空间、碧水蓝天的生态空间，建设符合中国特色社会主义先行示范区要求的“宜居宜业城市”，全面推进治水、治产、治城融合是深圳的必然趋势。为此，深圳提出了“+ 海绵”的理念，即所有城市建设都应围绕城市发展美化、经济强化和人民生活贴近自然化等，落实海绵城市理念和要求，以实现“城市因水而美、产业因水而兴、人民因水而乐”的目标。

在该理念支撑下，深圳将海绵城市建设与治水、治产、治城相融合，将旧小区改造、城市更新改造、园林绿地品质提升、道路改造、污水处理提质增效、黑臭水体治理、排水防涝设施建设、供水安全保障等与海绵城市建设融合，涌现出了一大批优秀的海绵改造案例。例如，茅洲河通过海绵改造成功掀掉了黑臭的“帽子”，水生态环境得以提升，沿线城市得以更新，周边聚集了更多人气也吸引了大量高端产业入驻，激发了流域活力，打造成复合型滨河产业带；而万科云城原址本是一个废弃采石场，在海绵改造后以其绿色宜居的优势特点吸引了众多产业聚集，成为一座集创新产业园、都会生活圈、生态公园、品位人居于一体的微缩都市。

四、部门协同社会参与

（一）部门协同

海绵城市涉及城市开发建设的诸多方面，其建设项目包括建筑与小区、道路与广场、公园与绿地、自然水系保护与生态修复、污水治理、排水防涝等，其建设的复杂性和广泛性决定了其涉及部门的多样性。一般来讲，海绵城市建设涉及发展改革、财政、规划自然、人居环境、交通运输、住房建设、水务、城市管理、建筑工务等部门。然而，由于政府长期形成的建设项目的单部门管理惯性，目前城市管理碎片化问题突出，部门各司其政，“九龙治水”的方式很容易造成权责不明、效率低下等诸多弊端。

政府是城市发展的引导者，提高政府海绵城市建设责任意识与组织管理，对于充分发挥政府效能、引导海绵城市高效推进具有重要作用。因此必须要调整现有政府组织模式，明确各方权责，理顺部门职能，建立与之相适应的组织管理模式。综合考虑和明晰城市政府各部门所必须承担的各自相应的权利和义务，对相关利益主体的行为进行明确规范，对各部门的利益进行合理调整，建立权责统一的城市雨洪管理机制和体系，完善部门协调与联动平台，建立各部门协调联动、密切配合的机制，充分发挥各部门的工作优势，统筹海绵城市规划与建设管理。

（二）行业联合

海绵城市建设是通过城市规划建设管控，系统管理城市雨水，实现自然积存、自然渗透、自然净化的城市发展方式的途径，涉及城市水生态、水环境、水安全、水资源等方面的内容，而非单纯的市政设施建设，涉及行业包括工程管理服务、市政道路工程建筑、市政设施管理、管道工程建筑、园林绿化工程施工、水资源管理、生态保护等。在海绵城市规划设计和项目实施过程中，面对不同专业间的冲突和专业人员知识的局限，如果不能很好地协调这些专业间的关系，即使有再好的技术和理念、有最新的雨水系统专项规划，也难落到实处。以道路与绿地的关系为例，传统城市道路低于道路绿化带。绿化带上漫出的雨水流入城市道路，通过雨水箅子排入雨水管网。而海绵城市道路则高于道路绿化带，一旦暴雨来临，雨水从道路上排入两旁的下沉式绿化带，当绿化带充满雨水时，雨水依然需要依靠雨水溢流口进入市政雨水管线排走。这就需要道路的给排水行业与风景园林行业，共同协调确定下沉绿地的蓄水量、地面标高与溢流排水口标高（刘利刚和吴凡，2017）。

为高效统筹推进全市海绵城市建设，应在各相关规划及技术标准体系等指导文件的编制过程中，落实各行业的相关要求，加强相关专业规划、技术标准对海绵城市相关指导文件的有力支撑作用，在施工、验收、维护过程中建立行业统筹衔接机制，在团队成员配置上，考虑行业的全面性，实现各行业的有机衔接、相互配合。

（三）企业参与

由于海绵城市建设面广、资金需求量大、运营维护成本高、回报机制不明等，资金问题成为海绵城市建设的难题之一。在我国面临经济下行压力和内生增长动力不足的现实环境下，传统的政府注资建设海绵城市势必造成当地财政的巨大压力（晏永刚和吴雯丽，2018），需要调动社会资本参与进来。为解决海绵城市建设瓶颈问题和缓解地方政府财政压力，探索政府协同社会资本的创新建设模式成为必然趋势。

目前，通过政府和社会资本合作（public-private partnership，PPP）模式，引导社会资本参与基础设施、公共事业、社会事业和自然资源开发项目已经成为发达和发展中国家广泛采用的办法。尤其是对于基础设施有巨大需求的发展中国家，该模式在能源、供水、交通等领域的广泛使用，可促进这些国家快速的经济增长。在政府与社会企业的共同合作、协调分工下，政府职能将由“大包大揽”向“科学管治”转变，角色从决策者和投资者向合作者和监督者转变。在项目运营的过程中，让专业的人做专业的事，使社会企业充分发挥其在管理经验、技术创新等方面的优势，双方共享收益、共担风险和社会责任，提高项目建设效率，同时也为社会资本提供更多的投资机会。

（四）公众参与

海绵城市建设涉及城市道路、小区、公园、湿地等多种公共空间，与公众的利益息息相关。公众对当地生态环境问题和对海绵城市理念的认识，对于全面推动海绵城市建设的规划、设计与落实有着至关重要的作用。海绵城市建设工作中如何提高公众参与意识、促进公众参与程度、切实维护公众利益以促进海绵设施的可持续利用与发展，是当前需要重视的问题。

应健全公众参与机制，扩大公众参与范围，加强宣传力度，强化公民参与意识，同时明确政府部门、公众、设计规划单位、施工部门等利益相关者的责任。首先，政府应利用一切可能的平台加强对海绵城市理念的宣传力度，开展图片展和活动月，在学校、社区、公园、街区等公共场合开展认知宣传活动，普及海绵城市和低影响开发的理念，加深公众对海绵城市理念和内涵的理解，提升公众认识。其次，应赋予公众参与海绵城市建设工作的权利，政府部门、规划设计单位、施工部门和公众之间应建立长效的互动沟通机制，让公众能通过座谈会、听证会、网络媒体等多种方式监督海绵城市建设工作并积极反馈意见，增强公众对海绵城市的责任感，也能促使各建设项目真正做到顺民心、合民意。从了解到参与再到“指导”，海绵城市建设理念将逐渐融入公众日常的行为习惯中，成为人们的一种自发、自觉、自愿的行为，形成一种固定的城市文化。

第三章　深圳海绵城市建设的方法路径

在海绵城市建设的实践中，深圳探索了“全部门政府引领、全覆盖规划引领、全视角技术支撑、全方位项目管控、全社会广泛参与、全市域以点带面、全维度布局建设”的“七全”海绵城市推进模式。

第一节　全部门政府引领

海绵城市建设是长期的系统性工作，涉及城市建设的方方面面，需要通过机制改革和制度完善，明确目标，明晰权责，压实责任，形成各部门综合协调、协同发力的大格局，实现高水平统筹推进。作为超大型城市的深圳，在推进海绵城市建设过程中，更需要破解“城市规划建设管理条块分割、涉及多个部门”的难题。深圳市系统谋划，将海绵城市作为践行生态文明建设理念的重要手段，逐步完善各项工作制度，并且围绕目标，分解任务，明确责任，形成部门行业管理、政府属地管理的工作机制。

一、组织机构

海绵城市建设的责任主体是城市政府，其工作不是一个部门的事情，应搭建好统筹协调平台，动员全市各部门、各区协作联动。深圳市成立了由 37 个成员单位组成的海绵城市建设工作领导小组（图 3-1），并且根据工作需要不断进行调整充实。领导小组包括 25 个市直部门、11 个区政府及 1 个国企，其中市直部门包含了综合性业务部门及对口国家三部委的市直部门，如市发展和改革委员会、财政局、规划和自然资源局等；包含了主要承担海绵城市具体项目建设的管理部门，如市交通运输局、住房和建设局、水务局、城市管理和综合执法局、建筑工务署等；包含了海绵城市建设配合支持部门，如市科技创新委员会、生态环境局、气象局、科学技术协会等。按照深圳市“强区放权”、深化“放管服”改革的要求，各区政府为落实市级各项政策、开展海绵城市建设的主要实施主体。此外，与海绵城市建设相关的国企 [如深圳市水务（集团）有限公司（简称深圳市水务集团）] 也成为海绵城市建设工作领导小组的成员单位。

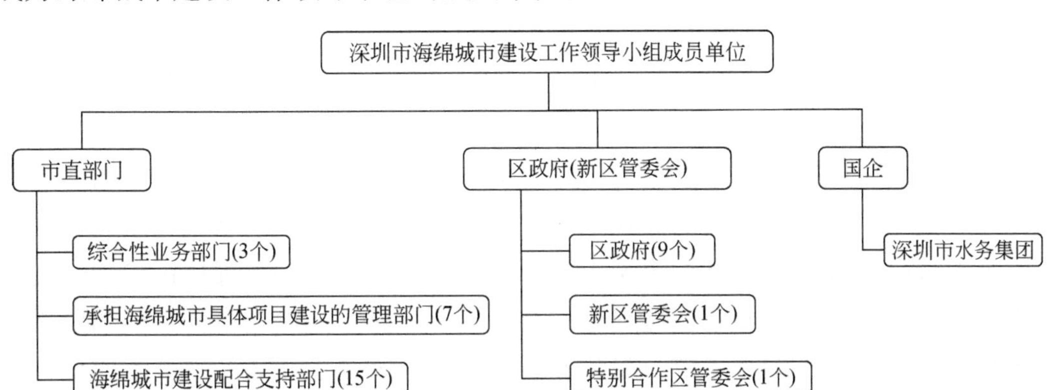

图 3-1　领导小组成员单位构成

领导小组作为议事协调机构，其日常工作应由专人来承担开展。各城市可结合自身特点，合理设置统筹协调工作平台，如南宁市专门成立了市人民政府直属管理的参公事业单位，负责海绵城市工作；遂宁市海绵城市建设工作领导小组办公室（简称海绵办）配备专职人员，并另聘请专家、技术团队常驻遂宁等。

深圳市海绵办挂在市水务局，由市节约用水办公室承担日常工作。2019 年政府机构改革后，市节约用水办公室加挂市海绵城市建设办公室牌子，但并未新增编制。深圳市结合自身特点，采用采购技术团队服务的形式来加强人员力量，提升管理技术水平。

二、责任分工

（一）全市一盘棋，职责清晰

深圳市结合各部门职能，明确海绵城市建设责任分工。根据工作推进情况，逐年细化制定具体任务，保证任务可落实、可操作。

深圳市 2016 年出台了全市海绵城市建设的纲领性文件——《深圳市推进海绵城市建设工作实施方案》，提出了海绵城市建设的总体目标、工作原则、工作任务和组织分工、保障措施等，并对重点区域和各类型建设项目提出实施指导意见。在此文件中，根据各部门职能，细化分解其总体工作任务。各部门则结合自身工作职能，细化制定了本部门的工作实施方案。

针对发展和改革部门，其职责包括“研究制定深圳市 PPP 投融资模式相关政策，负责海绵城市 PPP 方案的指导和审批工作；负责将海绵城市建设任务纳入深圳市国民经济和社会发展计划，优先将海绵城市示范项目纳入年度投资计划，保障项目投资资金需求；负责加强政府投资建设项目立项、可研等前期工作中海绵设施的审查，保障投资需求，指导和监督项目实施”等。

针对财政部门，其职责包括“负责建立海绵城市建设专项资金管理制度，保障海绵城市建设资金下达及时，使用安全，管理规范；会同市海绵办制定海绵城市建设奖励激励政策；落实中长期预算管理，确保分年度项目资金落实到位”等。

针对规划和国土管理部门，其职责包括“负责修订城市规划相关编制标准，在所负责编制的规划中落实海绵城市的相关要求，组织编制海绵城市专项规划；划定蓝线、绿线并制定相应管理规定；负责将海绵城市建设约束性指标和要点纳入规划‘两证一书’的备注中；配合各区政府（管委会）开展海绵城市建设详细规划或建设规划的编制工作”等。

针对道路交通管理部门，其职责包括“负责将海绵城市建设约束性指标和要点纳入城市道路交通建设工程审批体系；负责开展海绵型道路的研究课题和实施细则等工作；负责道路等相关工程按照海绵城市的要求建设、管理与维护”等。

针对住房建设部门，其职责包括“统筹各工程主管部门编制海绵城市建设项目施工、验收、维护等相关技术标准、规范，并推广执行；负责在施工图审查、施工许可及竣工验收中加强对海绵城市建设内容的审查”等。

针对水务部门，其职责包括“编制海绵城市建设水务相关设计、施工技术规范或指引；负责在水资源管理与保护、供水、排水、易涝区整治、黑臭水体治理、河道整治、水土保持、治污、节水等工作中落实海绵城市要求，协调相关工程全面落实海绵城市建设理念；加强和完善水务行政审批，在建设项目取水许可、节水、排水许可、水土保持等行政许可环节中落实海绵城市建设相关要求；负责内涝信息收集、三防能力建设等海绵城市应急机制的完善和提升工作”等。

针对其他各相关市直部门，充分结合其自身工作职责，在相关工作中落实海绵城市要求。各区政府（管委会）负责实施辖区内海绵城市建设各项工作。

（二）做实任务分工

各部门结合任务分工明确内部工作流程，将海绵城市工作融入各项日常工作中。

经过三年多的实践来看，当初制定的任务有些可能并不能够完全覆盖对该部门的工作需要，因此工作任务也需要结合实际情况，进行更新和调整。按年度下达的工作任务，既有利于指导各部门年度工作的开展，也有利于根据工作需要补充完善任务分工。

深圳市 2016 ~ 2020 年共下达 5 批共 526 项任务，涉及机制建设、规划、标准、管控、实施推进、考核监督、宣传推广、资金保障等方面。526 项任务中，包括

227 项阶段性任务，有明确的完成时间节点，如规划编制、标准及技术指引的制定发布、基础研究、项目建设等方面；299 项长期性任务，则要求各职责单位持续开展，如机制建设、宣传推广、资金保障等方面。

以深圳市 2018 年海绵城市建设工作任务分工为例，共包括 123 项具体任务，分工涉及各领导小组成员单位。2018 年度任务分工主要以加强项目管控、推进年度建设任务等为主。

三、监督考核

监督考核是海绵城市建设方法路径中的关键所在，可推进各部门履行相应的职责分工、保障下达的各项任务能够切实落实到位。深圳市以考核为抓手，保障工作有效落实，将年度海绵城市建设任务目标纳入市政府绩效考核和生态文明建设考核中，其中政府绩效考核主要针对各区政府（新区管委会），考核内容为海绵城市建设实施情况，包括年度新增海绵城市面积任务完成情况和既有设施海绵专项改造完成情况；而生态文明建设考核则针对各市直部门、各区政府及地铁集团、机场集团等国有企业，考核覆盖范围较广。为统一考核，减少被考核单位负担，同时全方位评估深圳市海绵城市建设工作，深圳出台了《深圳市海绵城市建设政府实绩考评办法》，开展海绵城市建设政府实绩考评，其考核结果将直接纳入政府绩效考核和生态文明考核中。

考评办法明确了考评工作的原则、考评对象、考评程序和方法、考评内容、考评纪律与监督等内容。以《深圳市海绵城市建设政府实绩考评办法》为例（表 3-1），明确考评工作应坚持客观公正、科学管理、统筹兼顾、简便易行的原则，实行部门自查与年度考评相结合、定量考评与定性评估相结合；确定考核的对象为领导小组各成员单位。由于市直部门与各区的工作任务差异较大，分别制定了不同的考核类别。

表 3-1　海绵城市建设政府实绩考评内容

考核对象	类别	分值	主要内容	备注
市直部门	年度任务完成考核	60 分	包括标准政策制定、规划编制、项目库编报及项目推进情况	每年根据年度分工表进行滚动更新
	持续性考核	40 分	对《深圳市推进海绵城市建设工作实施方案》中市直部门组织分工的落实情况进行考核	考核内容相对固定
各区政府（管委会）	规划编制与执行情况	15 分	主要针对各区海绵城市专项规划、重点片区详细规划编制及规划落实等内容	
	进度情况	70 分	主要针对海绵城市年度建设任务的完成情况	
	能力建设情况	15 分	主要针对组织技术培训、落实技术支撑单位、项目规划建设管理全过程管控机制的建立与运转等内容	

重点依据《深圳市海绵城市建设工作实施方案》及年度全市海绵城市建设工作任务分工中的任务分解，按照不同部门、单位的职能分工，确定针对各部门的考核任务。

考评分为4个等级，分别为优秀（90分及以上）、良好（80～89分）、合格（60～79分）、不合格（59分及以下）。考评基础分为100分，为鼓励各单位主动作为，对于超额完成单向目标任务的，设置奖励分，最高可奖励20分。如完成国家、省、市交办的重要任务的，各区超额完成新增海绵面积和改造项目个数的，经专家认定后均可加分。

2019年结合工作情况，又设置了一票否决项，如落实国家部委、省级部门督导检查提出的问题不到位的，市海绵城市建设工作领导小组确定的年度建设任务落实不到位的，辖区内未建立管控机制或管控机制流于形式执行不到位的尤其是对改造类项目管控失控的，出现任何一项或多项，直接扣30分并不能评为优秀。

结合年度海绵城市任务分工及上年度考评专家意见，考评细则每年出台，细化考核导向。例如，2018年考评实施细则在2017年考核的基础上，对相关内容进行了深化和改进：考评对象新增“深圳国际会展中心建设指挥部办公室”，考评单位增加至33个；按照《2018年深圳市海绵城市建设工作任务分工》，细化了考评内容；根据《深圳市海绵城市建设政府实绩考评办法》的有关规定和2018年工作任务分工，从深度、格式、材料类别、样例等方面细化了考评材料要求；另外，对奖励加分的细则进行了明确的规定；2018年为引导海绵城市建设由项目达标向片区达标转变，在考评细则中纳入了片区监测、片区达标等工作内容。

考评由市海绵办负责组织实施，市海绵办邀请有关专家组成考评工作组，具体开展相关考评工作。考评按照任务制定、部门自查、实地考评、综合评价及抽查复检的顺序进行。考评结果报领导小组审议通过后，通报给各被考核单位。考评结果同时作为海绵城市政府绩效考核、生态文明建设考核的重要依据。

自2017年以来已连续开展三年考核，建立完善的考核机制可以有效促进任务落实，同时激发各部门自主工作的积极性，有力地推动了深圳市海绵城市建设工作。

四、法规制度

海绵城市的建设需要构建长效机制，需要以法制化实现长效政策保障。主要做法可分为两方面：一是结合现行法律法规的修编，纳入海绵城市相关内容，如排水、水土保持、节约用水等方面的法律法规；二是出台新的海绵城市规章文件。

（一）《深圳市经济特区排水条例》《深圳市节约用水条例》修编

在《深圳市经济特区排水条例》中，要求新改扩建项目建设雨水源头控制和利用设施。相关条款引用如下：

第十一条新建、改建、扩建项目应当建设雨水源头控制设施和利用设施，充分发挥建筑、道路和绿地、水系、地下空间等对雨水的吸纳、蓄渗和缓释作用，削减雨水径流和面源污染，提高排水能力。

《深圳市节约用水条例》中也增加了海绵城市建设的相关内容。相关条款如下：

第四条 市人民政府应当结合本市水资源实际情况，保护并合理开发、利用水资源；鼓励和扶持对污水、中水、海水以及雨水等的开发、利用，并在城市规划建设中统筹考虑。污水、中水、海水以及雨水等的综合利用应当纳入节约用水规划。

第四十四条 绿地、道路等的规划、建设应当推广、采用低洼草坪、渗水地面。鼓励单位和个人建设和利用雨水收集利用设施。

（二）市级政府规章及规范性文件

首先，结合建设项目审批制度改革，在相关政府规章中纳入海绵城市相关要求。为推进行政审批制度改革，促进政府职能转变，优化营商环境，深化“放管服”改革，根据《国务院办公厅关于开展工程建设项目审批制度改革试点的通知》（国办发〔2018〕33号）（简称《通知》）文件要求，深圳启动了“深圳90”改革，并于2018年8月1日正式印发实施《深圳市政府投资建设项目施工许可管理规定》和《深圳市社会投资建设项目报建登记实施办法》。此次改革将海绵城市纳入了建设工程项目的管控审批环节，在规划阶段将海绵城市纳入“多规合一”信息平台，并作为区域评估的一项重要内容；在用地规划和工程规划阶段将海绵城市建设要求纳入规划设计要点；在施工图审查环节纳入统一图审之中。

其次，深圳市出台了政府规范性文件——《深圳市海绵城市建设管理暂行办法》，严格按照简化审批的要求，不新增审批事项和审批环节，通过细化管控要求、引导与激励并重等多种方式，建立政府职能清晰、主体责任明确、事中事后监管到位的海绵城市建设管理长效机制。同时，相关内容与《深圳市政府投资建设项目施工许可管理规定》及《深圳市社会投资建设项目报建登记实施办法》最新成果进行了充分衔接。《深圳市海绵城市建设管理暂行办法》包含总则、规划管理、建设管理、运行维护、能力建设、法律责任、附则七个部分，共三十六条，相关条款如下。

（1）总则。总则部分共包含六条。分别就编制依据和编制目的，海绵城市内涵、原则和目标，办法的适用范围，市区两级政府及相关职能部门的责任分工，以及制定本办法的原则等方面进行了说明和规定。

（2）规划管理。规划管理部分共包含四条。分别就不同层级规划编制的责任主体；编制技术要求；规划编制质量管控和报批流程进行了说明或规定。

（3）建设管理。建设管理部分共包含十五条。按照建设的时序规律，将项目建设管理划分为立项及用地规划许可、建设工程规划许可、施工许可、竣工验收等阶段。将海绵城市管控要求细化融入其中，不增加新的审批管控环节。在技术审查环节采用告知承诺制，通过加强事中事后管控的方式切实保障海绵城市建设要求落实到位。

（4）运行维护。运行维护部分共包含三条内容。内容明确了不同类型项目运营维护单位，政府投资建设项目的海绵设施应当由相关职能部门按照职责分工进行监管，并委托管养单位运行维护。社会投资建设项目的海绵设施应当由该设施的所有者或委托方负责运行维护。若无明确监管责任主体，遵循“谁投资，谁管理”原则进行运行维护。

（5）能力建设。能力建设部分共包含四条内容，分别就海绵城市建设激励政策、绩效考核、创新鼓励及产业政策、宣传培训四个方面进行了规定。

（6）法律责任。明确了各责任主体在海绵城市建设中相应的法律责任。

第二节　全覆盖规划引领

城市发展，规划先行。在海绵城市推进的过程中，必须高度重视规划体系的融合建构，加强海绵城市顶层设计，将海绵城市融入总规、专规、详规，实现层层迭进，一以贯之。针对超大城市海绵城市建设任务重、地区差异大的客观情况，深圳一直高度规划体系的融合建构，不仅谋划“市、区、重点片区”三级海绵城市规划体系，深化专项指导；更通过修订编制技术规程，确保将海绵城市规划成果纳入各级、各类规划之中。

一、专项规划编制

海绵城市试点建设区域较大，不能“眉毛胡子一把抓”，需要合理划定分区，在分区层面进行指标分解，落实工程项目。深圳市属于超大城市，全市建成区面积 900km^2，全域推进海绵城市建设难度大、要求高，海绵城市规划应适应该特点，按照“城市（区）—重点片区（汇水分区）—地块”不同尺度、“源头—中途—末端”

不同层级的基本思路进行，保证各个系统的完整性和良好衔接，以确保指标的合理、因地制宜，保障全域的有效实施。具体可分为总体（分区）规划层面、详细规划层面的专项规划，分别衔接总体规划与详细规划。图 3-2 为海绵城市规划工作关系与主要内容一览图。

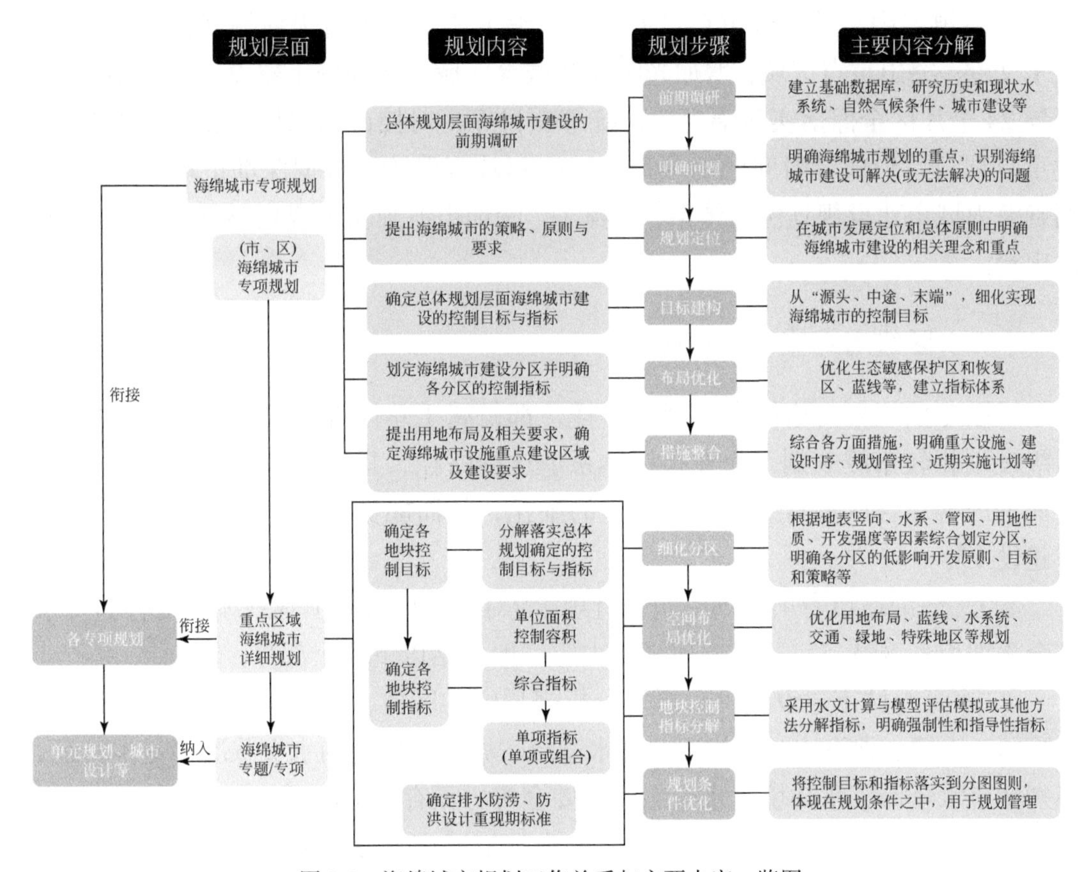

图 3-2　海绵城市规划工作关系与主要内容一览图

（一）市级海绵城市专项规划

总体规划层次海绵城市专项规划的主要任务是提出海绵城市建设的总体思路；确定海绵城市建设目标和具体指标（包括水安全、水生态、水环境、水资源等方面的目标，雨水年径流总量控制率等指标）；依据海绵城市建设目标、现状问题，因地制宜确定海绵城市建设的实施路径；明确近、远期要达到海绵城市要求的面积和比例，提出海绵城市建设分区指引；根据雨水径流量和径流污染控制的要求，将雨水年径流总量控制率目标进行分解。目标要分解到排水分区，并提出管控要求。提出规划措施和相关专项规划衔接的建议；明确近期建设重点；提出规划保障措施和实施建议。

《深圳市海绵城市建设专项规划及实施方案》除内容、深度满足住房和城乡建设部《海绵城市专项规划编制暂行规定》的要求外，在海绵分区管控、指标分解、区域雨水排放管理制度等方面进行了尝试和突破，包括：指标本地化，分区、分类利用模型开展了指标研究与分解；纳入法定规划，将海绵空间格局采纳到新一轮总体规划中；重视城市存量地区，修编了“单元更新规划编制技术指引”等技术文件；突出重点区域，增加光明凤凰城等区域的海绵城市建设详细规划案例，指导24个片区全面落实海绵理念；统筹项目库，对接市治水提质和各区近期市政类重点项目，形成针对问题的项目库；配套政策保障，根据深圳市现有管控机制明确海绵城市建设规划保障体系，支撑了《深圳市海绵城市规划要点和审查细则》的出台。

（二）区级海绵城市专项规划

区级专项规划与市级专项规划一样，都是属于总体规划层面的专项规划，但区级规划相较市级规划，应在指标体系、达标路径、具体设施布局及近期实施等方面的内容结合区域特点进行进一步的细化，从而能更有效地指导各区的海绵城市建设工作。

参考《海绵城市专项规划编制暂行规定》对海绵城市专项规划编制内容的要求，结合深圳市各区特点，区级专项规划内容一般包括以下几个部分。

（1）海绵城市建设条件分析。分析规划区的区位、自然地理、社会经济现状和降雨、土壤、地下水、下垫面、排水系统、城市开发前的水文状况等基本特征，识别城市水资源、水环境、水生态、水安全等方面存在的问题。

（2）海绵城市建设目标与指标。确定海绵城市建设目标，落实市级海绵规划对本片区的要求，并根据本区实际情况优化和完善海绵城市建设的指标体系。

（3）海绵城市建设总体思路。依据海绵城市建设目标，针对现状问题，因地制宜确定海绵城市建设的实施路径。老城区以问题为导向，重点解决城市内涝、雨水收集利用、黑臭水体治理等问题；城市新区、各类园区、成片开发区以目标为导向，优先保护自然生态本底，合理控制开发强度。

（4）海绵城市建设目标分解及管控要求。识别山、水、林、田、湖等生态本底条件，优化和落实各层次规划对本片区的海绵城市的自然生态空间格局，明确保护与修复要求；针对现状问题，划定海绵城市建设分区，提出建设指引。

（5）海绵城市工程规划。针对内涝积水、水体黑臭、河湖水系生态功能受损等问题，按照源头减排、过程控制、系统治理的原则，制定积水点治理、截污纳管、合流制污水溢流污染控制和河湖水系生态修复等措施，分别进行相关工程的规划。

（6）相关规划衔接。提出与城市道路、排水防涝、绿地、水系统等相关规划相衔接的建议。

（7）近期建设任务。各区海绵规划基本上在市级规划的基础上，优化调整了部分指标，提出了针对本区特点的特色指标，如宝安区拥有较长的海岸线，因此在河道生态岸线的基础上增加了海岸线的生态岸线比例指标。各区专项规划基本上都深化了空间管控措施和基础设施规划，增强了对海绵城市建设空间布局的指导性，如南山区具有地块建设强度大、更新改造项目多的特点，提出了高密度开发强度下和改造类项目的海绵城市建设的方案及思路。区专规在市级专规的项目库基础上，进一步细化了项目库及实施进度，有效指导全区海绵城市建设的有序开展。

（三）重点片区海绵城市详细规划

各重点片区的详细规划是在全市和区专项规划的基础上，结合重点发展片区的用地布局、建设项目、排水系统、水系等更为准确和细致的本地特点，细化和深化海绵城市规划方案，将海绵城市的控制指标分解至地块层面，并确定重要海绵城市设施的具体空间布局和规划。按建设用地类型分别给出海绵城市规划设计详细指引，指导各类项目的具体设计和建设。

深圳市重点片区详细规划主要编制内容包含如下几个部分。

（1）综合评价海绵城市建设条件。重点分析规划区土壤、地下水、下垫面、排水系统、历史内涝点、水环境质量等本底条件，识别水资源、水环境、水生态、水安全等方面存在的问题和建设需求。

（2）确定海绵城市建设目标和具体指标。根据全市专规及区专规制定的管控单元目标，确定规划区的海绵城市建设目标（雨水年径流总量控制率），并对此目标进行复核，确定是否能够达到规划目标。参照《海绵城市建设绩效评价与考核办法（试行）》和总体规划层面的指标体系，提出规划区海绵城市建设的指标体系。

（3）海绵城市建设总体思路。

问题导向。针对城市内涝问题，落实排水防涝规划要求，从雨水径流控制、雨水管网系统建设、竖向调整、雨水调蓄、雨水行泄通道建设、内河水系治理等方面构建完善的排水防涝系统。针对黑臭水体问题，根据《城市黑臭水体整治工作指南》，按照“控源截污、内源治理；活水循环、清水补给；水质净化、生态修复”的技术路线具体实施。

目标导向。通过海绵城市建设实现城市建设与生态保护和谐共存，构建山水林田湖草一体化的生命共同体。转变城市发展理念，从水生态、水环境、水安全、水资源等方面出发，规划先导，在不同城市发展尺度上，集成构建大、中、小三级海绵城市体系。以水库、河流为生态本底，保障高比例的生态用地比例，构建生态安全格局的“大海绵”体系；统领涉水相关规划，从供水安全保障、防洪排涝、水污染治理、水资源等方面，构建水安全保障度高、水环境质量提升、水资源丰盈的“中海绵”体系；落实低影响开发建设理念，从源头削减雨水径流量、峰值流量，控制雨水径流污染，构建具备恢复自然水文循环功能的“小海绵”体系。通过不同层级海绵体系的层层递进，共同助力海绵城市建设。

海绵城市指标分解与管控要求。采用水文模型构建规划区水文模型，反复分解试算区域低影响开发控制目标，评估及验证控制目标的可行性。结合控制性详细规划和修建性详细规划，将所在分区的径流总量控制目标、径流污染控制目标分解为建筑与小区、道路与广场、公园绿地等地块的指标，并纳入地块规划控制指标。将年径流总量控制率、径流污染削减率等指标作为城市规划许可的管控条件，纳入规划国土行政主管部门的建设项目规划审批程序，引导和鼓励建设项目与主体工程同时规划、同时设计、同时施工、同时使用海绵设施。

二、规划体系融合

在当前海绵城市工作基础和经验积累较薄弱的情况下，应当通过海绵城市专项规划（总体规划层面、详细规划层面）的编制，将相关成果纳入规划体系中，以切实落到城市规划建设过程中。

落实海绵城市建设要求的城市规划技术，涉及海绵城市专项规划、总体规划、法定图则、修建性详细规划层面（城市设计、项目选址建议书等）等层次，前述4种规划分别侧重于落实系统、宏观、中观、微观4个层面的海绵城市建设要求，它们相互支持，共同构建起完整的技术框架。因此，需要在修订、编制规划相关技术规程、规定中纳入海绵城市规划的相关要求，才能实现规划的一以贯之。目前，深圳市已将海绵城市内容的编制要求纳入《深圳市法定图则编制技术指引》及《深圳市拆除重建类城市更新单元规划编制技术规定》等5项技术文件中（表3-2），从而全面指导在各级规划中落实海绵城市要求的相关工作。

在城市单元更新规划、城市设计等具体实施规划层面上，重点是将法定图则中关于各地块的海绵城市控制指标和引导性要求落实到具体项目的设计之中，具体指导海绵城市设施的建设、细化场地设计和设施配套，以维持或恢复场地的“海绵”功能。

表 3-2　《深圳市拆除重建类城市更新单元规划编制技术规定》中增加的海绵城市内容

序号	章节	调整内容
1	2.1 规划研究报告的内容（7）功能控制	在第二段“开发强度须依据……生态保护、利益平衡等因素作出研究”的“生态保护、”后面加入“海绵城市建设”
2	2.1 规划研究报告的内容（8）城市设计	“……落实低影响开发的具体措施，提出节能环保……”中“低影响开发”改为“海绵城市建设”
3	2.2 专项 / 专题研究的内容	在“所有城市更新单元……建筑物理环境专项研究、生态修复专项研究的建筑物理环境专项研究”中增加“海绵城市建设专项研究”
4	2.2.4 市政工程设施专题 / 专项研究	“常规市政设施研究和规划……落实低冲击开发理念，研究低影响开发的控制目标……”删除“落实低冲击开发理念，研究低影响开发的控制目标”并在此小节后面加入“2.2.9 海绵城市建设专题 / 专项研究 评估现状水文地质条件，如地下水位、水质、地质土壤及其渗透性能、内涝灾害等情况，根据单元发展规模，明确海绵城市建设目标，说明上层次规划和专项规划相关要求和落实情况，进行区域海绵城市的影响评估，并提出相应的改善措施：①落实上层次规划和专项规划中确定的区域排水防涝、合流制污水溢流污染控制、雨水调蓄等设施的建设和河湖水系的生态修复要求；②明确地块的海绵城市控制目标和引导性指标；③结合总平图，合理布局主要海绵设施”
5	2.3 技术图纸的内容（12）市政工程规划图（组图）	在此后加入“（13）海绵城市建设规划图纸。场地汇水分区图、海绵设施布局图”
5	附录 6：地块控制指标一览表	在“透水率（%）”后增加“年径流总量控制率（强制性）、选择性增加绿地下沉比例、人行道 / 停车场 / 广场透水铺装比例、不透水下垫面径流控制比例（指导性）”等指标，并加上“备注 5：指标值参考《深圳市海绵城市建设专项规划及实施方案》和《深圳市海绵城市规划要点和审查细则》确定”
6	（管理文件中此表参考下表编制）	增加“年径流总量控制率”指标

海绵城市规划工作既需要专门的研究，以流域涉水相关事务为核心，以解决城市内涝、水体黑臭等问题为导向，以雨水径流管理控制为目标，绿色设施与灰色设施相结合，统筹“源头、过程、末端”各个系统；又需要纳入城市总体规划、行动计划中，协调其他相关城市规划建设内容，如土地利用布局、绿地系统、道路设施、竖向设计等落实海绵城市相关要求和内容。

深圳市将海绵城市专项规划相关内容纳入了正在进行的国土空间总体规划，重点是基于专项规划的系统分析与指标体系，衔接、调整、落实土地需求、空间需求与专业需求；协调绿地、水系、道路、城市水系、排水防涝、绿地系统、道路交通等专项规划，从“源头、中途、末端”多个层面，为法定图则阶段细化落实海绵城市建设要求提供规划策略、建设标准、总体竖向控制及重大雨水基础设施的布局等相关重要依据与条件。

此外，深圳市海绵专规成果也已纳入《深圳市生态文明建设规划（2017—2020）》《深圳市绿地系统规划修编（2014—2030年）》《深圳市水战略2035》《深圳市水务发展“十三五”规划》《深圳市水土保持规划（2016—2030年）》《深圳市海洋环境保护规划（2018—2035年）》《深圳市海岸带综合保护与利用规划（2018—2035）》等7项全市的规划、行动计划中。

例如，《深圳市可持续发展规划（2017—2030年）》提出以创新引领超大型城市可持续发展为主题，以供给侧结构性改革为主线，以人民对美好生活的向往为奋斗目标，着力破解“大城市病”和推动经济、社会与环境协调发展（图3-3）。规划中提出要建设更加宜居宜业的绿色低碳之城，全面提升城市环境质量。以改善环境质量为核心，全力开展水、大气、土壤污染防治三大行动。深入实施治水提质工作计划，加快污水管网建设和污水处理设施高标准新改扩建，

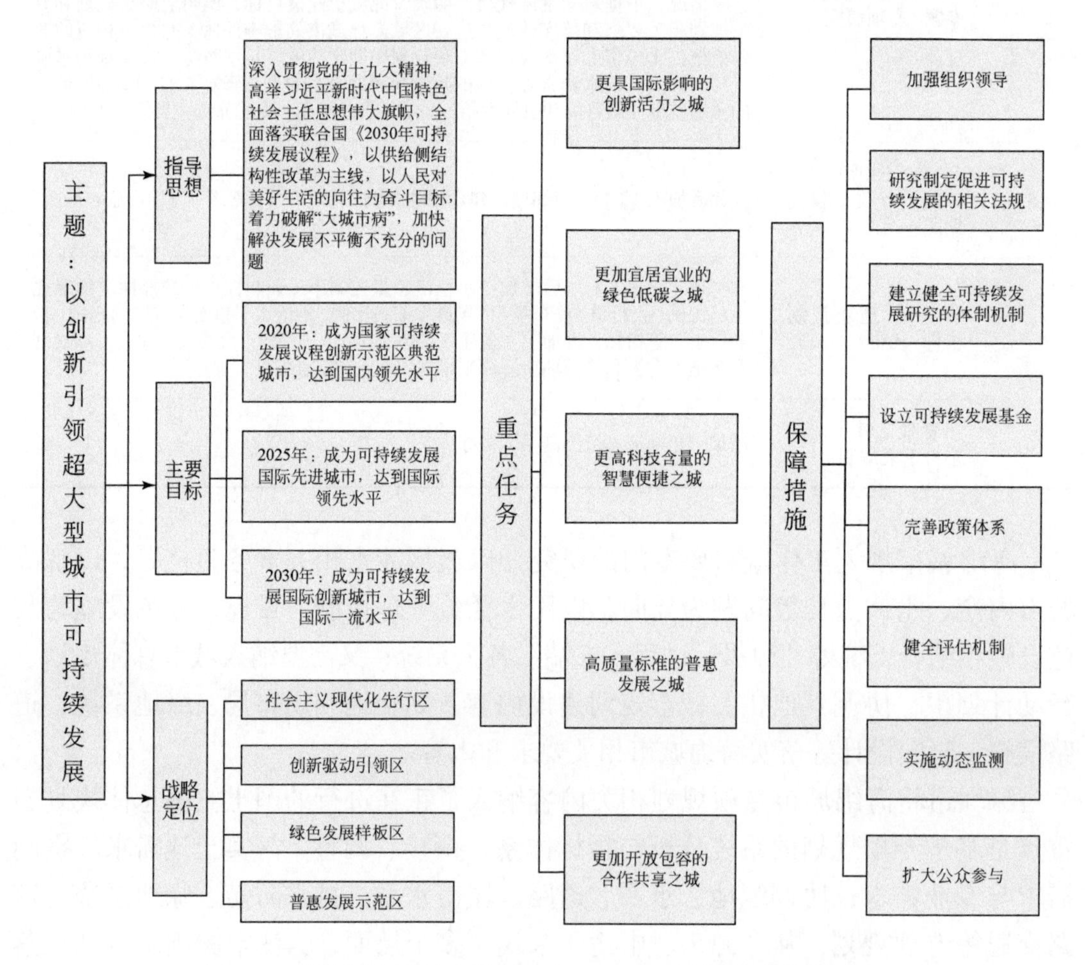

图3-3 《深圳市可持续发展规划（2017—2030年）》总体框架图

全面推进海绵城市建设，多管齐下实施生态修复、面源治理、清淤疏浚、生态补水等措施，切实保障饮用水源水质安全，营造水清岸绿、优美宜人的滨水休闲游憩空间。

第三节　全视角技术支撑

海绵城市是新型建设方式，需要因地制宜结合本地特点进行技术指导和规范。深圳市是较早引入低影响开发理念的城市之一，至今已经出台了多部海绵城市低影响开发相关的技术标准，具有先行先试的优势。试点4年来，以“科研融入标准，标准保障实施，实施提升标准”为基础研究和技术标准制定的工作主线，在充分凝练多年实践经验的基础上，衔接国家最新技术要求，结合深圳市特色，建立了重融合、多角度和全覆盖的技术标准体系。

一、完善标准体系

深圳市充分贯彻习近平总书记提出的“中国将积极实施标准化战略，以标准助力创新发展、协调发展、绿色发展、开放发展、共享发展”指示精神，致力于形成重融合、多角度和全覆盖的技术标准体系，并将其作为城市治理体系的重要组成部分。

从海绵城市理念被提出以来，国家层面陆续印发了《海绵城市建设技术指南——低影响开发雨水系统构建（试行）》和《海绵城市建设国家建筑标准设计体系》等顶层规范性文件，同时组织修订与海绵城市建设密切相关的涉及规划、建筑与小区、竖向规划、城市道路、园林绿地、水系等领域的十余项标准规范，构建了海绵城市标准规范体系框架。

省级层面在《广东省城市基础设施建设“十三五”规划》和《粤港澳大湾区发展规划纲要》等重要规划中纳入了海绵城市相关要求，《广东省海绵城市建设管理与评价细则》进一步明确了全省总体要求、目标指标、组织机制、建设项目管控机制、评价机制等。

深圳市的技术标准体系在国家及省级的总体框架内进行了落实完善。累计出台政策、技术指南达60部（其中，属于法规或行政规范性文件的有4部，制度、政策文件22部，地方标准、技术导则34部）。其中由地方标准主管部门、质量部门和住建部门发布的地方标准6部，包括《深圳市房屋建筑工程海绵设施设计规程》《海绵城市设计图集》《海绵城市建设项目施工、运行维护技术规程》《低影响开发雨水综合利用技术规范》《雨水利用工程技术规范》《再生水、雨水利用水质规范》等。

标准充分体现了深圳地方特色，如与治水治城相融合的《深圳市正本清源行动技术指南（试行）》（修订）、《深圳市城中村综合治理标准指引》、《深圳市重点区域开发建设导则》等技术标准。指导海绵城市建设标准详见表 3-3。

表 3-3　指导海绵城市建设标准一览表

<table>
<tr><th colspan="2">标准类型</th><th>对应标准</th></tr>
<tr><td rowspan="4">行业类型</td><td>建筑与小区类</td><td>《深圳市房屋建筑工程海绵设施设计规程》</td></tr>
<tr><td>公园绿地类</td><td>《深圳市海绵型公园绿地建设指引》</td></tr>
<tr><td>道路广场类</td><td>《海绵型道路建设技术标准》</td></tr>
<tr><td>水务类</td><td>《深圳市水务工程项目海绵城市建设技术指引（试行）》</td></tr>
<tr><td rowspan="13">环节层面</td><td rowspan="8">全市层面</td><td>《深圳市城市规划低冲击开发技术指引》</td></tr>
<tr><td>《深圳市海绵城市规划要点和审查细则》</td></tr>
<tr><td>《深圳市房屋建筑工程海绵设施设计规程》</td></tr>
<tr><td>《深圳市海绵型公园绿地建设指引》</td></tr>
<tr><td>《深圳市海绵型道路建设技术指引》</td></tr>
<tr><td>《深圳市水务工程项目海绵城市建设技术指引（试行）》</td></tr>
<tr><td>深圳市《海绵城市设计图集》</td></tr>
<tr><td>深圳市《海绵城市建设项目施工、运行维护技术规程》</td></tr>
<tr><td rowspan="5">试点区域层面</td><td>《光明新区海绵城市规划设计导则（试行）》</td></tr>
<tr><td>《光明新区建设项目海绵城市专篇　设计文件编制指南（试行）》</td></tr>
<tr><td>《光明新区建设项目海绵城市审查细则》（修订）</td></tr>
<tr><td>《光明新区建设项目低影响开发设施竣工验收要求（试行）》</td></tr>
<tr><td>《光明新区低影响开发设施运营维护和建设项目海绵城市绩效测评要点（试行）》</td></tr>
<tr><td rowspan="9">专项工作</td><td rowspan="3">融入既有的规划体系</td><td>《深圳市城市规划低冲击开发技术指引》</td></tr>
<tr><td>《深圳市海绵城市规划要点和审查细则》</td></tr>
<tr><td>《深圳市拆除重建类城市更新单元规划编制技术规定》</td></tr>
<tr><td rowspan="4">与治水充分融合</td><td>《深圳市水务工程项目海绵城市建设技术指引（试行）》</td></tr>
<tr><td>《深圳市正本清源行动技术指南（试行）》（修订）</td></tr>
<tr><td>《深圳市城中村治污技术指引》</td></tr>
<tr><td>《深圳市生产建设项目水土保持方案编制指南（试行）》</td></tr>
<tr><td rowspan="2">与治城充分融合</td><td>《深圳市重点区域开发建设导则》</td></tr>
<tr><td>《深圳市建筑工务署政府公共工程海绵城市建设工作指引》</td></tr>
</table>

（一）指导各行业的地方标准

建筑与小区、道路、公园绿地及水务类等不同类型的项目具有不同的特点。因此，为规范各类项目中的海绵城市建设，提高项目建设水平和质量，需要各相关部门针对不同类型项目的特点，编制对应的技术规程、指南（表 3-3），明确其融入海绵城市理念的切入点与要点，统一建设标准和主要技术指标，以提高精细化设计水平，进行标准化的精准引导。

针对建筑与小区类项目，技术标准需要指导场地指标的合理选择，并在场地径流组织、海绵设施选择和布局、海绵设计与场地原有排水系统组织的衔接等方面提供指导。深圳市住房和建设局编制了《深圳市房屋建筑工程海绵设施设计规程》。该设计规程充分考虑了不同区位（深圳东部、中部、西部）所对应的雨型差异、土壤差异及建筑和建设类型，细化给出了房屋建筑的海绵城市建设目标，使目标选取更具科学性，且明确了适用的设施，并给出了引导性指标。该文件分建筑本体和建筑小区场地两类分别提出了详细的设计指引，并明确了植物选取的原则，如规定乡土植物占选用的植物数量比例不小于 60%。

公园绿地类项目方面，由深圳市城市管理和综合执法局编制出台的《深圳市海绵型公园绿地建设指引》，对城市生态系统的重要组成和海绵城市建设的重要载体——公园绿地制定了海绵工程规划设计、建设实施和管理工作的详细指引，指导深圳市新建、改建的各类公园如何在满足绿地生态、景观、游憩及其他基本功能的前提下，合理地选取和预留空间，建设低影响开发设施，为场地及周边的雨水径流提供滞蓄空间，并起到净化、下渗等功效。该指引甄选出适宜海绵设施的深圳本土植物，供设计人员选取。

针对道路类项目，深圳市住房和建设局印发了《海绵型道路建设技术标准》，对城市面源污染的重要来源——城市道路制定了海绵工程规划设计、施工验收和设施维护的详细指引。该指引结合深圳本地特点，根据道路等级、绿化带宽度对道路海绵城市建设的年径流总量控制率目标进行细化，使目标选取更具科学性和可实施性，并制定了每种等级道路建议的海绵系统流程，有力地指导了道路类项目的海绵城市建设，避免了工程设计的盲目性。

针对水务类项目，深圳市水务局编制出台的《深圳市水务工程项目海绵城市建设技术指引（试行）》，对河道整治类、排水防涝类、治污设施类、水资源与供水保障类及水土保持类项目提出了海绵城市建设的指导性指标和项目审查性指标，结合每一类项目的特点，分别提出海绵建设要点和海绵方案编制要点，从而确保水务工程建设中全面落实海绵城市建设理念，并与其他海绵城市建设项目和措施进行有效的衔接。

（二）配套各环节的标准指引

结合本地化项目特点制定的技术标准，是科学、合理、高效进行海绵城市建设的重要保障。有效的技术标准体系能对建设项目规划设计、施工验收、运营维护等各环节进行全方位、精细化的指导。

海绵城市建设"规划先行"。针对规划阶段，深圳市早于2013年便组织编制了《深圳市城市规划低冲击开发技术指引》，根据深圳市的特点，因地制宜地提出了深圳市低影响开发目标，分城市建成区、生态控制区提出不同的低影响开发策略，并结合深圳市建设项目类型、用地类型、投资主体等特点，提出了针对建设项目低影响开发的规划原则、规划目标、规划指引和设计指引，用以指导建设项目规划设计等前期工作。2018年深圳市规划和自然资源局结合海绵城市最新要求，更新了2016年出台的《深圳市海绵城市规划要点和审查细则》，完善了深圳市海绵城市建设目标、规划要点、建设项目规划设计要点，科学指导全市海绵城市规划设计，并细化形成了海绵城市建设项目审查指南，同时形成了海绵城市豁免清单，构建了合理可行的海绵城市管控机制。

建设项目是海绵城市理念落地的重要抓手，确保项目前期高质量地完成海绵城市设计是海绵城市建设顺利实施的前提。深圳市结合各类型项目的特点编制技术标准指引的同时，组织编制了深圳市《海绵城市设计图集》，识别适用于深圳市的设施类型，并对各类海绵系统（包括城市道路、绿地广场、建筑小区、雨水综合利用等）的典型构造和指标参数进行精细化指导，因地制宜地确定土壤类型和级配，从而提升海绵城市设计的效率和实效。

规范规划和项目设计的同时，还需保障项目建设阶段的海绵城市建设内容的切实实施。深圳市充分结合本地实情，考虑气候降雨、植物生长特点、本地经济实力和行业水平等因素，编制了深圳市《海绵城市建设项目施工、运行维护技术规程》，一方面，用以指导深圳市新建、改建、扩建项目配套建设的各类海绵设施的施工、运行与维护管理；另一方面，也可有效指导城市规划、水务、道路交通、住建、城管、园林等有关部门在建设项目管理、监督和验收等工作中落实海绵城市建设要求。

光明区是国家海绵城市建设试点区域，为更细致地推动光明区海绵城市建设，同时充分发挥试点先行的优势，光明区也编制了系列技术标准以支撑全流程管控。试点期间，光明区印发了区政府规范性文件《深圳市光明新区海绵城市规划建设管理办法（试行）》（简称《管理办法》），对规划、建设、运维、管理做了全面规定，建立从项目用地开始到竣工验收的全过程管控要求。为配合《管理办法》的应用，光明区率先在区级层面出台《光明新区海绵城市规划设计导则（试行）》、《光明新区建设项目海绵城市专篇　设计文件编制指南（试行）》、《光明新区建设项目海绵城市审查细则》（修订）、《光明新区建设项目低影响开发设施竣工验收要求（试行）》和《光明新区低影响开发设施运营维护和建设项目海绵城市绩效测评要点（试行）》5项涵盖规划、设计、审查、施工、验收和运行维护各阶段全流程的海绵城市技术指引，建立健全了管控机制相关配套技术体系，填补了国内海绵城市相关技术标准的空白，为全市、全国相关标准规范的编制提供了先行探索的经验。

（三）针对专项工作的标准

为保障海绵城市建设在全市域顺利推进，深圳市结合全市重点工作，以流程指导、工作指引等多方面为切入点，构建了支撑全市域推进的海绵城市建设的技术标准体系（表3-3）。

为指导海绵城市良好地融入现有规划体系，详细指导各类各层次各专业规划落实海绵城市建设内容。2016年12月2日，深圳市规划和国土资源委员会正式发布《深圳市海绵城市规划要点和审查细则》，结合深圳市现行城市规划体系，科学识别各层次规划中与海绵城市建设的结合点，依据不同层次规划的深度，提出相应的规划编制要求，同时指导规划主管部门对规划项目进行有效管控，结合试点情况，于2018年进行了更新修订。

针对深圳市以城市更新为主要内容的存量土地二次开发需求加剧，《深圳市拆除重建类城市更新单元规划编制技术规定》也结合海绵城市建设要求进行了新一轮的修订，并于2018年9月正式发布，最新修订版中明确规定所有城市更新单元均应进行海绵城市建设专项研究，同时对海绵城市专项研究的内容及深度都进行了统一规定，以方便管理拆除重建类更新活动。

为把海绵城市建设与治水提质、河长制、正本清源等工作紧密结合，以指导项目建设为切入点，深圳市水务局编制出台了《深圳市水务工程项目海绵城市建设技术指引（试行）》，用于指导深圳市新建、扩建、改建的水务工程项目（含主体设施及附属设施用地）海绵设施的工程设计与建设。

为结合海绵城市建设理念，综合“渗、滞、蓄、净、用、排”等海绵城市建设技术措施，融入城市正本清源行动，2019年修订了《深圳市正本清源工作技术指南（试行）》，用以指导深圳市范围内结合海绵城市建设理念开展的已建排水建筑与小区正本清源行动的排水系统调查、勘测、改造、验收和维护管理工作，并针对各类改造条件提出了相适应的海绵化改造方案。

此外，深圳市城中村分布范围广，占地面积大，为切实有效地推进深圳市城中村水污染治理工作，深圳市水务局组织编写了《深圳市城中村治污技术指引》，提出全市城中村水污染治理工作以实现雨污分流、正本清源为主，在完善城中村建筑内部及室外排水系统的同时将截污式雨水口、雨水断接管等基础性海绵设施广泛运用于治理工程中。在有条件的城中村，在治理的同时，科学采用透水铺装、下沉式绿地等可选性海绵设施，助力全市海绵城市建设。

水土保持方面，深圳市作为我国水土保持工作的先锋城市，结合国家海绵城市建设要求，于2018年对已有成果进行了较大程度的修编，并颁布了《深圳市生产建设项目水土保持方案编制指南（试行）》。其中，将硬化地面透水铺装率、绿色屋顶覆盖率、绿地下凹率等海绵城市相关指标作为各类建设项目在水土保持方案审批（备案）环节的指导性指标，并将主体工程的海绵城市植物设施部分均纳入水土保持植物措施。

17个重点区域是土地资源不富足的深圳打破掣肘、推动城市实现发展质量再提升的重要抓手。为指引重点区域实现标准管控和品质提升，促进重点区域高标准开发建设，2018年10月正式发布了《深圳市重点区域开发建设导则》，提出重点区域建设应统筹公共开放空间、道路交通设施、市政基础设施、海绵城市等系统建设进行同步推进的实施路径，要求在重点区域全面推进海绵型城区建设，并对重点区域的海绵城市规划建设要求予以进一步的明确，此外，还单独针对旧城更新型重点区域指明了海绵城市建设方向。

此外，部分参与海绵城市建设的重点部门也结合部门职能和实际工作，编制了相关的技术指引，推动日常工作中充分落实海绵城市建设要求。例如，深圳市建筑工务署作为政府投资建设工程项目的管理机构，为保障政府投资项目建设中能率先贯彻海绵城市理念要求，组织编制了《深圳市建筑工务署政府公共工程海绵城市建设工作指引》。

二、强化科技支撑

深圳市充分落实创新驱动战略，加强标准与科研的双互动，推动标准充分吸收科研成果，促进科研成果向标准转化；根据海绵城市建设的需求，深圳开展了相应的科学研究工作（表3-4），形成了一批值得借鉴推广的科研成果和文献，并通过强化科研与标准的互动，正在进一步将科研成果应用于标准制定之中。

表3-4　海绵城市相关的部分基础研究

项目类别	名称
以面源污染为核心相关科研项目	深圳市雨水径流污染现状、迁移机理及控制对策研究——以光明新区为例
	海绵城市建成区雨水径流污染监测与效能评估
	深圳市观澜河流域面源污染特征与控制策略综合研究

续表

项目类别	名称
以面源污染为核心相关科研项目	深圳市车行道雨水径流污染特性及控制技术研究
	深圳市面源污染整治管控技术路线及技术指南
高密度特点的海绵城市建设相关科研项目	深圳水战略 2035
	前海区域降雨径流分析及低影响开发（LID）技术应用项目
	影响降雨径流特征的典型 LID 海绵设施构造因子明感性研究
	典型海绵设施对径流量和径流污染控制的影响研究
	海绵城市建设对土壤和地下水的影响研究报告
本地水文特征相关科研项目	深圳市典型下垫面产汇流算法研究
	海绵城市应用 SWMM 及 MIKE 模型参数率定研究
	气候变化下深圳市水文特征分析与洪涝风险评估
南方植被景观相关科研项目	海绵型城市绿地建植关键技术研发
	城市景观海绵体雨洪管理关键技术研发
	城市绿地系统低影响开发关键技术研发
海绵城市建设监测评估相关科研项目	黑臭水体水质在线监测系统研发
	热岛效应监测分析与对策研究
	海绵城市监测及评估系统研发
	典型流域海绵城市整体效果监测评估及验证

（一）以面源污染为核心的系列研究

随着城市治水的深入，在点源污染逐步得到控制以后，城市面源污染带来的环境问题日益突出。深圳紧扣本地实际情况开展了以面源污染为核心的系列研究。例如，为探究深圳市地表污染物的生成、迁移规律并提出针对性的控制方法，深圳市开展了“海绵城市建成区雨水径流污染监测与效能评估”“深圳市观澜河流域面源污染特征与控制策略综合研究”“深圳市车行道雨水径流污染特性及控制技术研究”等一系列针对全市、流域、片区等不同层面的面源污染特征的相关研究，探索了深圳市各类下垫面污染物累积强度与径流污染水平的差异。同时，深圳市在地表径流组织及海绵化改造、精准截污与调度、末端湿地及初雨调蓄等多个层面开展了面源污染控制系统策略和工程措施研究，为构建系统性的面源污染控制体系提供理论依据。

（二）高密度高强度建设条件下的海绵城市建设研究

针对深圳市高密度高强度开发建设的特点，深圳积极探索精细化的海绵城市建设方法。例如，人口密度大、建筑密度大、经济活动频繁是深圳市在建设海绵城市时遇到的普遍问题，而公共建筑又是最能体现这三大特点的载体。通过现场水量水质监测和模型模拟，“典型海绵设施对径流量和径流污染控制的影响研究”课题研究了公共建筑的典型海绵设施对径流量和径流污染的调控效应。深圳前海区域是未来高密度城区的代表。综合考虑其填海造陆的特殊性，深圳市水务局开展了“前海区域降雨径流分析及低影响开发（LID）技术应用项目”。该项目选取涵盖多种用地类型的典型区域进行模拟示范，结合 LID 对水量水质控制效果的预测和设施优化，开展了前海典型区域内涝防治及面源污染的策略研究。

（三）本地化水文特征研究

海绵城市建设是以保护和恢复本地良性水循环为目标。掌握水文的本地化特征是开展海绵城市建设的基础。为此深圳市水务局组织开展了“深圳市典型下垫面产汇流算法研究”，建立了深圳市不同下垫面产汇流模型算法；同时实施不同汇水区的监测计划，率定并验证模型参数及算法。研究成果为深圳市水文预报提供计算依据，提高水文计算的准确性。深圳市已有一系列的海绵项目采用水力模型工具辅助设计，其中模型参数的本地化是决定模型模拟结果可靠性的关键环节。在“海绵城市应用 SWMM 及 MIKE 模型参数率定研究”课题中，通过在典型区域内设置在线监测和常规监测点位，长期监控降雨量、流量、峰值、水环境等数据，根据动态监测数据对 MIKE 和 SWMM 模型中重要的参数进行灵敏度分析和率定，形成一套适合深圳本地条件的模型参数建议值。

（四）以南方海绵型植被景观为核心的研究

深圳位于南亚热带，海绵城市建设中可选的园林植物资源多样且丰富。通过开展南方植被景观的海绵效益的系列研究，优选适宜的植被，可以更好地发挥绿地系统对雨水的渗透、滞留及净化作用。相关研究已形成 13 项专利。

“海绵型城市绿地建植关键技术研发”课题针对深圳市水资源匮乏、雨水时空分布不均的情况，解析降雨规律及不同区域调蓄水实际需求，筛选出多种适宜在华南地区栽培的耐涝植物，探究了部分深圳本土绿地植物的冠层截流作用，结果发现山菅兰、翠芦莉、鸢尾和美人蕉等植物具有较好的调蓄能力和去污效果。

“城市景观海绵体雨洪管理关键技术研发”课题主要进行生态景观型道路径流处理装置耦合系统研发、城市景观海绵体植物优化配置模式研发、多级下沉式雨水调蓄广场构建、多级反渗透反应墙雨水处理装置和景观式雨水水质保持系统研发等。该课题综合考虑植物对区域性、气候性的适应能力，有针对性地选取可削减雨水中各种污染含量的优势植被品种，提出分别适用于旧城区改造和新城区建设的海绵城市技术。

“城市绿地系统低影响开发关键技术研发”项目以深圳市典型公园和公共绿地土壤为研究对象，通过实验研究不同水淹条件下植物的生长表现，以筛选出适宜海绵城市建设的植物，结果表明在 7 天的水淹胁迫处理下，樟树、楠木、黄槐等植物无萎蔫、掉叶、枯黄等现象出现，且顶端有新芽发出，为耐淹植物。

（五）基于监测评估的研究

构建完善的监测系统和合理的分析方法是科学评估海绵城市建设效果的前提，为此，深圳市开展了一系列海绵城市建设效果监测评估研究。

“海绵城市监测及评估系统研发”课题结合深圳本地实际需求，重点研发海绵城市水文水质监测网络及监测评估体系、海绵城市管控评估平台及海绵城市综合数据库系统三大技术工具，依据上述研究成果界定海绵城市建设规划中的相关技术标准及规范等参数，同时监测与评估重点建设区域的海绵技术效能，为海绵城市管控方案的构建提供依据。

“典型流域海绵城市整体效果监测评估及验证”课题以深圳市新洲河流域和上芬水流域为研究对象，构建建设项目、排水分区、流域三个层面的监测方案，利用水力模型和实际监测相结合的方式，重点针对城市内涝、黑臭水体、水环境质量等要素，对两个流域的海绵城市建设的整体绩效进行评估，总结提炼不同层级海绵城市建设整体效果评估方法，形成一套可推广的评估与验证技术体系，助力全市海绵城市建设效果的持续跟踪工作，并对现有的海绵技术、管理体系进行优化。

第四节　全方位项目管控

建设项目的管理流程包括用地规划许可和可行性研究报告批复、建设工程规划许可和概算批复、施工许可、竣工验收等环节，需要在各环节中纳入海绵城市建设要求，才能建立起有效、全方位的建设项目管控机制，以保证海绵城市建设要求的有效贯彻。这些管控要求不仅需结合城市自身的审批流程提出具体的要求，而且需要有政策和技术支撑，确保这些要求可以落实。同时，需要结合“放管服”

的要求，在现有流程基础上进行纳入，即在现有环节内增加必要的审批内容，不增加环节和时间，将串联审批改为并联审批。

一、法制化政策保障

为深入贯彻习近平新时代中国特色社会主义思想，推进行政审批制度改革，促进政府职能转变，深化“放管服”改革，优化营商环境的重要成果，按照《通知》，深圳成为工程建设项目审批制度改革试点城市之一。《通知》要求：统一审批流程，按照工程建设程序将工程建设项目审批流程主要划分为 4 个阶段，相关审批事项归入相应阶段。精简审批环节，取消不合法、不合理、不必要的审批事项和前置条件，扩大下放或委托下级机关审批的事项范围；合并管理内容相近的审批事项，推行联合勘验、联合测绘、联合审图、联合验收等；完善审批体系。一是以“一张蓝图”为基础，统筹协调各部门提出项目建设条件；二是以“一个系统”实施统一管理，所有审批都在工程建设项目审批管理信息系统上实施；三是以“一个窗口”提供综合服务和管理；四是用“一张表单”整合申报材料，完成多项审批；五是以“一套机制”规范审批运行。

深圳市是国家海绵城市建设试点城市之一，同时也是工程建设项目审批制度改革的试点城市之一，在深入贯彻落实党中央、国务院关于深化审批工作“放管服”改革、改善营商环境要求的同时，结合国家海绵城市试点建设经验，将海绵城市建设要求有机地融入改革后的建设项目审批制度框架和管理系统，并出台了相应的政府规章，有效组织动员全市各方力量，建立制度保障，提高城市服务和管理水平，推动海绵城市建设工作的常态化、规范化和法制化，形成长效工作机制，推动城市品质提升。

2018 年 8 月 1 日深圳市正式印发实施《深圳市政府投资建设项目施工许可管理规定》和《深圳市社会投资建设项目报建登记实施办法》。此次改革将海绵城市纳入了建设工程项目的管控审批环节，在规划阶段将海绵城市纳入“多规合一”信息平台，并作为区域评估的一项重要内容；在用地规划和工程规划阶段将海绵城市建设要求纳入规划设计要点；在施工图审查环节纳入统一图审之中。

根据《深圳市政府投资建设项目施工许可管理规定》和《深圳市社会投资建设项目报建登记实施办法》相关规定，规划建设管理部门在立项用地规划许可、建设工程规划许可、施工许可、竣工验收 4 个阶段，将海绵城市要求细化纳入建设项目报建审批流程。具体要求如下所述。

（一）立项用地规划许可阶段

1. 基本事项

市规划国土部门及其派出机构依据建设项目海绵城市管控指标豁免清单，在建设项目选址意见书、土地划拨决定书或土地使用权出让合同中，应将建设项目是否开展海绵设施建设作为基本内容予以载明。各区级城市更新机构在城市更新建设项目土地使用权出让合同中，应将建设项目是否开展海绵设施建设作为基本内容予以载明。

立项或土地出让阶段明确开展海绵设施建设的项目，市规划国土部门及其派出机构、各区级城市更新机构依据多规合一信息平台，或依据《深圳市海绵城市规划要点和审查细则》，在“建设用地规划许可证”中应列明年径流总量控制率、蓝绿线空间管控等海绵城市建设管控指标和要求。

2. 其他可能涉及的事项

政府投资建设项目可行性研究应就海绵城市建设适宜性进行论证，对海绵城市建设的技术思路、建设目标、具体技术措施、技术和经济可行性进行全面分析，明确建设规模、内容及投资估算。

发展改革部门在政府投资建设项目的可行性研究报告评审中应强化对海绵设施技术合理性、投资合理性的审查，并在批复中予以载明。

在审核政府投资建设项目总概算时，发展改革部门应按相关标准与规范，充分保障建设项目海绵设施的规划、设计、建设、监理等资金需求。

（二）工程建设许可阶段

1. 方案设计阶段

建设项目方案设计阶段，建设单位应按照《深圳市海绵城市规划要点和审查细则》的要求，编制海绵城市方案设计专篇，完成自评价表并连同承诺书一并提交方案审查部门。市政类线性项目方案设计海绵城市专篇应随方案设计在用地规划许可前完成。

规划国土部门对海绵城市方案设计专篇进行形式审查。市级海绵城市工作机构联合市规划国土等行业主管部门加强事中、事后监管，以政府购买服务的方式委托第三方技术服务机构对海绵城市方案设计专篇进行监督抽查，相关费用由财政予以保障。第三方技术服务机构名录应按要求确定并向社会公布。

2. 工程规划许可阶段

市规划国土部门及其派出机构、各区级城市更新机构应在建设工程规划许可中列明有关海绵城市管控指标的落实情况。

（三）施工许可阶段

1. 施工图设计阶段

施工图设计阶段，建设单位应组织设计单位按照国家和地方相关设计标准、规范和规定进行海绵设施施工图设计文件编制，设计文件质量应满足相应阶段深度要求。

施工图设计文件审查机构应按照国家、地方相关规范及标准施工图中海绵城市内容进行审查，建设单位应组织设计单位对施工图审查机构提出的不符合规范及标准要求的内容进行修改。

住房和城乡建设等行业主管部门整合施工图审查力量，将海绵城市内容纳入统一审查。

交通运输、水利等需开展初步设计文件审查的建设项目，应按建设用地规划许可证的管控指标要求，编制海绵城市设计专篇，行业主管部门在组织审查时，应对该部分内容进行审查，并将结论纳入审查意见。

2. 施工阶段

海绵设施应按照批准的图纸进行建设，按照现场施工条件科学合理统筹施工。建设单位、设计单位、施工单位、监理单位等应按照职责参与施工过程管理并保存相关材料。

建设单位不得取消、减少海绵设施内容或降低建设标准，设计单位不得出具降低海绵设施建设标准的变更通知。

（四）竣工验收阶段

建设单位提交的建设项目竣工文件中应完整编制海绵设施的相关竣工资料。

建设项目竣工验收组织方应在竣工验收时对海绵设施的建设情况进行专项验收，并将验收情况写入验收结论。推行采用联合验收，住房建设、交通运输、水务等行业主管部门牵头实行联合验收或部分联合验收，统一验收竣工图纸、统一验收标准、统一出具验收意见。

图 3-4 和图 3-5 分别为房建类建设项目和市政线性建设项目审批管控流程图。

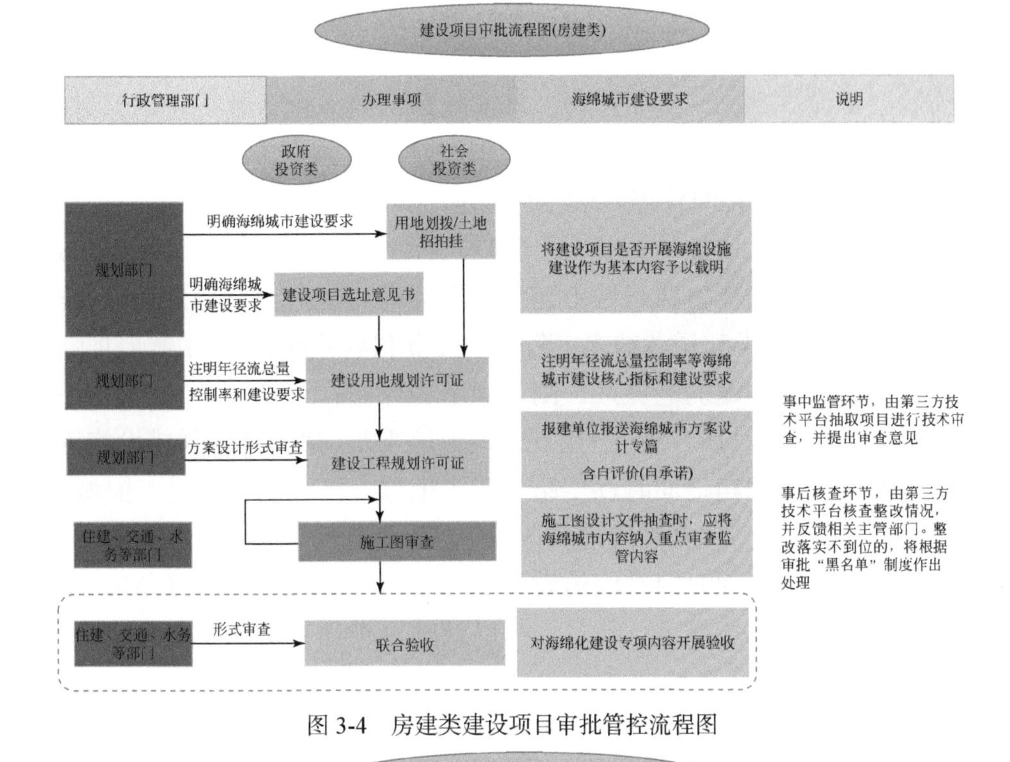

图 3-4　房建类建设项目审批管控流程图

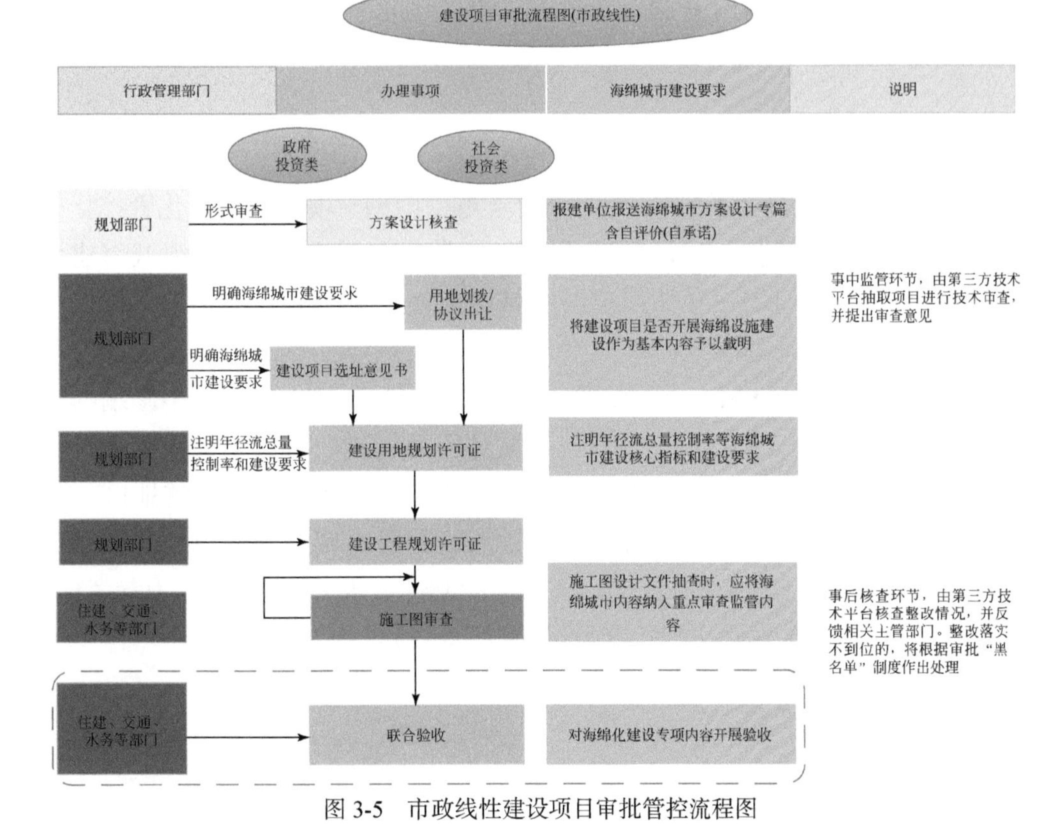

图 3-5　市政线性建设项目审批管控流程图

二、精细化目标体系

海绵城市建设应遵循“应做尽做，不留死角”的原则，各类建设项目都应该结合项目特点落实海绵城市建设要求，对于新建项目和改造项目由于审批流程、项目关注点不同使得项目的管控要求存在一定差异。

对于未来还将成片增加的新城区，应以目标为导向，实行源头管控，结合区域和城市特点，制定和严格执行城市建设开发标准与规范，严把工程规划建设审批关，并将海绵设施建设和运营纳入工程建设投资和运营的成本，由政府加强监督。对于普遍存在系统性问题的老城区，则以问题为导向，重点解决逢雨必涝的区域和黑臭水体，通过管网改造升级、利用现有地形地貌及沟塘、增设强排设施等做法，解决密切影响民生的问题，同时逐步结合城市道路、园林绿化提升、旧城更新等开展海绵化改造。还有一些如特殊地质区域项目、特殊污染源地区等特别的项目，由于土壤、污染物等各种海绵设施建设条件的制约，这类项目没有办法完全按照上层次规划确定的管控指标进行建设，可以鼓励这类项目因地制宜实施，由建设单位根据项目特点落实海绵城市设施。

深圳市根据海绵城市建设的相关要求，将海绵城市建设项目分为新建项目、存量改造项目及特殊项目，并制定了相关标准，细化各类项目管控指标、技术措施要求等，为项目建设提供指导。

（一）新建项目

新建项目严格以目标为导向，同时结合土壤、雨型、项目特点细化管控指标，确保可操作性，为规范全市建设项目的海绵城市建设，提高项目海绵城市建设水平和质量，市规划部门印发《深圳市海绵城市规划要点和审查细则》，根据不同类型项目的特点，明确其融入海绵城市理念的切入点与要点，统一建设标准和主要技术指标，提高精细化设计水平，进行标准化的精准引导。2019 年修编的规划要点和审查细则结合各行业部门的编制规划对各类新建项目的控制指标进行了修订，提出“编制了海绵城市详细规划或法定图则中已落实海绵指标的地区，应按详规或法定图则中确定的指标进行管控。暂未编制海绵城市详细规划或修编法定图则的地区，可参照表3-5执行，其中控制目标为刚性要求，引导性指标为参考要求，可根据具体项目情况在确保达到控制目标情况下进行合理设置”。

（二）存量改造项目

深圳市建成度高，已进入存量优化发展时期，存量用地供应远远超过新增用地，未来城市建设将系统全面推进城市更新，因此应注重旧城更新改造中的海绵建设措施，以解决城市内涝、雨水收集利用、黑臭水体治理为突破口，切实解决旧城区水系统现有问题。

表 3-5　新建建筑与小区年径流总量控制率目标和管控指标表（举例）

类别			居住用地[1]/%	商业服务业用地[2]/%	公共管理与服务设施用地[3]/%	工业用地[4]/%
控制目标	东部雨型	壤土	70～75	60～65	65～75	60～68
		软土（黏土）	65～72	55～60	60～72	58～62
	中部雨型	壤土	60～68	55～60	60～68	55～62
		软土（黏土）	55～62	50～55	55～62	50～55
	西部雨型	壤土	68～72	58～62	62～72	58～65
		软土（黏土）	55～62	55	55～68	55～60
引导性指标		绿色屋顶比例[5]	—			
		绿地下沉比例[6]	60			
		人行道、停车场、广场透水铺装比例[7]	90			
		不透水下垫面径流控制比例[8]	70			

1. 居住用地（%）中，一类居住用地取上限，二类居住用地取下限。
2. 商业服务业用地（%）中，游乐设施用地取上限，商业用地取下限。
3. 公共管理与服务设施用地（%）中，教育设施用地取上限，宗教用地取下限。
4. 工业用地（%）中，普通工业用地取上限，新型产业用地取下限。
5. 绿色屋顶比例是指进行屋顶绿化具有雨水蓄滞净化功能的屋顶面积占全部屋顶面积的比例，公共建筑类 / 工业类建筑要求绿色屋顶率不低于 50%，其他类型根据总体需求合理布置。
6. 绿地下沉比例是指包括简易式生物滞留设施（使用时必须考虑土壤下渗性能等因素）、复杂生物滞留设施等，低于场地的绿地面积占全部绿地面积的比例，其中复杂生物滞留设施不低于下沉式绿地总量的 50%。
7. 人行道、停车场、广场透水铺装比例是指人行道、停车场、广场具有渗透功能铺装面积占除机动车道以外全部铺装面积的比例。
8. 不透水下垫面径流控制比例是指受控制的硬化下垫面（产生的径流雨水流入生物滞留设施等海绵设施的）面积占硬化下垫面总面积的比例。

注：除注中特别指出的用地类型按上限或下限控制，其余用地类型在区间值内均可。

例如，结合新区城市品质提升、惠民强基项目开展，国家试点区域光明区海绵办出台了《光明新区强基惠民项目海绵城市建设技术指南》，在改善城中村、旧城区基础设施薄弱的问题，提升村容村貌的同时，同步开展城中村综合整治过程的海绵城市建设。

同时《深圳市正本清源工作技术指南（试行）》提出排水建筑与小区在实施正本清源改造时，可以考虑在工程中建设一种或几种海绵设施，助力小区的正本清源工作，可结合排水建筑与小区建设选择适当的海绵设施，以提高径流污染控制效果或有效削减径流量。可选择的海绵设施包括：截污式雨水口、雨水断接管、绿色屋顶、透水铺装、下沉式绿地、雨水花园、雨水收集池、植草沟、初期雨水弃流设施等。正本清源工程改造路线如图 3-6 所示。

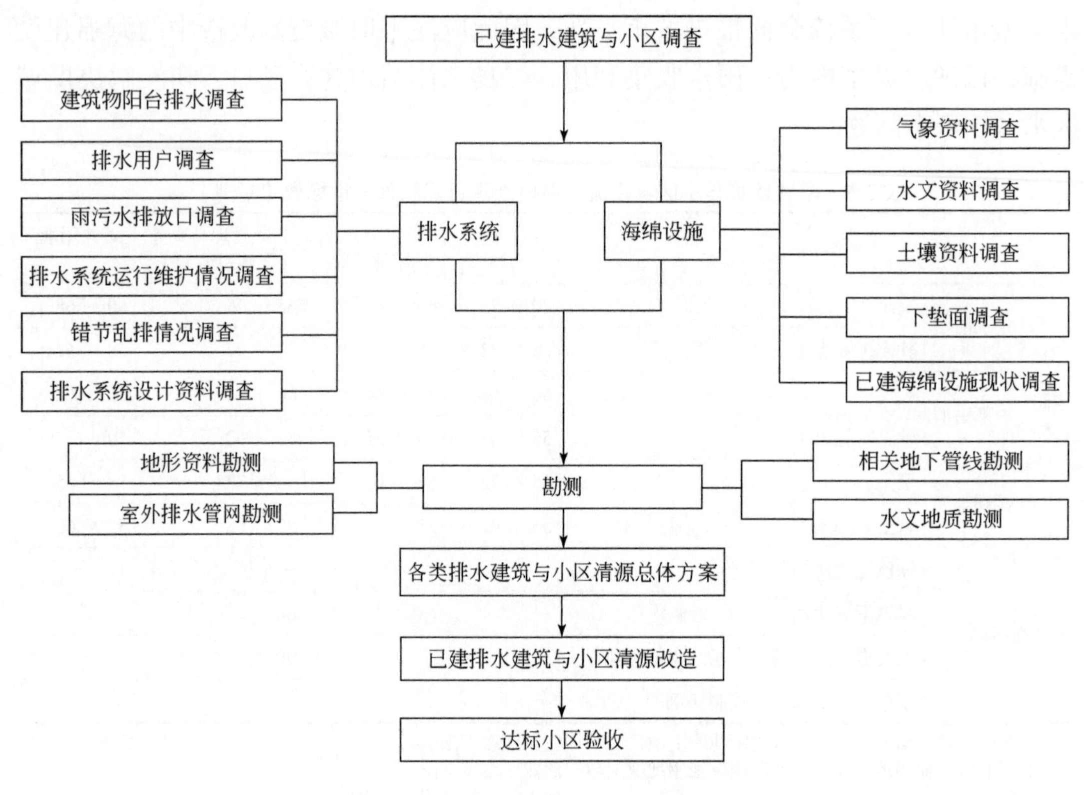

图 3-6　正本清源工程改造路线图

（三）特殊项目

每年深圳市实施的建设项目逾 2000 项，其中部分项目地质条件和主体功能特殊，不能机械地照搬常规建设项目的海绵城市指标。为优化项目管理，根据海绵城市建设的相关要求，深圳市制定了源头管控指标豁免清单，对列入豁免清单的建设项目，在建设项目许可环节不对其海绵城市建设管控指标作强制要求，由建设单位根据建设项目特点因地制宜建设海绵设施。豁免清单由市海绵办联合住建、水务、城管、交通、教育、卫生、建筑工务署、经贸信息委 8 家主管部门根据需要制定并按程序报批后发布实施。豁免清单主要包括：一是项目位于地质条件不适宜进行海绵城市建设的区域，如易发生滑坡、崩塌、泥石流、地面塌陷等，或经过地质勘查后认定不具备或不完全具备海绵城市建设条件的项目；二是特殊污染源地区的建设项目，如石油化工生产基地、加油站、大量生产或使用重金属企业、垃圾填埋场、综合性医院、传染病医院、危化品仓储区等；三是应急抢险项目及应急工程；四是保密项目等。

三、监管体系

在目前简政放权、优化营商环境等审批制度改革的大环境下，各地均要求减少审批阶段、压减审批时间、加强辅导服务、提高审批效能。很多审批试点城市都在尝试全面取消施工图审查，由建设单位在施工报建时采用告知承诺的方式，承诺提交的施工图设计文件符合公共利益、公众安全和工程建设强制性标准要求，落实设计人员终身负责制。这就需要审批试点城市强化事中事后监管，加大监督检查力度，建立健全监管体系，同时要构建联合惩戒机制，加强信用体系建设，规范中介和市政公用服务，才能建立健全市场管理制度。深圳结合简政放权、优化营商环境及行政审批试点改革等工作，对海绵城市审批实行技审分离，并提出了事中事后的监管流程（图 3-7）。项目设计方面，市规划和自然资源局印发了《深

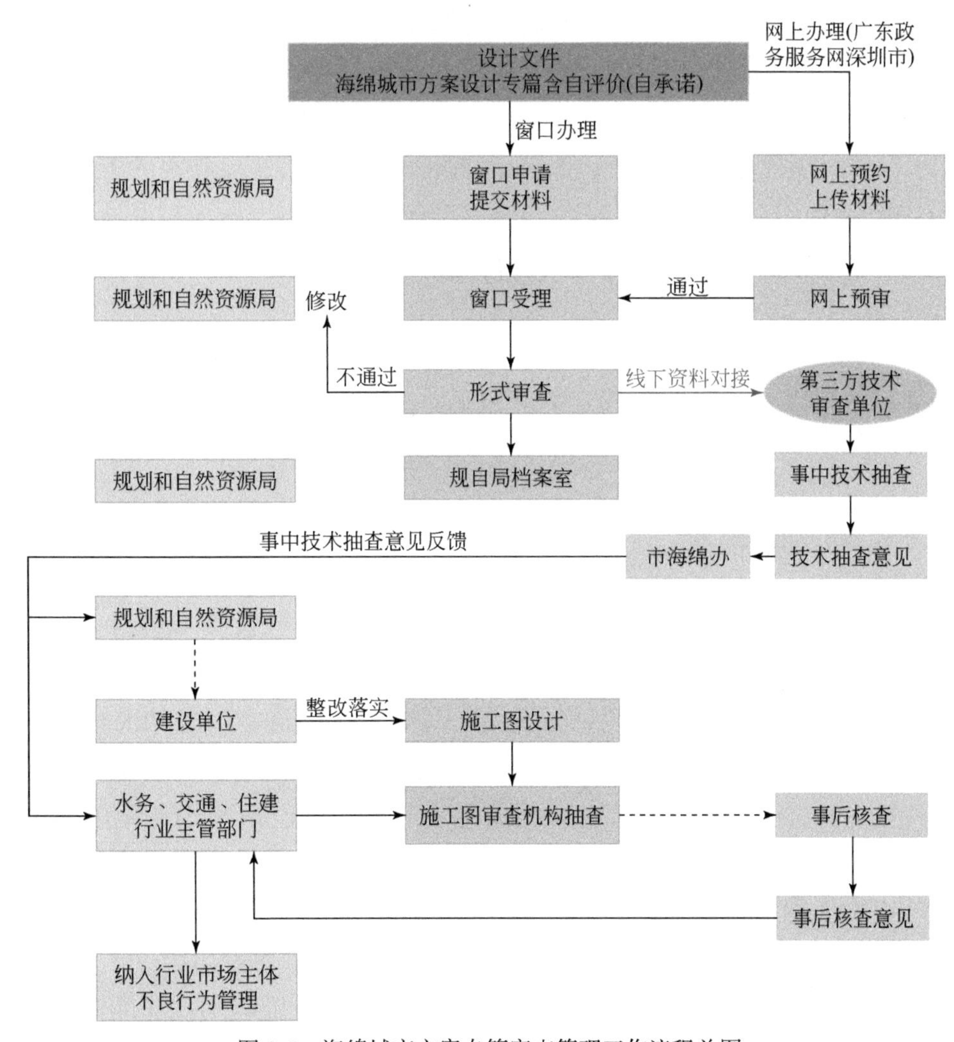

图 3-7　海绵城市方案专篇审查管理工作流程总图

圳市海绵城市建设方案设计阶段审查工作手册与案例》，规定了建筑小区、道路广场、公园绿地、水务类等不同类型的方案设计文件审查要点。住房和城乡建设等行业主管部门整合施工图审查力量，将海绵城市内容纳入统一审查。市海绵办联合市规划国土部门委托第三方技术服务机构对海绵城市设计专篇、施工图设计文件进行监督抽查，通过技术审查尽可能提前发现问题，给出修改建议，指导建设单位和设计单位在后续工作中整改和优化，相关费用由市财政统一保障。建设、规划、设计、施工、监理及第三方技术服务机构等有违反相关法规的规定，承诺后不实施或弄虚作假的，由交通、水务、住建等主管部门视其情节轻重，可将其违章行为记入不良行为记录、纳入失信名单或依法追究责任。

项目施工建设及运维方面，深圳市海绵办委托第三方技术服务机构开展了巡查工作。从 2018 年起，对纳入年度海绵城市项目库的项目开展全面巡查，对于前期或新开工项目，重点巡查项目前期资料及海绵城市落实情况；对于建设期项目，重点巡查施工管理质量；对于已完工项目，重点巡查项目整体效果及运行维护情况。截至 2019 年全市已完成巡查 4600 个项目，对巡查发现有问题的项目，督促开展了整改并展开、跟踪工作，保障了深圳市海绵城市建设项目的工程质量。

第五节　全社会广泛参与

海绵城市建设是系统工程，不仅需要依靠政府力量，更需要社会各界广泛参与，共同缔造。深圳市通过政府引导、社会力量主动参与的方式，让海绵城市走进生产和生活，充分发挥市民的主人翁意识，让海绵真正为民所需、为民所用。

一、配套奖励政策

海绵城市建设应充分发挥政府财政引导，积极吸引社会资本参与。深圳市出台了《关于市财政支持海绵城市建设实施方案（试行）》，并制定了《深圳市海绵城市建设资金奖励实施细则（试行）》，其中对社会资本（含 PPP 模式中的社会资本）出资建设的相关海绵设施，包括既有项目海绵化改造和新建项目配建海绵设施两类给予奖励。表 3-6 为已建项目海绵化改造的核定海绵设施单位面积奖励。另外，为鼓励社会资本在海绵城市建设中的过程参与，对参与相关标准规范编制，投资建设相关优秀项目，优秀规划、施工、监理单位，以及优秀研究平台和研究成果也设立了资金奖励，包含了海绵城市建设的各环节、各参与方。

（1）社会资本新建项目（含拆除重建）配建海绵设施奖励：深圳辖区内社会投资项目的社会资本出资人在其新建项目配建海绵设施的，按照占地面积 15 万元

/hm^2 予以奖励；同时，按照占地面积 5 万元 /hm^2 对于设计予以奖励，单个项目奖励最高不超过 400 万元。

表 3-6　已建项目海绵化改造的核定海绵设施单位面积奖励　（单位：元 /m^2）

名称	成本价格	中位值	单位面积奖励
绿色屋顶	100 ～ 300	200	100
透水铺装	100 ～ 300	200	100
下沉式绿地	40 ～ 80	60	30
雨水花园	600 ～ 800	700	350
转输型植被草沟	30 ～ 50	40	20
过流净化型植被草沟	100 ～ 300	200	100
土壤渗滤池	800 ～ 1200	1000	500
湿塘	400 ～ 800	600	300
人工湿地	500 ～ 800	650	325
雨水收集回用设施	800 ～ 1200	1000	500

（2）社会资本既有项目海绵化专项改造奖励：深圳辖区内社会资本既有设施项目海绵化专项改造项目出资人对既有项目进行海绵化专项改造，按照海绵设施的竣工面积及对应类型设施改造平均成本的 50% 予以奖励，同时按照同类型设施改造平均成本的 5% 予以设计奖励（各类型海绵设施改造奖励标准见表 3-6）。奖励额度按占地面积核算累计不超过每公顷 60 万元，单个项目奖励额度累计不超过 1000 万元。

以上两项资金奖励总额每年不超过 5 亿元，如实际核定奖励金额不超过 5 亿元，则按实际核定金额奖励，如核定的奖励金额超过 5 亿元，每个项目的奖励额度则按 5 亿元与应奖励资金总额的比值进行同比例核减，最终确定项目的实际奖励额度。

（3）海绵城市建设相关行业标准或者规范编制奖励：深圳辖区内注册的企业、科研机构和合法登记的组织参与海绵城市建设行业相关标准或者规范编制并被国家相关部门采用并发布实施的，奖励额度为 30 万元 / 项；被深圳市相关主管部门采用并发布实施的，奖励额度为 10 万元 / 项。

（4）优质海绵城市建设项目奖励：奖励对象为深圳辖区内配建海绵设施建设项目且已获得鲁班奖 / 詹天佑奖 / 绿色建筑创新奖 / 金匠奖 / 金牛奖 / 大禹奖 / 市级或以上优质工程奖等任一奖项的原共同申请人。优质海绵城市建设项目奖为 80 万元 / 个，每年 2 个。

（5）海绵城市建设项目优秀规划设计奖励：奖励对象为深圳辖区内优秀海绵

城市规划设计项目的规划设计单位或者团队。海绵城市建设项目优秀规划设计奖一等奖2个，奖金30万元；二等奖4个，奖金20万元；三等奖8个，奖金10万元。

（6）海绵城市建设项目优秀施工奖励：奖励对象为深圳辖区内竣工建设项目的施工单位或者团队（受合法委托且实际承担海绵设施的建设）。海绵城市建设项目优秀施工奖一等奖2个，奖金20万元；二等奖4个，奖金10万元；三等奖8个，奖金5万元。

（7）海绵城市建设项目优秀监理奖励：奖励对象为深圳辖区内竣工建设项目的监理单位或者团队。海绵城市建设项目优秀监理奖为一等奖2个，奖金10万元；二等奖4个，奖金6万元；三等奖8个，奖金4万元。

（8）海绵城市建设优秀研究成果奖励：奖励对象为深圳辖区内海绵城市建设优秀科研成果知识产权所有人（知识产权属于共有的，应当联合申报）。按照每项课题研究自筹经费的50%且最高不超过30万元给予海绵城市建设优秀研究成果奖，每年不超过5项。

（9）海绵城市研究机构（平台）设立奖励：奖励对象为国内外知名高等院校、科研院所、高新科技企业在深圳设立的研发机构（研发机构属联合设立的，该高等院校、科研院所或者高新科技企业持股比例应当大于30%）。海绵城市研究机构（平台）奖励额度为一次性50万元/个，每年不超过10个。

以上奖励在符合本办法规定条件、材料的基础上经过评审产生。其中，申报优秀项目、优秀规划设计、优秀施工、优秀监理奖励资金的，项目应当占地面积5000m^2以上或者投资规模8000万元以上。

为鼓励多渠道融资，对PPP模式中社会资本自筹资金制订的前期研究方案进行奖励，每年奖励数量不超过2个，由市海绵办组织第三方机构进行评审认定后，给予30万元/个奖励，奖励总额不超过60万元，从市水务发展专项资金中安排。

二、强化宣贯培训

海绵城市建设是新的理念、新的城市发展方式，海绵城市建设涉及城市建设的方方面面，依靠政府主动作为还不够，还需要全社会的广泛参与。各部门应积极充分利用广播、电视、网络、报刊、微信等多种媒体宣传，围绕海绵城市建设过程中的热点难点，策划推出系列深度活动和报道，大力宣传普及海绵城市知识，让广大市民逐渐接受海绵、支持海绵，积极参与海绵建设，形成全民共建的良好氛围。

深圳市通过城市主题宣传活动（世界水日、全国城市节水宣传周、深圳市高交会），广泛动员全社会参与海绵城市建设，形成了如火如荼的“海绵”总动员场景。深圳市充分利用深圳发布、微信等新媒体进行宣传，如水务官方微信公众号持续推出海绵城市建设专题（图 3-8），助力海绵城市建设。

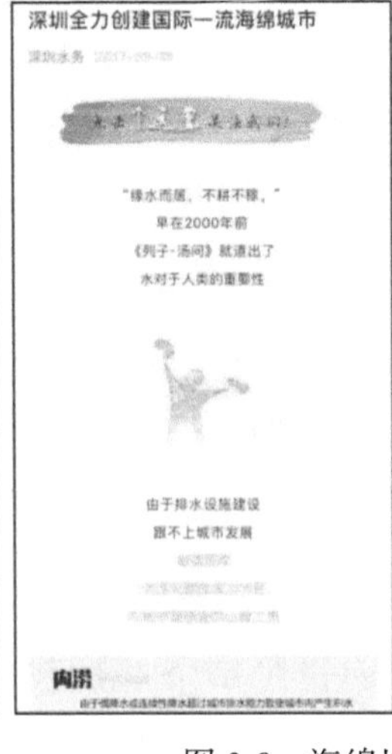

图 3-8　海绵城市新媒体宣传

另外，市海绵办联合公益组织发布了“三分钟！手把手教你用海绵建造一座城市”的公益视频，获得了较好的反馈。

海绵城市建设需要多领域、多部门、多专业的通力合作及全社会、全行业参与，它涉及城市水系、绿地系统、排水防涝、道路交通等多领域的规划，需要规划、水务、交委、城管、住建等多部门的合作，涉及市政、园林、道路、交通、建筑等多专业的协作。深圳市以科技为依托，加强技术经验交流，大力培养本地技术力量，为海绵城市建设添砖加瓦。图 3-9 为海绵城市规划建设技术专家咨询会和海绵城市绿地建设技术培训班。

(a) 海绵城市规划建设技术专家咨询会

(b) 海绵城市绿地建设技术培训班

图 3-9　海绵城市宣贯培训现场

第六节　全市域以点带面

按照全市海绵城市建设面积的目标要求，通过成片推进、融合推进与全面实施，形成“点—线—面”的整体态势，按年度、按区分解建设任务，并注重成片效应。

一、项目“+ 海绵”同步实施

在全国各个城市均结合自身特点寻求合理达标路径的背景下，深圳要求建设项目采用“+ 海绵”的建设方式，即所有的项目建设要结合项目特点落实海绵城市建设要求。

2016 年 8 月，深圳市印发《深圳市推进海绵城市建设工作实施方案》，要求全面推动建设项目按照海绵城市要求进行建设。对于新建道路与广场、公园和绿地、建筑与小区、水务工程及城市更新改造、综合整治等建设项目，必须严格按照海绵城市要求进行规划、设计和建设；对于尚未开工和在建的各类建设项目，建设单位视具体情况，尽可能地按照海绵城市要求进行设计变更和整改。

结合发改部门的“十三五”实施计划及既有的建设计划进行梳理，2017 ~ 2019 年，全市海绵城市滚动入库项目（包含试点区域）超过 2700 项，涵盖建筑与小区、道路与广场、公园绿地、水务等多种类型，涌现出一批深受市民喜爱的海绵城市建设项目。截至 2019 年 12 月，全市落实海绵城市的建设项目 2273 项，占地面积达到 195.76km^2。图 3-10 为全市已完工海绵城市建设项目分布图（2017 ~ 2019 年）。

区界　建筑小区类项目　公园绿地类项目　水务类项目
道路广场类项目　其他类项目

图 3-10　全市已完工海绵城市建设项目分布图（2017 ~ 2019 年）

二、河道治理融合推进

黑臭水体治理是海绵城市建设的重要工作之一。截至2015年，深圳全面消除黑臭水体，全市有159条黑臭水体、1467个小微水体。全市水污染治理工作与海绵城市建设紧密结合，明确了“流域统筹、系统治理，海绵城市、立体治水”的工作思路，并结合水体治理实现生态修复和公共空间的营造。同时出台《深圳市水务工程项目海绵城市建设技术指引（试行）》，在正本清源、水土保持、河道治理、生态修复等涉水工程中全面落实海绵城市理念，并出台《海绵城市建设水务工程施工图审查要点》全面强化管理。全市159条黑臭水体已基本实现“长治久清”。深圳河/湾、茅洲河等城市主要河段水质明显改善，治理后的深圳湾吸引了大批珍稀鸟类及白海豚、水母回归栖息，受到社会各界赞扬。图3-11为深圳市黑臭水体治理效果图。

(a) 茅洲河治理前　(b) 茅洲河治理后

(c) 龙岗河　(d) 大沙河

图3-11　深圳市黑臭水体治理效果

三、成片效应日益凸显

随着海绵城市建设的逐步推进，海绵城市不再是单打独斗，而应该是系统工程，需要以目标和问题为导向，对片区整体的海绵城市效应进行评价。2018年12月，住房和城乡建设部发布了《海绵城市建设评价标准》（GB/T 51345—2018），该评价标准是从项目、片区、城市三级来落实海绵城市建设相关绩效指标。该标准以“排水或汇水分区”为单元，对“海绵效应与建设成效、项目实施有效性”进行评价，以“达到本标准要求的城市建成区面积占城市建成区总面积的比例”为评价结果，海绵城市建设效果已慢慢从单项转向系统绩效，从工程达标向工程、片区达标转变。

深圳市目前正在从单个项目达标转向片区达标。深圳提出以重点区域和系统化方案区域为抓手，以各片区已印发的海绵城市详细规划或系统化方案为核心，梳理和整合已有工作和规划情况，结合《海绵城市建设评价标准》以三级排水分区为单位，初步判定已实施并达到海绵城市建设目标要求的区域，梳理2020年的已达标片区（表3-7）及正在实施片区（表3-8），空间分布见图3-12。

表3-7　深圳市2020年海绵城市已达标片区（流域）一览表

行政区	建成区面积/km^2	海绵城市达标片区						
		已达标片区（流域）			已达标项目服务片区		已达标总面积	
		个数/个	建设用地面积/km^2	占建成区面积比例/%	达标项目个数/个	达标项目建设用地面积/km^2	面积/km^2	占建成区比例/%
光明区	71.93	6	32.22	44.79	64	6.1	38.32	53.3
福田区	56.8	4	13.2	23.24	126	5.12	18.32	32.3
罗湖区	43.4	3	6.015	13.86	129	4.64	10.655	24.6
盐田区	20.33	1	2.45	12.05	156	2.94	5.39	26.5
南山区	86.04	5	17.49	20.33	197	15.15	32.64	37.9
宝安区	215.6	4	44	20.41	264	32.31	76.31	35.4
龙岗区	218	9	44.55	20.44	237	41.12	85.67	39.3
龙华区	108	4	22.35	20.69	314	16.9	39.25	36.3
坪山区	57.2	3	12.37	21.63	97	8.28	20.65	36.1
大鹏新区	32.37	3	6.22	19.22	64	2.38	8.6	26.6
前海	3.45	1	0.081	2.35	50	2.77	2.851	82.6
合计	913.12	43	200.946	22.01	1698	137.71	338.656	37.1

表3-8　深圳市2020年海绵城市正在实施片区（流域）一览表

编号	行政区	片区名称	总面积/km^2	建设用地面积/km^2	预期达标时间
1	福田区	梅林片区	4.24	3.24	2021年
2	罗湖区	清水河片区	1.27	1.187	2021年
3	盐田区	盐田河南片区	2.69	2.56	2022年
4	南山区	华侨城湿地及欢乐海岸片区	3.79	3.79	2021年
5	宝安区	立新湖片区	6.05	3.92	2021年
6		大空港启动区	5.86	4.66	2022年

续表

编号	行政区	片区名称	总面积 /km²	建设用地面积 /km²	预期达标时间
7	龙岗区	大运新城北侧片区	7.31	5.15	2022 年
8	坪山区	大山陂水	7.2	1.01	2022 年
9	大鹏新区	下沙片区	4.29	1.588	2021 年
10	前海合作区	海绵管控单元 6	0.343	0.299	2022 年
合计			43.043	27.404	—

图 3-12　已达标片区及正在实施预期达标片区分布图

对照《海绵城市建设评价标准》关于海绵城市建设效果评价的相关规定，全市合计达到海绵城市建设要求的建成区面积 338.66km²，约占全市建成区面积的 37.1%。达标片区层面，全市达到海绵城市建设要求的片区（流域）共 43 个（其中包括光明区国家海绵城市试点区域），合计面积 295km²，其中建成区面积 200.95km²，占全市建成区面积的 22.01%；达标片区外已完工且经市海绵城市绩效考核认定达标的海绵城市项目 1698 项，达到海绵城市建设要求的建成区面积 137.71km²，占全市建成区面积的 15.08%。

对照《海绵城市建设评估标准》进行梳理评估，预期全市 2021 ~ 2022 年可以达到海绵城市建设要求的片区 10 个，合计建设用地面积 27.09km²，约占全市建成区面积的 3%。

展望未来，深圳将依托粤港澳大湾区建设、中国特色社会主义先行示范区建设、国家可持续发展议程创新示范区建设为重要平台，着力打造“区域卓越，全球领先”的海绵城市，形成可操作、可复制、可推广的有效模式，在“建成区高密度、人口规模超大型”的城市基础上，探索海绵城市范本，与深圳产业大城和国家创新型城市的发展定位相匹配，与“生产、生活、生态”相融合，将不断为鹏城注入会呼吸的“可持续发展细胞”。

第七节　全维度布局建设

遵循“源头减排、过程控制、系统治理”的原则，统筹协调宏观海绵空间格局保护、中观低影响开发雨水系统构建、微观海绵技术措施应用等的关系，全维度推进海绵城市建设。

一、海绵城市建设生态格局

优化海绵空间格局是海绵城市建设的基础和首要工作，是更好发挥海绵城市在水资源、水安全和水环境方面功效的基础和保障。优化海绵空间格局，不是简单地等同于低影响开发海绵设施的大批建设，也不是一味地修建灰色雨水调蓄设施。通过系统分析城市自然地理条件和人文地理条件，统筹现有的基本生态控制线、城市蓝绿线，考虑城市建设发展方向，提出切实可行的海绵城市发展格局。

深圳市积极落实海绵城市生态保护优先的原则，大力推动河湖水系、绿地等空间保护工作，划定了生态控制线，并制定了《深圳市基本生态控制线管理规定》。在生态控制线的基础上，划定了生态保护红线，明确了城市发展边界。目前，结合海绵城市专项规划的成果及其他相关要求，修编了《深圳市蓝线规划（2007—2020 年）》，切实推动了河湖水系空间保护；开展了城市绿线划定，并研究其配套政策，推动了绿地空间保护。通过城市非建设用地、饮用水源保护区的空间划定及设立郊野公园、城市公园、河道蓝线等举措，确立了“城在绿中、绿在城中”的总体海绵城市建设生态格局。

深圳是国内最早划定生态控制线的城市之一。生态控制线内保护面积构成了全市范围的大型区域绿地背景和相互联系的生态廊道，形成了完整连续的城市基本生态空间体系，总体构建了山水林田湖草一体化的生命共同体。

深圳市编制的《深圳市蓝线规划（2007—2020 年）》的基本原则包括：①完整性原则，保证水系连通、景观和谐、功能协调；②强制性原则，对单位、个人的行为进行强制约束，对城市水系实施空间的强制控制和保护；③可操作性原则，界线标识的准确性，用地权属的明确性，用地改造的可能性，做到定性、定量、定位；

④动态性原则，蓝线内容和范围应进行动态的更新完善等。依据这 4 条原则，规划对全市范围内的河、库（湖）、渠、人工湿地、滞洪区和原水管线进行划定和保护，控制范围不仅包含水体范围，还包含了保护、控制和预留的空间，以实现资源空间管制的根本目的。规划划定蓝线保护面积 236.84m^2，约占全市面积的 12%。

蓝线范围内的土地原则上只安排与水体保护、生态涵养、供水排水、防洪安全等相关的项目。在蓝线范围内已建的合法建筑物、构筑物，经水务及环保主管部门认定不影响行洪安全、水源保护和供水安全的，予以保留，否则由水务主管部门责令限期整改。在蓝线范围内已建的违法建筑物、构筑物，经水务主管部门认定影响行洪安全和供水安全的，由水务主管部门依法予以查处，并会同相关部门予以拆除；经水务主管部门认定不影响行洪安全和供水安全的，由规划国土监察部门负责依法处置。

二、中观层面推进

海绵城市建设应统筹源头减排的低影响开发雨水系统、过程控制的城市雨水管渠系统及末端处理的超标雨水径流排放系统，三者相互补充，共同实现海绵城市建设的目标。

深圳市向黑臭水体和城市内涝的全面宣战、完善城市的雨污分流管网系统、污水处理厂的兴建与提标扩容改造、小区正本清源的全面推进、“散、乱、污”企业的综合整治，辅以人工湿地、调蓄水池的兴建和排水管网进小区、排水管理进小区等多措并举，保证了深圳海绵城市建设在中观层面扎实推进。

大力开展治水工作中，明确提出要注重海绵城市建设与治水提质工作有机衔接，围绕水资源、水安全、水环境、水生态、水文化“五位一体”建设，明确了工程治水 1.0、生态活水 2.0 和文化兴水 3.0 的治水路线，在建设“灰色”水务基础设施的同时，加快建设“绿色”基础设施，实现水与城市的有机融合发展。同时，《深圳市全面消除黑臭水体攻坚战实施方案》也明确要求，落实海绵城市建设理念。提出把海绵城市建设和黑臭水体整治、河流水生态修复、景观提升等结合起来，构建海绵系统。《深圳市正本清源工作技术指南（试行）》也要求全市的正本清源工作应与海绵城市建设相结合。深圳市水务局制定了《深圳市水务工程项目海绵城市建设技术指引（试行）》，明确在开展生态岸线、湿地、生态补水、正本清源、污水管网、截污系统建设、污水处理设施等治水工作中，落实海绵城市建设理念，并明晰了各项工程的相关要求。

在海绵城市系统治水思路指导下，“十三五”以来，深圳市坚持“源头减排、过程控制、系统治理”的海绵城市理念是系统解决水环境问题、改善城市水环境质量的有力保障，按此思路开展了新一轮治水工作。2016 ~ 2019 年，新增污水管网 6275km，是“十二五”期间的 4.5 倍。完成小区、城中村正本清源改造 13793 个，是“十二五”期间的 10 倍。坚持提标拓能、活水提质，大力开展水质净化厂提标拓能，推动处理能力和出水水质“双提升”，新增污水处理能力 268.8 万 t/d，总能力达到 748 万 t/d，是污水产生量（460 万 t/d）的 1.6 倍，其中 624 万 t/d 出水达到地表水准Ⅴ类及以上。推进污水回用，利用再生水资源、水库等，对 132 个水体进行生态补水，大幅缓解生态基流不足的问题，让一条条枯河重新焕发碧水长流的生机。

2017 年以来，全市共完工水务类项目 307 个，涌现出了如深圳河第四期工程、鹅颈水综合整治工程、龙井河综合整治工程、君子布河（龙岗段）黑臭水体治理、新圳河黑臭水体治理、大康河综合整治工程、坪山河干流综合整治工程、木墩河综合整治工程、梧桐花园小区正本清源工程、茅洲河景观提升项目（示范段）等一批优秀项目（图 3-13）。

(a) 葵涌河小流域综合治理示范工程

(b) 茅洲河景观提升项目(示范段)

图 3-13　葵涌河及茅洲河整治效果

三、微观尺度海绵技术措施

微观尺度海绵技术（低影响开发系统）包括透水铺装、旱溪、下沉式绿地、绿色屋顶、雨水花园、建筑小区雨水综合利用设施等。深圳市将这些设施应用于小区的建设与改造、道路与广场建设中，实现对雨水渗透、储存、调节、传输与截污净化等功能，有效控制径流总量、径流峰值和径流污染。例如，龙岗区梧桐花园住宅小区的改造中，结合小区的实际需求，充分采用海绵城市和绿色基础设施的建设理念，从源头控制、过程和末端调蓄的角度，构建低影响开发雨水系统，综合设置了环保雨水口、生态停车位、雨水花园、复杂生物滞留带、下沉绿地、植草沟、雨水罐、生态多孔纤维棉、渗透渠等海绵设施，实现就地消纳和利用约60%的雨水（图3-14）。同时利用住宅小区的天然花园位置，多种海绵设施有机结合，搭配绿植苗木造型，使小区景观得到了大幅度提升，成为典型的海绵型小区，建设效果广获好评。

(a) 罗湖城中村雨落管断接

(b) 百事达小学雨水罐

图3-14　雨落管断接和雨水罐子

以上三个系统并不是孤立的，也没有严格的界限，三者相互补充、相互依存，是海绵城市建设的重要基础元素。例如，微观的低影响开发雨水滞留设施、中观的城市雨水管渠系统和宏观的超标雨水径流排放系统构成基于海绵理念的内涝防治体系。再如，微观的低影响开发雨水净化设施、中观的污水收集与处理系统和宏观的河湖水系等构成基于海绵理念的径流污染控制体系。

第四章　深圳海绵城市建设的技术体系

深圳在海绵城市建设过程中，着重保护与建设宏观海绵空间格局，全面治理与修复城市水系统，大力推广低影响开发技术，同步关注建设成效的监测与评价及模型技术的应用，逐步形成了较为完备的海绵城市建设技术体系。

第一节　宏观海绵空间格局的保护

山水林田湖草是天然的海绵体，蕴藏巨大的水文调节功能，它从宏观尺度上保障城市海绵功能的完整性，是海绵城市的重要组成部分。该类宏观海绵系统的保护与建设对推进海绵城市建设具有重要意义。深圳市对宏观海绵系统的规划主要包括两部分：其一，基于深圳市基本生态控制线、蓝线和绿线规划内容，形成三线合一的交叉复合保护体系，严格管控规划保护区域内的城市开发与建设工作，最大限度地保护自然生态系统的完整性；其二，通过城市生态敏感性分析，综合城市建设区问题导向，规划形成海绵城市建设功能分区，按照不同分区的功能特点制定相应的空间管控、恢复与建设要求。

一、基于蓝绿线与基本生态控制线的管制

蓝线、绿线、基本生态控制线交叉融合的宏观海绵系统保护体系，搭建起深圳市域内山水林田湖草自然生态系统全方面全覆盖的保护格局。

（一）蓝绿空间

蓝线与绿线的划定是深圳在资源紧缺的约束条件下保护城市宏观海绵系统的重要途径。

1. 城市蓝线规划

以住房和城乡建设部发布的《城市蓝线管理办法》为基础，结合规划建设的实践情况，深圳编制了《深圳市蓝线规划（2007—2020 年）》。蓝线是指城市规划确定的河、渠、库、湿地、滞洪区及原水管渠等城市水系和原水工程的保护与

控制的地域界限。其中，河道蓝线划定对象主要针对全市汇水面积大于 10km^2 的河流。水库（含湖泊）蓝线划定对象包括现状、在建和拟建大、中、小型水库。滞洪区与湿地蓝线划定对象包括现状与规划的湿地和湿地公园（主要分布在茅洲河流域、观澜河流域、龙岗河流域、坪山河流域、布吉河流域等）。大型排水渠蓝线划定对象包括由自然河流或河段暗渠化形成的排水渠。原水管渠蓝线划定对象包括两大外部引水工程的市域部分。

蓝线规划将全市划分为“五大流域、四大水系”9 个分区。本规划蓝线划定总面积约 249.5km^2（含基本生态控制线内面积 194km^2），占市域总面积的 12.8%。其中，河道及暗渠蓝线划定总面积 50.7km^2；水库及湖泊蓝线划定总面积 186km^2；原水管渠蓝线划定总面积 2.4km^2；滞洪区与湿地蓝线划定总面积 10.4km^2。本规划设计河道及暗渠 72 条，总长度 1941km；水库及湖泊 72 宗，总库容 53004 万 m^3；原水管渠 14 条，总长度 312.3km；滞洪区与湿地 49 处，总面积 10.3km^2（图 4-1）。

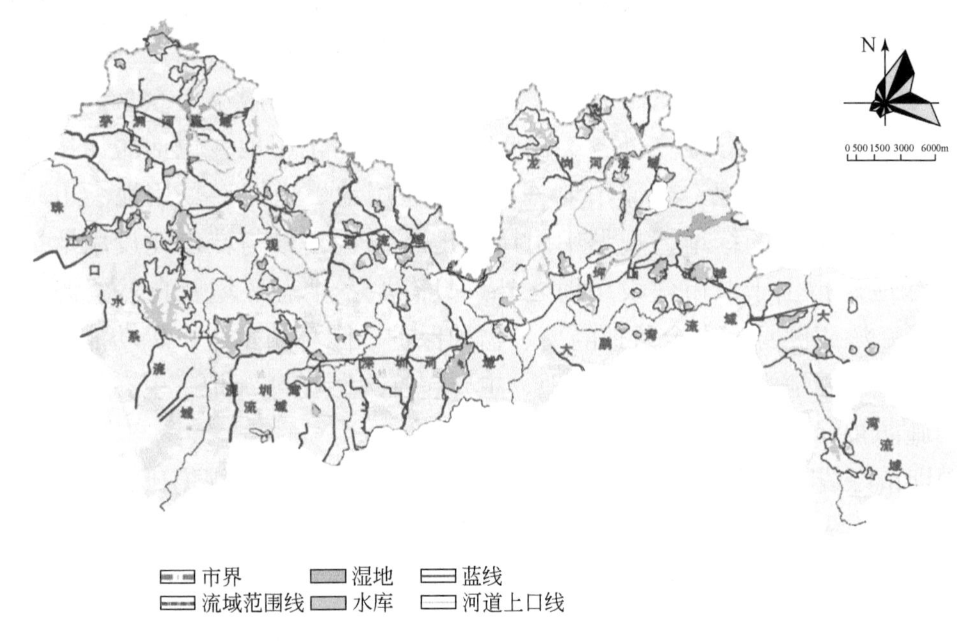

图 4-1　深圳市蓝线规划总图（2007 ~ 2020 年）

在城市蓝线内进行各项建设活动，必须符合经批准的城市规划。在城市蓝线内新建、改建、扩建各类建筑物、构筑物、道路、管线和其他工程设施，应当依法向建设主管部门（城乡规划主管部门）申请办理城市规划许可，并依照有关法律、法规办理相关手续。禁止在城市蓝线内进行下列活动：①违反城市蓝线保护和控制要求的建设活动；②擅自填埋、占用城市蓝线内水域；③影响水系安全的爆破、采石、取土；④擅自建设各类排污设施；⑤其他对城市水系保护构成破坏的活动。

城市蓝线的划定，加强了对城市水系的保护与管理，保障了城市供水、防洪防涝和通航安全，改善了整体城市人居生态环境，提升了城市功能，促进了城市健康、协调和可持续发展。

2. 城市绿地系统规划

城市绿线，是指深圳行政辖区范围内各类城市绿地范围的控制线。根据《城市绿地分类标准》（CJJ/T85—2017），城市绿地包括公园绿地、防护绿地、广场用地、附属绿地和区域绿地五大类：①公园绿地是指城市中向公众开放的、以游憩为主要功能，有一定游憩设施和服务设施，同时兼有健全生态、美化、景观、防灾减灾等综合作用的绿化用地。它是城市建设用地、城市绿地系统和城市市政公用设施的重要组成部分，包括综合公园、社区公园、专类公园和游园等。②防护绿地指城市中具有卫生、隔离、安全和生态防护功能的绿地，包括卫生隔离防护绿地、道路及铁路防护绿地、高压走廊防护绿地和公用设施防护绿地等。③广场用地是指以休憩、纪念、集会和避险等功能为主的城市公共活动场地，其绿化占地面积比例宜大于或等于 35% 且一般小于 65%。④附属绿地指城市建设用地中绿地之外各类用地中的附属绿化用地，包括居住用地、公共设施用地、工业用地、仓储用地、对外交通用地、道路广场用地、市政设施用地和特殊用地中的绿地。规划中附属绿地不再重复参与城市建设用地平衡。⑤区域绿地是指位于城市建设用地之外，具有城乡生态环境及自然资源和文化资源保护、游憩健身、安全防护隔离、物种保护、园林苗木生产等功能的绿地，其不参与建设用地汇总且不包括耕地，主要包括风景游憩绿地、生态保育绿地、区域设施防护绿地和生产绿地等。

深圳市绿线划定范围既包括了大型公园绿地，也包括了规模比较小的社区公园绿地、街头绿地等（图 4-2）。除附属绿地外，所有绿线划定均做到“定性、定量、定位”。定性是指明确该线所涵盖范围的绿地建设性质或功能；定量是指确定该线所涵盖的范围大小或圈定的面积；定位是指该线落实到具体地图坐标位置，为规划实施管理提供可视化的直观依据。

深圳市全面推行绿线管理制度，加强对绿色开敞空间的刚性保护，完善与绿地规划系统规划实施相关的技术规范，完善绿化规划建设的管理机制，加大各相关部门的职能协调，建立城市绿化“全覆盖、全过程、全方位”的管理模式，加强绿化建设的监管力度。

通过城市绿地系统规划，全面提高了城市绿化质量，优化了绿地布局结构，提高了绿地配置和养护水平，丰富了城市景观效果，缓解了深圳乃至区域的快速城市化带来的消极影响，城市人居环境和生态环境明显改善；同时，通过加强对

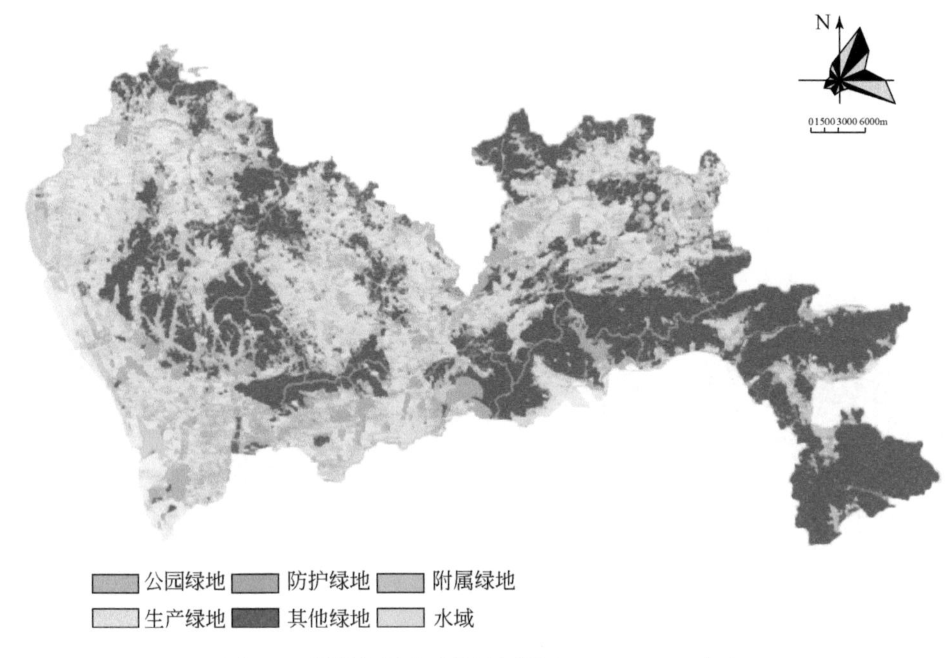

图 4-2　深圳市绿地系统规划图（2014 ~ 2030 年）

区域和城市生态具有重大影响的生态绿地、沿海滩涂、河流水系、各类湿地的保护和绿化建设，实现了区域生态环境的共保、共建和共享，维护了城市和区域的生态安全。

蓝线和绿线的划定对于深圳市宏观海绵空间格局的保护与管制起到重要作用。通过构建水体与绿地的保护区域，限制过度的城市开发活动，保护了城市自然生态系统的完整性；通过制度规定划分生态管制区域，体现了海绵空间管理的精细化与针对性，有助于海绵空间管制工作的高效开展。

（二）基本生态控制线

基本生态控制线是为了加强深圳市生态保护，防止城市建设无序蔓延危及城市生态系统安全，促进城市建设可持续发展，根据有关法律、法规，结合城市发展实际，划定的生态保护范围界线。其主要作用是限制开发或引导有条件开发。基本生态控制线通过划定城区内指定区域，纳入需要保护的生态空间，并引导开发区域内的各项城市建设活动。基本生态控制线是保障城市海绵生态空间的生命线和高压线，是推进生态文明建设的有力保障。

2005 年 10 月，《深圳市基本生态控制线管理规定》划定深圳市基本生态控制线范围内的土地面积为 974 km^2，约占深圳市陆地面积的 49.9%。在保持生态控制线总面积不变的前提下，依据《深圳市基本生态控制线管理规定》和相关法定规划，深圳市对基本生态线进行了局部优化调整，2013 年调入生态线用地约 15 km^2，主要为山体林地和公园绿地；调出生态线用地约 15 km^2，主要为基本生态控制线划定前已建成的工业区、公益性及市重大项目建设用地，进一步提高了深圳市生态控制线管理的精细度和可操作性（图 4-3）。

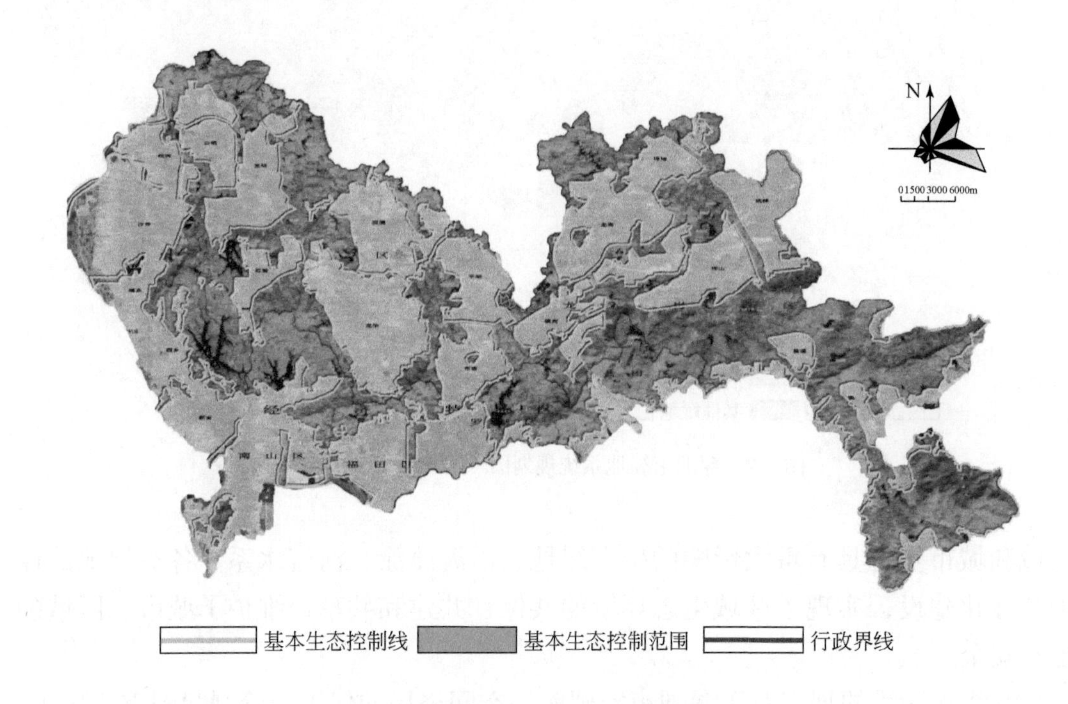

基本生态控制线　基本生态控制范围　行政界线

图 4-3　深圳市基本生态控制线范围图

基本生态控制线的划定范围包括：①一级水源保护区、风景名胜区、自然保护区、集中成片的基本农田保护区、森林及郊野公园；②坡度大于 25% 的山地、林地及特区内海拔超过 50m、特区外海拔超过 80m 的高地；③主干河流、水库及湿地；④维护生态系统完整性的生态廊道和绿地；⑤岛屿和具有生态保护价值的海滨陆域；⑥其他需要进行基本生态控制的区域。

《深圳市基本生态控制线管理规定》明确除重大道路交通设施、市政公用设施、旅游设施、公园外，基本生态控制线内禁止其他建设活动。基本生态控制线内已建合法建筑物、构筑物，不得擅自改建和扩建。基本生态控制线范围内的原农村居民点应依据有关规划制订搬迁方案，逐步实施。确需在原址改造的，应制订改造专项规划，经市规划主管部门会同有关部门审核公示后，报市政府批准。违反本规定在基本生态控制线内进行建设的，属于严重影响城市规划行为。市规划主管部门、城管综合执法部门和政府相关职能部门应依照各自职权，加强基本生态控制线巡查工作。被检查的单位和个人应如实提供有关资料，不得以任何理由拒绝。

深圳市基本生态控制线的划定，强调保护为主，兼顾基层发展需求。《深圳市人民政府关于执行<深圳市基本生态控制线管理规定>的实施意见》（简称《实施意见》）根据对生态影响的程度，对线内各类已建成的住宅与生产经营性建筑分别采用不同的管理方法：留用对生态环境友好的建设；对不符合环保政策的设施，要求其发展产业转型直至与生态环境不相抵触；明确提出资源友好型的产业发展方向。《实施意见》明确提出生态社区规划的发展目标，通过加强基层与市域保护对接，制订社区发展规划，合理开展生态社区规划试点。在划定区域内明令禁止可能对生态环境与海绵设施造成损坏的建设项目，可以有效保护城市宏观海绵系统的完整性与连续性；划定控制线规范海绵生态空间格局，有助于促进海绵空间的精准管制。

自2005年划定基本生态控制线以来，经过不断优化调整，深圳市基本生态控制线管理得到进一步完善。实施近十年来，基本生态控制线有效保护了深圳市有限的生态资源，优化了城市空间结构，提升了城市质量，在维持深圳市可持续发展方面发挥了重要作用。

二、海绵城市建设功能分区指引[①]

深圳市运用GIS辅助的海绵空间格局分析技术对深圳市山、水、林、田、湖等海绵基底进行分析，确定生态敏感区域位置及相应保护及修复要求，从而明晰宏观海绵系统格局，在此基础上综合考虑城市建设区导向，制订并实施海绵城市建设功能分区规划。海绵城市建设空间格局分析技术路线图如图4-4所示。

（一）生态敏感性分析

对深圳市山、水、林、田、湖等海绵基底进行分析，识别海绵基底现状空间布局与特征，确定其空间位置及相应保护及修复要求。

（1）生态高敏感区，占全市总面积的26.0%，该区的海绵城市建设应以生态涵养和生态保育为主。

① 该节部分内容节选自《海绵城市建设规划与管理》，2017年由中国建筑工业出版社出版，作者是深圳市城市规划设计研究院任心欣、俞露等。

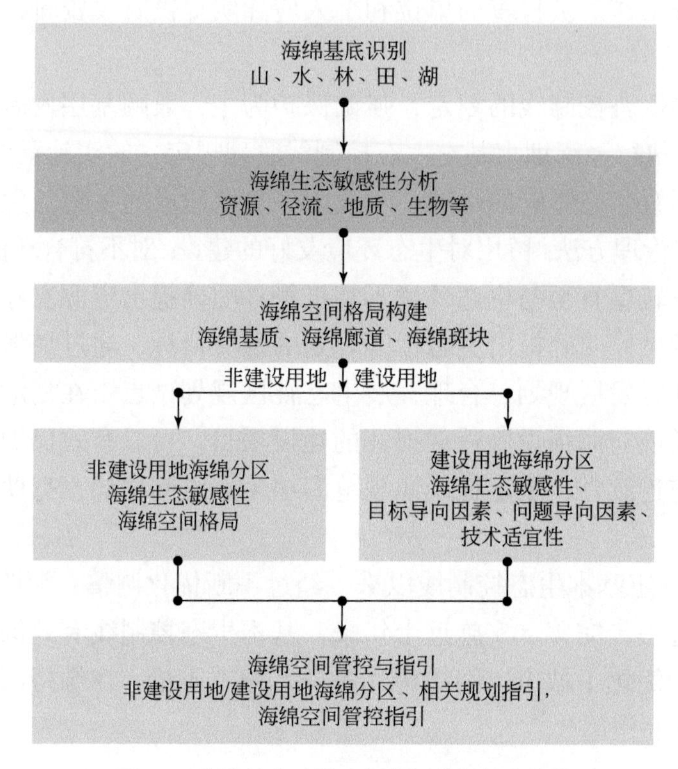

图 4-4　海绵城市建设空间格局分析技术路线

（2）生态较高敏感区，约占全市总面积的 15.0%，该区的海绵城市建设应以生态保护和修复为主。

（3）生态中敏感区，约占全市总面积的 23.8%，该区以生态修复和水土保持为主。

（4）生态较低敏感区和生态低敏感区，分别占全市总面积的 17.5% 和 17.7%，该区域是城市建设的主要空间，城市建设过程中需要做好人工海绵设施建设，做好源头水量水质控制，以缓解城市面源污染、城市内涝等问题。

各级别生态敏感区域分布如图 4-5 所示。

（二）海绵生态空间格局

基于深圳市海绵基底空间布局与特征，结合中心城区的海绵生态安全格局、水系格局和绿地格局，深圳市构建了“山水基质、蓝绿双廊、多点分布”的海绵空间结构（图 4-6），主要由以下因素构成。

（1）海绵生态基质，以区域绿地为核心的山水基质，包括各类天然、人工植

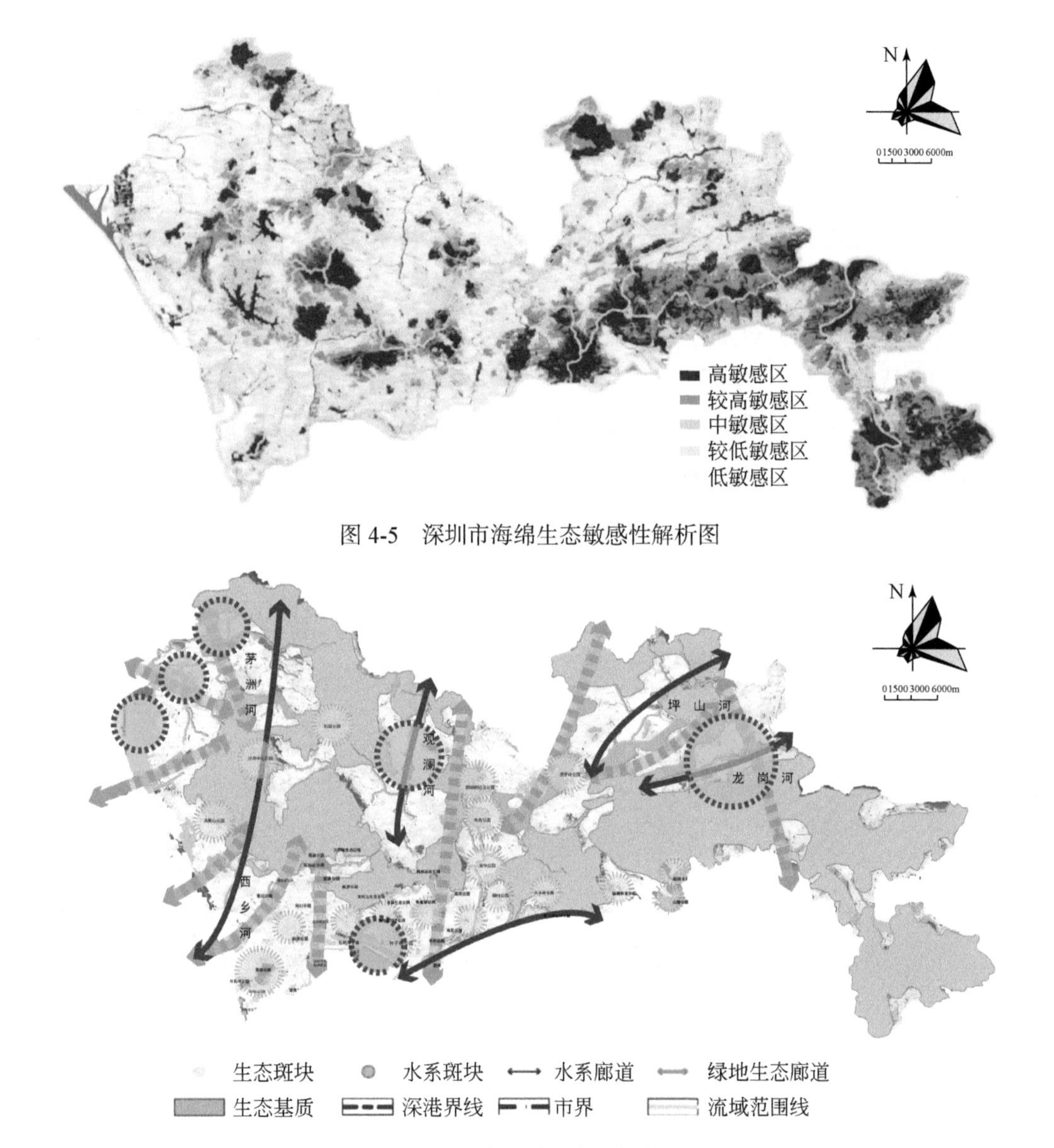

图 4-5　深圳市海绵生态敏感性解析图

图 4-6　深圳市海绵生态空间格局图

被及各类水体和大面积湿地，在全市的生态系统中承担着重要的海绵生态和涵养功能，是整个城市和区域的海绵主体和城市的生态底线。

（2）海绵生态廊道，由水系廊道和绿色生态廊道组成的“蓝绿双廊”。水系廊道在控制水土流失、净化水质、消除噪声和污染控制等方面，有着非常明显的效果；绿色生态廊道一方面承担大型生物通道的功能，另一方面承担城市大型通风走廊的功能，通过将凉爽的海风与清新的空气引入城市，改善城市空气污染状况。

（3）海绵生态版块，主要由河道两侧的小湿地版块和城市绿地组成，包括离大型基质有一定距离的生态敏感地块、重要的动物迁徙及栖息节点的地块，组合在一起能够实现提供物种生境、保持景观连续度的功能。

（三）城市建设区问题导向

（1）城市新建、城市更新片区等地区最具有推进海绵城市建设的优势，应以目标为导向，优先保护自然生态本底，合理控制开发强度，将海绵城市开发建设理念融入规划、设计中，增加城区的海绵功能。

（2）黑臭水体所处的排水分区，需要从点源污染控制和面源污染控制两方面出发，采取截污纳管、分流改造、低影响开发建设和河道生态修复等多种措施推进综合治理。城市内涝风险区，需要统筹灰绿基础设施建设，加强雨水蓄滞能力，提升防涝能力（图 4-7）。

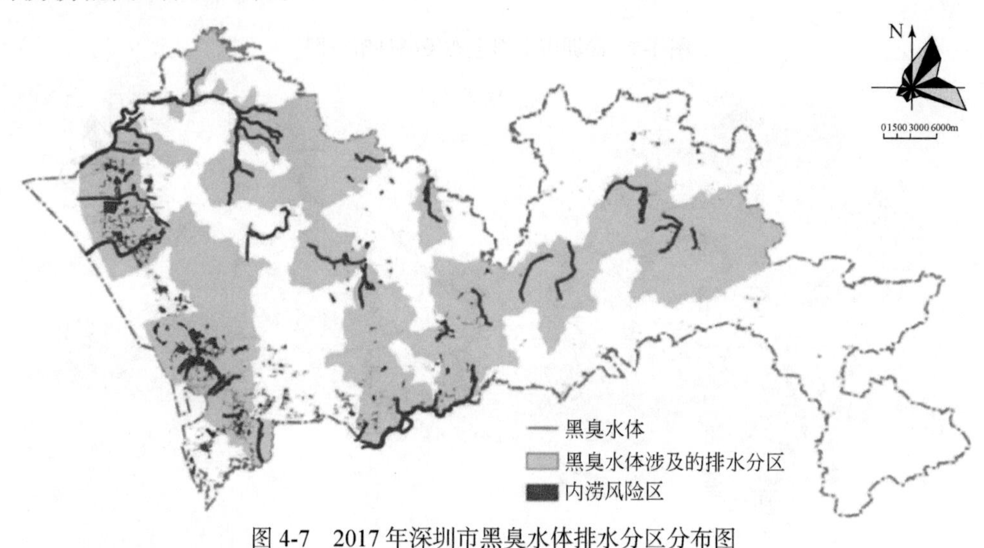

图 4-7　2017 年深圳市黑臭水体排水分区分布图

（四）海绵城市建设功能分区

根据生态敏感性及海绵空间格局的分析，划分海绵城市建设功能分区，按照不同功能的特点制定相应的空间管控要求与建设要求（表 4-1）。海绵城市建设功能分区各区域分布情况如图 4-8 所示。

表 4-1　深圳市海绵空间分区

区域	面积 /km^2	特点	空间管制要求	海绵城市管控与建设要求
海绵生态保育区	303.87	对水生态、水安全、水资源等具有重要作用的生态功能区	纳入生态控制线	禁止任何城镇开发建设行为
海绵生态涵养区	330.44	具有一定水生态、水安全、水资源重要性的地区，且具备生态涵养功能的海绵生态较敏感区域	纳入生态控制线	除下列项目外禁止建设：重大道路交通设施、市政公用设施、旅游设施、公园，并且上述建设项目应通过重大项目依法进行的可行性研究、环境影响评价及规划选址论证

续表

区域	面积 /km²	特点	空间管制要求	海绵城市管控与建设要求
海绵生态缓冲区	326.05	连接海绵生态保育区、涵养区与城市建设用地的区域地块	酌情纳入生态控制线	有计划、有步骤地对该区域内包括水体、裸地、荒草地等进行生态修复。城市建设用地需要尽量避让，如果因特殊情况需要占用，应做出相应的生态评价，在其他地块上提出补偿措施
海绵功能提升区	444.91	近期新建、更新的地块，海绵建设基础良好，且海绵技术适宜性相对较高，适宜全面推进海绵城市建设的区域	城市建设区	按照海绵城市建设的要求，合理确定建设项目海绵建设的指标，积极开展新、改、扩建设项目的规划建设管控。为海绵城市建设系统推进的近期重点区域
海绵功能强化区	293.03	内涝问题突出的街道和水体黑臭的排水分区	城市建设区	积极推进面源污染控制、河道生态化改造、增加调蓄设施等，改善水体黑臭和城市内涝问题。为黑臭治理、内涝治理工程集中的近期区域
海绵功能优化区	274.29	城市已开发强度较高的地区，海绵技术限制建设和有条件建设区	城市建设区	以海绵技术优化使用和现状海绵本底优化为主

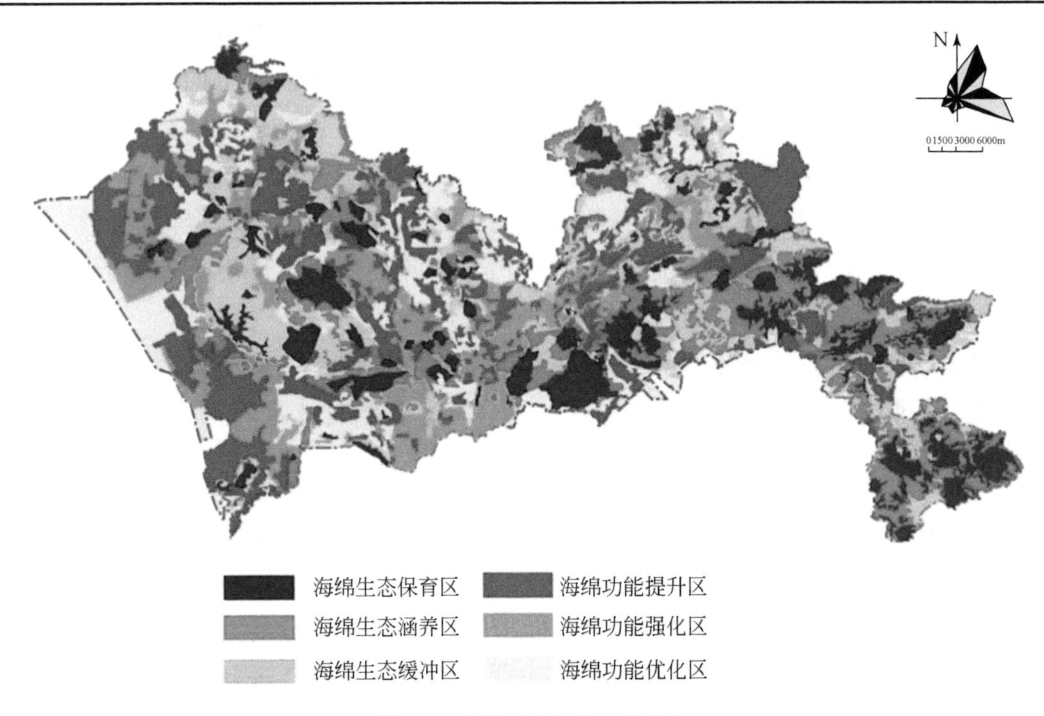

图 4-8　海绵城市建设功能分区

第二节　水系统的治理与修复技术

深圳市从城市水系统问题治理与生态修复两方面入手，一方面通过合理部署排水管网系统、污水处理系统、初雨水收集处置系统，全面完善城市灰色水基础设施；另一方面创新开发各层次海绵生态系统的修复与重塑技术，力求恢复城市海绵生态绿色结构，灰绿结合，优化城市海绵系统。

一、水系统治理技术体系

深圳紧密围绕水污染治理、水安全保障、水资源保护、水生态系统保护与修复等重点工作，形成较为完备的水系统治理技术体系，全方位改善城市水问题。

（一）水污染治理

水污染防治方面，以流域为单元，工程、管理与法规齐举，促进水环境质量全面改善。首先，流域统筹、系统治理：尊重水的自然规律，打破分块、分级组织方式，以流域为单元系统治污。其次，雨污分流、正本清源：严格排水许可制度，新建片区、城市更新区严格执行分流制；全力推进排水管网正本清源行动，优先实施水源保护区、城中村、重点旧城区的雨污分流改造，其他区域逐渐推进；新建污水和排水管网，弥补短板，逐步推进排水管网全市覆盖，全面收集污水。再次，集散结合、提标扩容：污水处理设施结合重点片区开发建设的需求，集中式和分散式有机结合；根据排污需求，对现有污水处理厂进行提标扩容改造。最后，河流治理、消除黑臭：按照“一河一策”的思路，对河道进行综合治理；结合排水管网建设和面源污染控制，通过控源截污、内源治理、水环境生态修复、生态补水等措施，加大黑臭水体治理。

水污染治理的系统技术包括雨污分流正本清源工程、集中与分散污水处理设施、内源治理技术、面源污染控制技术、水环境生态修复技术等。

1. 雨污分流正本清源工程

推行雨污分流排水体制、实施正本清源工程是控制径流污染、改善城市水生态环境、实现深圳市黑臭水体整治及海绵城市建设目标的重要方式。通过补齐“十二五”末期市区污水管网缺口，全面梳理存量管网，提高污水收集率；同时针对长期以来建筑小区内部排水管渠“缺管、失养、乱接”等问题，将全市域的排水建筑与小区分为 4 种不同类型，对楼栋建筑立管、小区埋地管等错接乱排进行改造，从源头上实现雨污分流，确保污水不进入雨水管道，雨水不进入污水管道，构建源头分流、路径完整、收集有效的污水管网体系（图 3-6）。

实施正本清源改造后有雨、污两套排水系统的排水建筑与小区，实现建筑与小区雨污水总管与外部市政雨污水系统无错接；实施截污类工程的排水建筑与小区，实现旱天建筑和小区的合流总管与市政雨水管接驳点处无污水流入下游雨水管道内；已建排水建筑与小区排入市政污水管道的污水水质应满足《污水排入城镇下水道水质标准》的要求。

自2016年实施治水提质工作计划以来，截至2019年年底，深圳市新增污水管网6275km，是“十二五”时期的4.5倍；完成小区、城中村正本清源改造13793个，是“十二五”时期的10倍。2019年，深圳地表水考核断面水环境改善程度位列全国前十、全省第二，且在全国率先实现全市域消除黑臭水体，全市159个黑臭水体全部得到治理，成为国家黑臭水体治理示范城市；五大河流考核断面水质全部达到Ⅴ类及以上，其中茅洲河、深圳河水质分别达到1992年、1982年有监测数据以来的最高水平。

2. 集中与分散污水处理设施

污水处理设施结合重点片区开发建设的需求，集中式和分散式有机结合；针对污水产生量及排放标准提高，对现有污水处理厂进行提标扩容改造。

截至2019年年底，深圳市集中式水质净化厂有36座，总规模624.5万m^3/d。其中6座出水标准为准Ⅳ类，17座出水标准为一级A，1座出水标准为一级B。深圳市分散式污水处理设施共42座，设计处理规模达到旱季123.82万t/d，雨季133.82万t/d。

3. 内源治理技术

不同河流、河段底泥的污染程度和治理目标存在差异性，这些因素将影响治理技术的选择、治理效果及治理成本。按照底泥处理位置的不同，底泥控制技术可分为原位控制技术与异位控制技术。其中，原位控制技术主要包括底泥原位覆盖、原位钝化、生物修复及人工曝气等；异位控制技术主要是指底泥疏浚，通过挖除表层污染底泥以达到减少底泥污染物释放的目的，是目前最快速、最有效的内源污染清除途径之一。

深圳市内源污染治理主要采用异位控制技术。通过挖除表层的底泥增加水体容积、维持航道深度，在此基础上进一步清除河湖内源污染，达到环保疏浚的目的。疏浚工程实施后的疏浚底泥具有泥量大、含水率高且成分复杂的特点，需要对其中的污染物进行及时安全的无害化处理及资源化利用，可考虑采用焚烧、热解、高温高压氧化和生物降解等综合技术分解污染物或将其转化为低污染的物质，也可采用固相分离技术与稳定固化技术，实现对疏浚底泥中污染物的控制作用。疏浚后的底泥同样产生大量的余水，处理方法主要包括污水的常规处理方法和深度处理方法。

疏浚底泥是一种很有价值的潜在资源，底泥资源化利用也是深圳河道内源治理技术体系中的重要一环。以往的底泥资源常用于机场、港口的扩建和新建用土，对环境不太友好；目前河道底泥资源化技术主要有底泥土地利用、固化后做填方材料和制造建筑材料等。河湖底泥可用作市政绿化、草地、湿地、农田等土地修复材料；同时，底泥固化后可做填方材料与建筑材料。底泥资源化利用应充分考虑到原料特性因地制宜，以确保在资源化过程中采取最优技术工艺。

4. 面源污染控制技术

面源污染控制需遵循面源污染产生的过程规律。第一，削减面源污染负荷产生量，需通过提升环卫水平、加强管网维护与治理重污染区域，从源头上减少非雨天城市下垫面和管渠中面源污染负荷的累积量；第二，就地消纳，实施径流源头控制，主要通过因地制宜设置雨水花园、绿色屋顶等典型低影响开发设施收集与净化初期雨水；第三，在雨水的截流、转输、调蓄过程中实施径流过程控制，开发并运用雨水弃流装置，因地制宜设置截流管涵，同步建设各规模的雨水调蓄池，达到面源污染过程控制；第四，针对溢流与初雨水的处理排放，实施径流末端控制措施，主要包括水质净化厂处理、末端海绵设施原位处理（滞留塘和雨水湿地等）和初期雨水净化设施处理等。

5. 水环境生态修复技术

作为重要的水环境治理手段，合理运用生态修复技术，能够恢复与改善城市水系生态环境，实现综合治理黑臭水体、湖泊富营养化、流域面源污染等水环境问题。海绵城市建设主要从城市水体、湿地系统、河道护坡等方面开展生态修复技术研究，结合河流生态补水，为实现长治久清的深圳市域水环境治理工作提供绿色生态保障。

在城市水体生态系统修复工程中，开发能实现短期动态预警预报的水库（湖泊）富营养化预警预报系统，并研发水库（湖泊）“水华”控制关键技术，综合防范与治理深圳湖库水华现象；构建以沉水植物为主要净化单位的清水型生态系统，通过合理搭配不同营养级的水生动物（鱼类和底栖动物），长久达到水质净化和水体清澈的效果；组合开发强制水体循环技术和化感植物－填料浮床技术在内的地表水体生态修复组合技术，防控藻类暴发风险，改善水体水质；在湿地系统的生态修复过程中，按照市域内生态湿地的分布与种类，有针对性地实施修复策略，主要包括红树林湿地生态修复、河流湿地生态修复、库塘湿地生态修复与海岸湿地生态修复四大类型；在河道护坡的修复工作中，以生态护坡技术作为控制地表径流污染的主要工程手段，选择多种新型生态护坡工程作为主要研究对象，采用物理实验和现场试验相结合的方法，研究生态护坡对控制城市径流污染的过程拦截效果，指导城市河道生态修复及径流污染控制设计；同时实施生态补水工程，按照“一河一量”的原则科学确定和保障生态流量，建设河流补水需要的输水通道及设施，重点开展茅洲河、观澜河、龙岗河和坪山河流域旱季生态补水工作（图4-9）。

(a) 横岗水质净化厂补水点

(b) 深圳河(沙湾河段)补水点(东湖公园内)

(c) 新洲河补水-上游

(d) 新洲河补水-下游

图 4-9　深圳市河道生态补水图

（二）水安全保障

城市水安全保障是深圳市海绵城市建设工作中的重点。深圳市目前已基本建成由水库、滞洪区、河道、雨水管网、排涝泵站、防潮海堤等构成的防洪（潮）、排涝工程体系。对于城市防洪（潮）排涝工程的建设，深圳市采用严设计标准和高建设质量的模式进行管理，并加强灾害天气洪涝的预警预报能力建设，以应对洪涝灾害不确定性所带来的风险。

1. 水库与滞洪区

截至 2019 年年底，深圳市（含深汕）共有蓄水工程 183 座（深汕 28 座），总控制集雨面积 637.84km^2，总库容 9.93 亿 m^3，全市洪水调蓄能力得到显著提升。各流域均有一座以上的大、中型水库，水库建设分布相对均衡，深圳湾水系流域、茅洲河流域中型以上水库分别为 3 座和 4 座，库容较大，调蓄能力较强。目前各流域上的水库主要功能为供水、调蓄及防洪。

2. 河道整治工程

深圳市内河流众多，境内流域面积大于 $1km^2$ 的河流 310 条，其中直接入海河流 90 条；流域面积大于 $10km^2$ 的河流（含流域面积小于 $10km^2$，穿过城区的重要河流）列入深圳市防洪（潮）规划范围，规划范围内的河道总长 520.75km，其中已治理长度为 300.09km，占河道总长的 57.6%。经过多年河道治理工程及堤防除险加固工程建设，河道的行洪能力在逐步提高。随着城市社会经济的发展，河流的治理理念由单一的防洪治理向综合治理转变。

3. 雨水管网

根据《深圳市排水（雨水）防涝综合规划》，2013 年深圳市排水能力达 5 年一遇以上排水管渠长度超过 2300km，占管渠总长度的 42.9%。根据 2016 年统计数据，深圳市已建成雨水管渠总长约 8749.9km，覆盖率达到 $8.5km/km^2$。其中，深圳河、深圳湾和坪山河流域管渠覆盖率相对较高，达到 $10km/km^2$ 以上。目前管渠排水能力较强，基本满足城市排水要求，可有效减轻城市雨涝问题。雨水管渠覆盖程度较高，排雨能力不断提升。

4. 排涝泵站

截至 2018 年年底，全市总共有排涝泵站 142 座（不含深汕 139 座），深圳市在深圳河流域、深圳湾流域、珠江口流域和茅洲河流域共 4 个流域上已建规模以上排涝泵站共 91 座，总抽排流量达 $850.6m^3/s$，服务范围约 $100.7km^2$。在重点区域及桥梁等地形较低的区域，均建有一定规模的泵站，积水发生时可实现大规模协同排涝。

5. 防潮海堤

深圳市已建有一定规模的防潮海堤，基本形成以东西部海堤为主的防潮工程体系。根据《深圳市防洪潮规划修编报告（2014 ~ 2020 年）》中期评估报告，截至 2018 年 8 月，深圳市需防护海岸线长 100.4km，已建海堤长 81.1km，防护率达到 80.8%。已建挡潮闸 42 座，过闸流量达 $3634m^3/s$，城区防潮能力整体达到 200 年一遇。

（三）水资源保护

水资源是国民经济和社会发展的重要保障。深圳市按照人口、资源、环境与经济社会协调发展的要求，根据水资源和水环境承载能力，实行水资源消耗总量和强度双控行动，聚焦水源保护，构建“调配灵活、安全可靠”的水资源保障体系，加大供水水源地保护力度，提高城市发展基础支撑与保障能力。

深圳市目前城市供水水源包括三个部分：本地产水（地表蓄水及地下水）、外部调水（东深供水工程及东部水源工程）、非常规水（再生水及雨水）。

1. 本地产水

近年来，深圳市不断对全市水功能区进行整合与优化。截至 2019 年年底，深圳市（含深汕）水资源总量 266453 万 m^3，其中，地表水资源量 266171 万 m^3，地下水资源量 57100 万 m^3，其中重复计算 56816 万 m^3。2019 年深圳市（未含深汕）参与供水水库年末蓄水总量 22121.88 万 m^3，参与供水水库共有 38 座，其中，大型水库 2 座，中型 11 座，小（1）型 24 座，小（2）型 1 座，水库空间分布相对均衡。深圳市地下水资源总储量为 10.34 亿 m^3，其中，以径流形式存在的地下水储量（可变储量）约为 5.85 亿 m^3，降水入渗补给地下水量 5.65 亿 m^3。秉承深层地下水保护、浅层地下水合理开发的原则，利用量呈现出稳定减少的趋势。

2. 外部调水

深圳市的外部水源来自东江，东深供水工程和东部供水水源网络工程是深圳市两大外部水源骨干工程。其中，东深供水工程是广东省兴建和管理的供水工程，其中深圳用水量分配为 8.73 亿 m^3；东部供水水源网络工程干线设计年总供水能力 7.2 亿 m^3，调水量多年平均为 13.83 亿 m^3。

全市在东深供水、东部供水两大外部引水骨干工程的构架下，实施以供水网络干线为主的分配体系，建立供水网络支线，结合联网调蓄水库的调蓄容量实行外部水源的分配，并使两大引水骨干工程和本地水资源相互连通，形成了境内供水水源网络系统，保证了全市供水安全。

3. 非常规水

深圳市将开发非常规水资源策略置于战略高度，使之成为新兴的重要水源，打造多源互补的水资源调配格局。非常规水利用工程主要包括雨水利用工程、再生水利用工程和海水利用工程。

深圳海绵城市建设要求通过多尺度、多功能、立体的雨水蓄存设施，综合利用城市雨水，变害为宝，将城市洪涝转化为城市公共用水的天然、可靠的“水龙头”。深圳已经在光明区开展了雨水综合利用示范，并在部分居住小区和商业楼宇建设了小型集雨工程，收集雨水作为小区景观循环水和绿地浇灌水。

深圳再生水利用主要包括两个方面：①全市已经建成并达到再生水回用标准的再生水厂共计 6 座，出水主要服务对象为工业用水，河流、湖泊生态补给水，公园绿化用水、道路绿化浇洒用水、车辆冲洗等城市杂用水；②污水处理厂处理后的达到一级 A 排放标准以上的尾水，回用至河道中上游去。

深圳市濒临南海，海水资源丰富。2017 年海水利用量为 121.64 亿 m^3，主要直接利用于沿海电厂的冷却水。深圳正在进一步加大海水淡化技术储备，增加水源自我供给潜力。

（四）水生态系统保护与修复

作为深圳市“多水共治”水务建设任务的重要目标，水生态系统的修复和重建同样是深圳海绵城市建设中不可或缺的关键内容。深圳市目前处于水环境污染治理向水生态保护和修复的过渡阶段，在未来很长一段时间内，水生态修复和生态系统完整性保障将会是水环境治理和水务管理工作的重点。参考“深圳市水生态环境修复与生态完整性保障对策研究（2018）”，深圳市河流生态现状可分为 6 个不同阶段（图 4-10），河流生态现状阶段特征如表 4-2 所示。

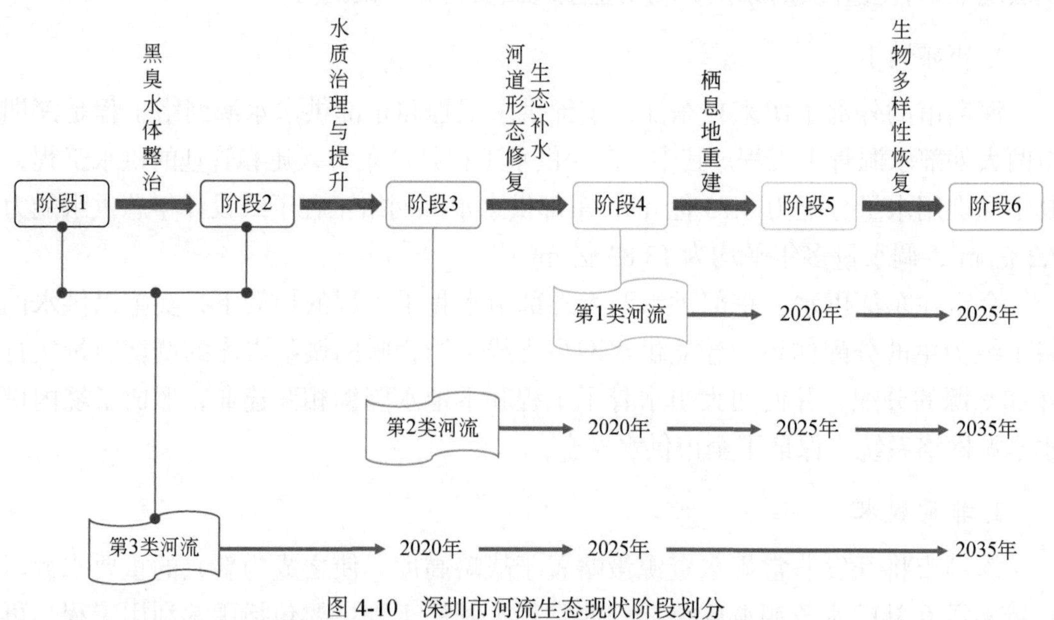

图 4-10　深圳市河流生态现状阶段划分

表 4-2　深圳市河流生态现状阶段特征

阶段	特征与功能
阶段 1	河道硬化、渠化；流量极小，时常断流；水质不达标，呈现黑臭状态；底泥污染严重，泥沙淤积；河道中基本无生物生存；河流功能基本消失
阶段 2	河道硬化、渠化；流量小；水质不达标，但没有呈现黑臭状态；底泥污染较为严重，有泥沙淤积的情况；河道中只有少量耐污物种生存；河流基本上只有输水泄洪功能
阶段 3	河道形态不合理；生态基流在较低要求上得到满足；水质经过治理已达标；底泥污染得到治理，泥沙淤积减小；河道中开始出现多种生物；河流的自净和输沙功能得到恢复

续表

阶段	特征与功能
阶段 4	河道形态经过整治，河道硬化、渠化现象得到改善；河岸景观开始恢复；经过生态补水等措施，生态基流基本上得到满足；水质达标；底泥污染得到治理；河床形态恢复；河道中开始出现多种生物，生物多样性得到恢复；河流的自净与输沙功能得到巩固和加强，生物与栖息地支持功能开始恢复，流量大的河流恢复通航功能
阶段 5	河道形态合理，拥有生态护岸、河岸湿地等设施；河岸景观得到重建；生态基流得到满足；水质优良；河床形态良好；河道－河岸生境与栖息地基本恢复；物种数量、生物多样性不断增加；物质通量配置得到改善；河流的生物与栖息地支持功能得到加强，部分河流恢复供水功能，景观娱乐功能开始增加
阶段 6	河道近自然化，形成生态廊道；河岸景观优美，兼具娱乐功能；水量充沛；水质优美；河床形态良好；河道－河岸生境与栖息地得到有效的恢复和保护；生态系统稳定，生物多样性良好；物质通量配置合理；河流各项功能得到充分而协调的发挥

通过对深圳市 310 条流域面积超过 1km^2 的河流进行资料搜集与调查，将其分为三大类。其中，第 1 类河流对应上述阶段 4，第 2 类河流对应上述阶段 3，第 3 类河流对应上述阶段 1 或阶段 2。不同类型的河流现状不一，故生态修复进度也有所不同，但最终目标（远期目标）均需要达到阶段 6。深圳市河流生态修复治理目标及措施如表 4-3 所示。

表 4-3　深圳市河流生态修复治理目标及措施

类型	阶段	治理目标与治理措施
第 1 类河流	阶段 4	近期率先进行栖息地与景观的重建，同时保持河流水质不断变好，协调河流的各项功能，于 2020 年进入阶段 5。中远期可考虑引进多种本土物种，恢复合理的物质通量配置，重建完整、抗干扰、可自我调节、生物多样性良好的生态系统。争取于 2025 年进入阶段 6，打造河流生态走廊，形成人－河美丽和谐的格局
第 2 类河流	阶段 3	近期着重保证水质达标，同时着手进行生态基流的恢复与保证及河道形态的修复，恢复河流的自净与输沙功能，于 2020 年进入阶段 4。中远期进行栖息地与景观的重建，进一步提高水质，改善物质通量配置，重建完整、抗干扰、可自我调节、生物多样性良好的生态系统
第 3 类河流	阶段 1 或阶段 2	近期应重点进行水环境的治理和生态基流的补充，彻底消除黑臭水体，做到水质基本达标，于 2020 年进入阶段 3。中远期进行河道形态的整治，恢复河道的自然形态，改善水景观，重建栖息地，重构完整的河道－河岸生态系统，恢复生物多样性

深圳市河流生态修复的核心在于营造合理的物质通量，适宜的物理、化学和生物条件，健康的生物群落结构（鱼类、底栖动物、浮游植物、水生植物、微生物等），以恢复生态功能和服务。具体的措施包括生态保育、生境维护、改善生物结构和群落及恢复生态服务功能等，配合良好的监测与管理手段措施，形成了深圳市河流生态修复与完整性保障措施体系（图 4-11）。深圳市河流生态修复与完整性保障措施如表 4-4 所示。

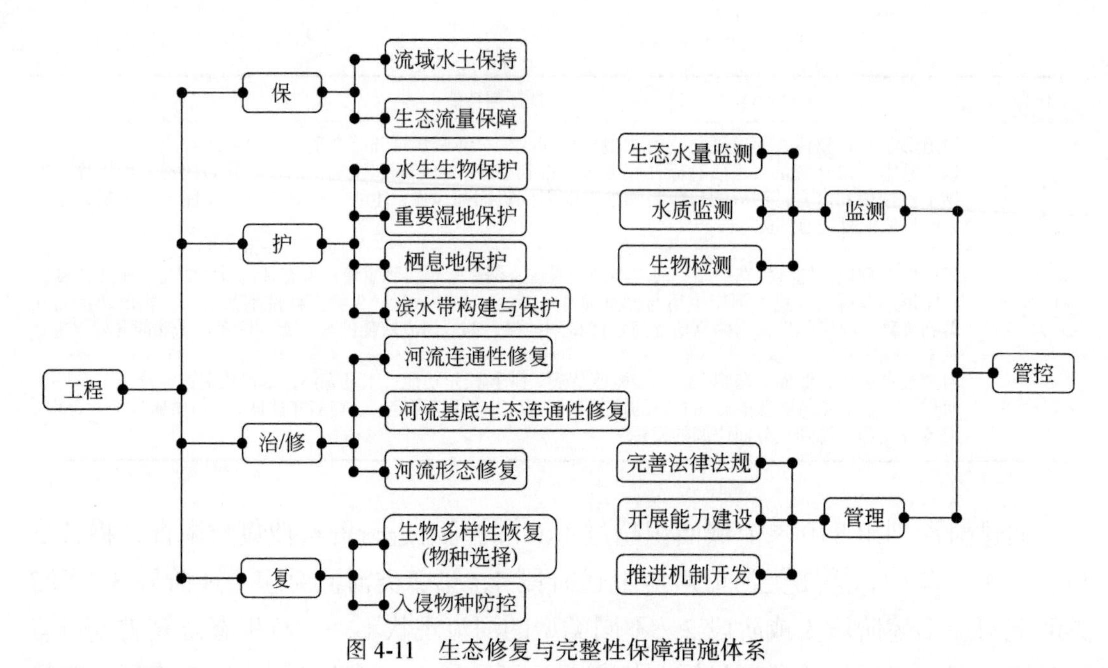

图 4-11　生态修复与完整性保障措施体系

表 4-4　深圳市河流生态修复与完整性保障措施

工程	措施	主要内容
保	生态流量保障	①污水处理厂再生水； ②水库蓄水； ③充分利用雨水资源； ④外部调水，补充生态用水量
	水土流失治理	①水源保护区水土保持； ②河道上游地区土壤侵蚀护理
护	滨水带构建与保护	①缓冲带构建； ②生态护岸构建
	栖息地保护	①划定河道蓝线； ②有计划拆迁或撤出原有工程设施与活动
	人工湿地建设与维护	①加强保护和管理已建人工湿地； ②新建人工湿地兼顾生态景观与人文活动
治 / 修	河道蜿蜒性修复	结合清淤工程对枯水期和平水期河流主槽进行修复
	河道横断面设计	①针对不同驳岸功能，采取不同断面形式； ②采用新型生态机制防护材料
	河道纵断面设计	深潭－浅潭序列的恢复与必要的重新设计
	生态处理河道底泥	①硬质类河床采用疏挖－吸泥方法； ②泥土类河床采用疏挖－浅剥方法； ③沙石类河床采用吸泥－底泥生态修复方法
	恢复河流湿地植被	①岸坡生态林地建设； ②水路交错带湿生与挺水植物群落组建； ③近岸带浮叶植物与沉水植物群落构建
	增加河滨岸线宽度	①拓宽河床； ②适当增加休憩区； ③修复河道两侧林带

续表

工程	措施	主要内容
复	生物多样性恢复	①水生植物恢复； ②底栖动物恢复； ③浮游生物恢复； ④鱼类恢复
	入侵物种防控	分类防控、物理防治、化学防治、生物防治、管理层面
监测	水文水环境监测	按照《水环境监测规范》（SL 219—2013）和《地表水资源质量评价技术规程》（SL 395—2007）相关规定合理布设监测断面，确定监测项目、监测频次和监测方法
	水生态监测	监测内容包括物种组成、密度、生物群落多样性、生长速率、生物生产量等

二、城市面源污染规律与控制

随着城市点源污染得到有效控制，城市降雨径流所导致的面源污染问题日益突出，深圳也逐渐加大对城市面源污染规律与控制技术的研究。

（一）城市下垫面径流污染特征

1. 下垫面污染累积特征

城市下垫面累积的污染物，一部分来源于大气沉降，另一部分来源于人类活动，且后者影响较大。由于人类活动存在差异，不同类型下垫面的污染物累积差别很大。“深圳市雨水径流污染现状、迁移机理及控制对策研究——以光明新区为例”将深圳建成区下垫面划分为居民区、道路、工业区、商业区、文教及行政办公区、屋顶和其他共计 7 个类型，在上述用地类型中选取了 40 个点位，并采用干式真空采样法进行地表污染物的采集。每个样品检测 5 项指标，包括悬浮物（SS）、化学需氧量（COD）、氨氮（NH_3-N）、总氮（TN）和总磷（TP），根据各类功能区的面积与其单位面积地表污染物累积量，计算深圳市主要功能区地表污染物累积量。

如表 4-5 所示，工业区 SS、NH_3-N、TN、TP 的累积量均高于其他功能区，尤其是工业区 SS 累积量约占各功能区总累积量的 46%。道路上 COD 累积量最多，占各功能区总累积量的 53%，道路上 NH_3-N、TN、TP 累积量仅次于工业区。通过比较不同功能区污染物的累积量，道路上和工业区内每种污染物累积量之和均超过各功能区对应污染物累积量总和的 60%。

表 4-5　深圳市主要功能区地表污染物累积负荷　　（单位：kg/km^2）

功能区类型	SS	COD	NH_3-N	TN	TP
居住区	5803.69	8173.93	66.48	83.83	17.69
城中村	8153.12	11417.40	89.82	112.11	21.06
道路	7513.25	62297.79	155.41	177.31	40.20
工业区	23893.49	29294.01	231.27	313.36	56.23
商服区	1907.06	2064.65	20.39	26.09	4.15
文教及行政办公区	4538.86	4362.98	45.05	58.11	9.30

2. 下垫面径流水质特征

为了解深圳市不同下垫面与用地类型径流污染水平，分别采用人工降雨模拟冲刷试验和自然降雨条件下径流污染观测来研究深圳城市小区的面源污染特征。

1）人工降雨模拟冲刷试验

“深圳市雨水径流污染现状、迁移机理及控制对策研究——以光明新区为例”课题选择深圳城市建筑与小区的广场砖、沥青、水泥和屋顶 4 种典型不透水下垫面，通过现场人工模拟降雨冲刷实验，监测径流污染中污染浓度变化（图 4-12），得出了人工降雨模拟冲刷不同下垫面的事件平均浓度（EMC）值，如表 4-6 所示。在研究中，屋顶的 SS、COD 浓度高于其他下垫面类型，且 COD 超过国家地表水Ⅴ类标准；沥青路面的 TN、TP 浓度高于其他下垫面类型，且均超过国家地表水Ⅴ类标准；广场砖 NH_3-N 浓度高于其他下垫面类型。

图 4-12　现场人工模拟降雨冲刷实验

表 4-6　不同下垫面人工模拟降雨径流污染物 EMC 值　（单位：mg/L）

下垫面	SS	COD	TN	TP	NH_3-N
屋顶	48.6	73.4	3.292	0.061	0.121
沥青路面	36.6	43.2	3.473	0.079	0.222
水泥路面	37.8	45.0	2.975	0.058	0.142
广场砖	39.4	36.6	2.992	0.058	0.259

2）自然降雨条件下径流污染观测

李明远等（2017）分别于 2017 年 4 月与 2017 年 8 月，在深圳市共选取旧村、市政道路、商业区、工业区、居住区、绿地 5 类不同土地利用类型 9 处采样点（其中，旧村 2 处，市政道路 2 处，商业区 2 处，工业区、居住区和绿地各 1 处），共筛选采集了 5 场降雨，涵盖深圳市大、中、小三类典型降雨雨型（雨型标准为小雨：＜ 10mm，中雨：10 ~ 20mm，大雨：＞ 20mm）。水样取自流入雨水口前的径流雨水，自下垫面形成径流起，前 20min 每 5min 间隔取样一次，之后每 10min 间隔取样一次。

根据实际检测结果，按采样用地类型计算 SS、TP、TN、COD 的 EMC 值，其中主要污染物 SS 与 COD 的平均 EMC 值如表 4-7 所示。

研究发现，初期雨水中的主要污染物为 SS 和 COD，远超过污水处理厂一级 A 排放标准；TP 平均浓度接近污水一级 A 排放限值；TN 污染水平较低，基本满足污水一级 A 排放要求。同时，土地利用类型对初期雨水的污染水平具有重要影响，旧村污染性最高，总体污染水平为旧村＞工业区＞市政道路、商业区＞居住区、绿地，因此初期雨水的处理宜根据用地类型区别对待，突出重点。

表 4-7　不同用地类型降雨径流污染物的 EMC 值　（单位：mg/L）

用地类型	EMC	
	SS	COD
平山村	445	261
新围村	486	212
工业区	231	130
市政道路 1	175	80
市政道路 2	128	97
商业区 1	162	79
商业区 2	163	90
绿地	67	45

（二）初期雨水收集与处理

为综合治理降雨产生的面源污染，全面实现面源与溢流污染控制技术体系，在综合分析国内外经验基础上，结合深圳实际，将当前治理城市初期雨水的主要措施归纳为 4 类：地表与管道沉积物控制、径流源头控制、径流过程控制和径流末端控制（图 4-13）。

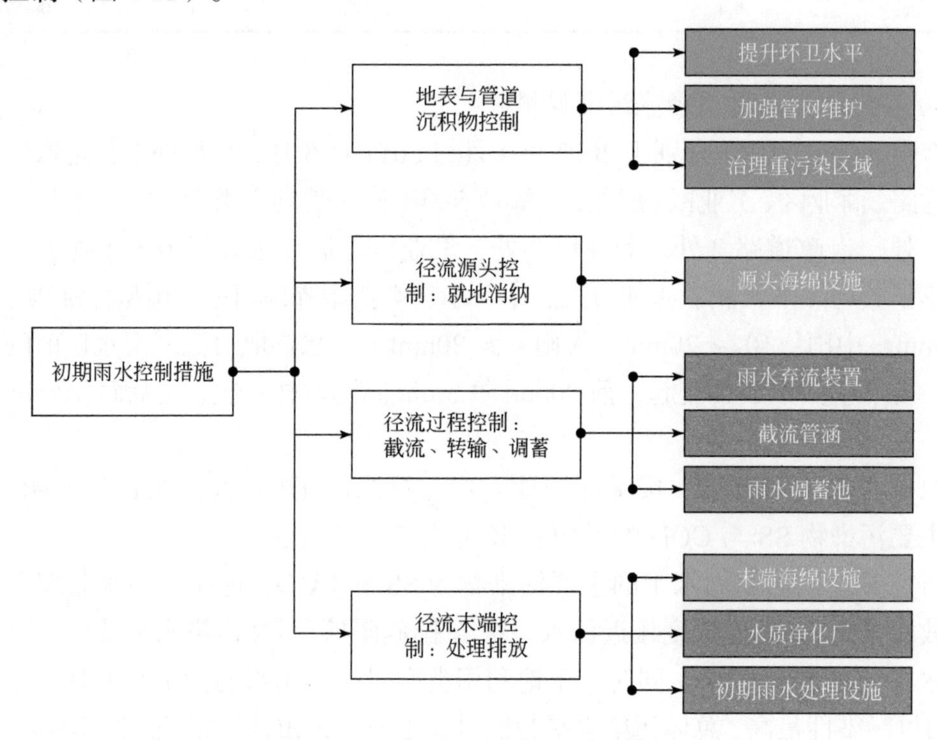

图 4-13　初期雨水治理措施总体框架

1. 地表与管道沉积物控制

通过做好城市道路清扫、推进垃圾精细管理、提高环境空气精细化管理水平等方式加强城市整体环境卫生管理；完善管网系统建设维护，分别从源头控制、中途控制与末端控制实现对管道沉积物的控制目的。其中，管道沉积物中途控制途径主要包括优化设计管网、设备或设施及去除已建成管道沉积物两种方式。

2. 径流源头控制

源头控制是指在各污染源所在地采取技术措施将污染物截流下来，并进行初步处理。通过海绵设施的源头控制可降低水流的流动速度，延长雨水径流时间，拦截、渗透初期雨水，进而降低后续处理系统的污染处理负荷。城市初期雨水的分散控制技术措施主要包括绿色屋顶、透水路面、植被草沟、雨水花园和湿地等。

3. 径流过程控制

1）源头弃流设施

定容式初期雨水弃流设施，即弃流设施，按照初期雨水径流量确定弃流时间，当弃流池接收到一定水量的初期雨水后阀门关闭，较为洁净的非初期雨水进行收集或者排到受纳水体，弃流池内污染物浓度较大的初期雨水进行弃流，弃流开关阀门由浮球阀或者信号控制。

定速式初期雨水弃流设施是按照雨水流速确定是否弃流，按照弃流的水力效果又分为射流型和旋流型。流速较小时的雨水进入初期雨水处理设施，流速大的雨水进行收集或排入受纳水体。

定量式弃流设施根据雨水流量确定是否弃流，雨水达到一定流量前的雨水视为初期雨水，对其进行弃流，之后视为非初期雨水，进行收集或者排入受纳水体。

2）截流转输系统

透水路面滞蓄雨水。由于雨水管通常埋于地下 1m 左右，所以蓄存在透水路面中的雨水未来得及入渗就会排放到市政管网。通过设计溢流井，可实现雨水在透水路面下的蓄存，同时在大暴雨下顺利排放，不会造成内涝。

截流井。根据雨水的流行路径，通常沿着受纳水体岸边敷设截流管（渠），采用在雨水口设置污物截流设施及截流井等工程措施的方式对初期雨水进行截流。

3）雨水调蓄设施

主要包括大中型雨水调蓄池与小型雨水调蓄设施。大型调蓄池占地面积大，一般可建造于城市广场、绿地、停车场等公共区域的下方，可以将降雨初期的高浓度合流水进行收集，对进厂水质、水量进行调节，可防止对污水处理厂的负荷冲击，有效保护现有污水处理厂的运行安全，充分发挥污水处理厂的潜力，产生最大效益。对于不适用大范围收集雨水的地区可使用小型雨水调蓄设施。其中屋面雨水相对清洁，进行收集也比较容易，可采用蓄水池进行收集，主要包括雨水桶、地下水箱和透水箱等。

4. 径流末端控制

径流的末端控制主要包括污水处理厂、初期雨水处理设施与末端海绵型措施三种类型。其中，初期雨水处理设施是指一般分散建设的，专门用于雨水处理的成套设施。其处理工艺一般采用物理化学方法，不具备生物处理工艺，以应对雨水径流水质水量变化波动大的特点。末端海绵型措施则主要通过建设雨水湿地与滞留塘等实现对雨水的收集与净化作用。

（三）河道截污工程初期雨水精细收集与调度

河道截污工程（沿河截污箱涵）是一段时期内收集和传输雨污混流和沿河漏排污水的有效措施。该系统有效地截流了旱季入河的污水，改善了旱季城市河流水质。随着正本清源和雨污分流工作的推进，旱季雨污混流和沿河漏排污水逐步得到解决，雨季径流污染已成为深圳市水环境治理的重点对象，原有沿河截污箱涵的功能将向初期雨水收集和调蓄的功能转变。

1. 面源污染精准收集与调度方案

面源污染的负荷随降雨强度、时长、时程、晴天间隔、下垫面、海绵城市建设进程而发生较大的变化。传统的初期雨水面源污染收集采取单一、固定的弃流标准，模式粗放，不区分浓度，不考虑源头—过程—末端的系统，加上限流技术尚不成熟，难以实现对面源污染的精准分离，过多或过少的雨水进入污水管道导致进入污水厂的水量、水质波动大，污水处理效率低下，污水厂出水浓度无法满足设计要求，面源污染控制目标与河道水环境目标无法匹配，影响河道水质的进一步提升。此外，不合理的闸堰启闭调度，也会进一步加剧污染治理和内涝防治之间的矛盾，导致暴雨预警时大量污染物进入水体。因此，初期雨水面源污染精细收集和调度成为雨污分流制下面源污染控制的关键。

在《河道截污工程初雨水（面源污染）精细收集与调度研究及示范》技术报告中，通过分析面源污染累积 - 冲刷规律，结合流域排水系统运行工况，研究面源污染系统控制策略和工程措施，提出精细收集与调度方案，在此基础上，针对典型排水分区构建可与自动控制溢流闸无缝衔接的智能化动态水质监测、预警和调度平台，实时监控截污水量与水质，实现精准截污。同时，在典型排水分区面源污染智慧管控平台示范建设的基础上，提出推广应用到流域、市域的策略，缓解截污系统对污水厂进厂水质的冲击，进而提高处理效率，促进河流水质的进一步提升。面源污染控制的工程措施主要分为地表径流组织及海绵化改造、精准截污与调度、末端湿地及初雨调蓄三大版块。其中，源头的地表径流组织及海绵化改造策略的实施需围绕正本清源展开，在纠正错接乱接现象的同时，结合片区地形特点，打造基于微地形设计的地表径流组织方式，对片区绿地、铺装等进行海绵化改造，实现雨水径流污染的源头减量排放。

该技术报告结合大沙河水环境综合整治工程及目前正在开展的正本清源项目，依据源头减排—过程控制—末端处理的控制思路，提出大沙河面源污染控制方案。如图 4-14 所示，大沙河面源污染控制从源头出发，结合正本清源工程的推进，在纠正雨污错接乱接现象的同时，对正本清源片区进行海绵化改造；在过程控制中，应在雨水排口处增设环保型雨水口等设施；而在末端，则需采取灰/绿结合的方式，对初雨实施精准截污，并对溢流雨水通过湿地进行净化，实现面源污染的全过程控制。

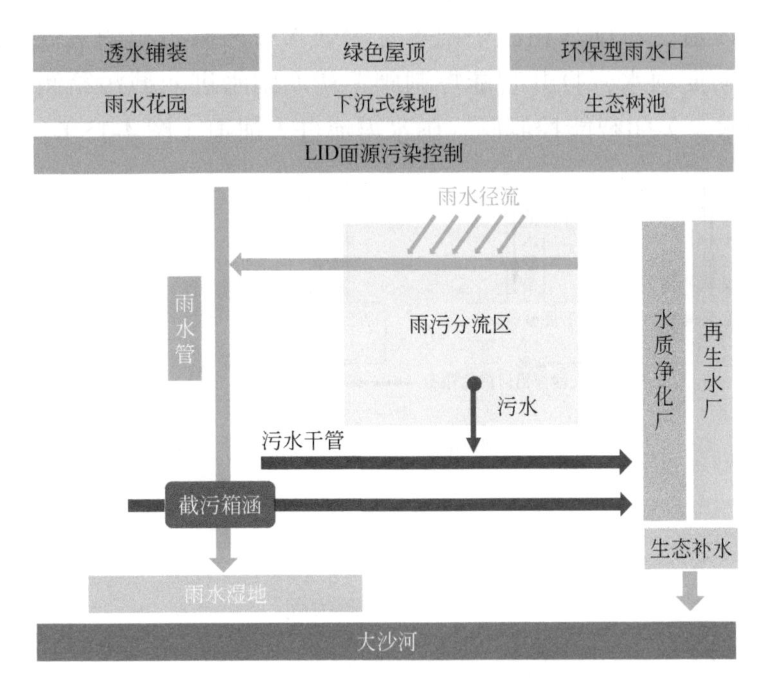

图 4-14　面源污染控制思路框架图

初期雨水污染的精准截污与调度策略的落实，需使截流初雨首先满足污水厂的实际承载能力；同时基于最大日负荷总量（TMDL）理论，使调度雨水满足大沙河的水环境承载能力。在此基础上，根据不同重现期下的初雨污染与暴雨径流的关系，确定精准截污与调度设施的关键启闭参数。针对超出水环境承载能力的超污染负荷，利用初雨调蓄池及末端湿地的建设，实现对超污染负荷的消纳。

2. 大沙河示范工程

深圳市选取典型排口，结合面源污染精准收集与调度方案研究，建设初期雨水精准收集和设施调度示范工程。通过大数据感知和管理，集成水力、水质模型，构建在线监控、流域模拟、过程预警、快速响应、智慧调度的智能管控平台，并通过智能管控平台与初期雨水收集设施智能启闭系统关联，优化现有截污模式，使得收集雨水水质、水量与污水处理厂的处理能力及受纳水体的环境容量动态精细匹配，实现高效、精准收集初期雨水污染，为流域水环境持续稳定提升提供技术示范。

1）示范截污井建设

目前深圳大沙河沿河截污箱涵已建成，现状雨水排口均为通过截污井后溢流入河道。示范工程将截污井设置于排水箱涵与沿河截污箱涵交汇处，通过沿河截污箱涵开孔处改造，对排水箱涵中雨水是否进入沿河截污箱涵实现智能化控制：对污染严重的初期雨水，打开智能控制阀，初期雨水进入截污箱涵，而对水质较好的中后期雨水，关闭智能控制阀，雨水溢流进入河道（图 4-15）。

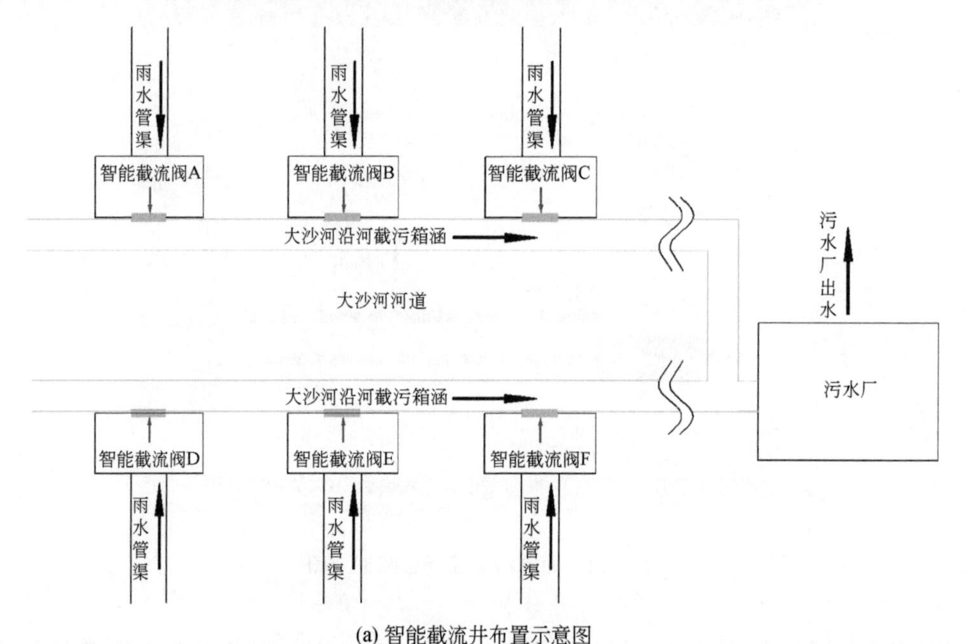

(a) 智能截流井布置示意图

(b) 典型示范排口

(c) 智能控制阀安装位置

图 4-15　大沙河示范截污井示意图

（1）基于水质浓度智能截污，控制智能闸门的启闭。把污水（包括初期雨水）截流排入箱涵，减少对河道污染排放，把清水（如中后期雨水）溢流至河道中，减少箱涵水量及对后续污水处理厂的影响。

（2）基于流量和雨量的智能截污，控制智能闸门的开启度。根据面源污染的特点和排放规律，结合受纳水体环境容量、污水厂纳污容量，实时动态调整和优化水质控制策略，通过智能闸门的开启度精准计算截流量，如初期雨水污染至箱涵。

（3）基于多个智能截污井的联合调度，智能控制每个闸门的开启度，精准收集最适宜收集的水量。因箱涵及下游污水处理厂纳污能力有限，大沙河流域中下游共有 67 个排口，需要对每个排口进行精准截流控制，通过调度智能闸门的开启度，实现精准收集的目标。

2）控制系统

大沙河示范排口精准截污与调度系统需要在选取的典型排口处建设在线监控系统，通过在线监测水质、水文方面的指标，根据水质指标控制阀门的启闭，同时为精准截污与智能调度系统提供数据。

雨污分流不完善时，晴天为防止初雨箱涵内污水倒灌，下开式智能截流阀开启高度保持高于初雨箱涵水位 10cm[图 4-16（a）]。晴天雨污分流完善时，智能控制阀处于开启状态，零星点源污染产生的生活污水完全截流至沿河初雨箱涵，送至污水处理厂处理 [图 4-16（b）]。

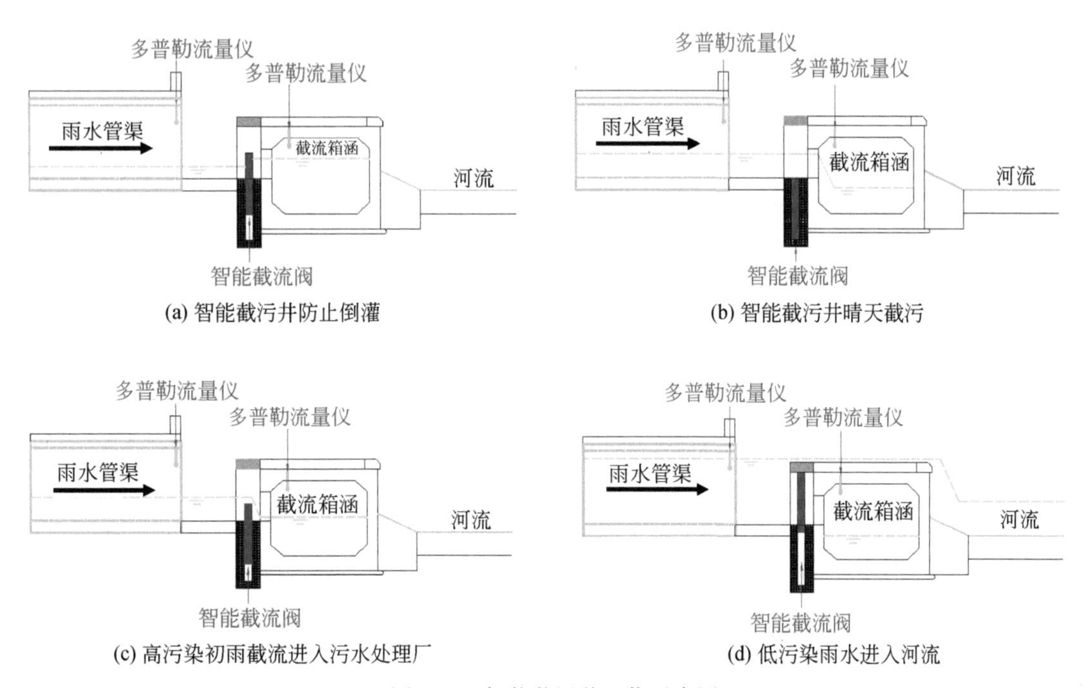

(a) 智能截污井防止倒灌　(b) 智能截污井晴天截污

(c) 高污染初雨截流进入污水处理厂　(d) 低污染雨水进入河流

图 4-16　智能截污井工作示意图

雨天截污井内的污染物浓度大于设定的污染物浓度值时，智能控制闸门开启，初期雨水全部进入沿河初雨箱涵 [图 4-16（c）]。截污井内的污染物浓度小于设定的污染物浓度值时，智能控制闸门关闭，雨水全部溢流进入大沙河河道［图 4-16（d）］。

3）物联网系统

A. 物联网建设

物联网建设主要由在线监控系统和智能控制阀控制系统构成。在线监控系统主要是采用物联网的相关技术对水质、水力数据进行在线感知与获取。智能控制阀控制系统则是通过物联网控制器对智能控制阀门的开启与关闭进行智能控制。物联网建设的核心是物联网控制器。

B. 数据信息管理系统

数据信息管理系统是在基础云平台采集各种水质、水力数据和气象数据的基础之上，包括其他的大沙河流域下垫面面源污染监测数据、管网监测数据、河道断面监测数据等人工监测数据的采集。

C. 数据分析、模拟、预警系统

精准截污与调度系统在通过基础云平台的数据采集和数据信息管理以后，依托面源污染精细收集规律建立的数学模型对数据进行分析、模拟和预警。

D. 智慧调度系统

通过数据信息管理，并依托面源污染精细收集规律建立的数学模型对数据进行分析、模拟和预警的结果对截污井的智能控制阀进行智能控制。

物联网控制器在对水质数据进行分析和计算以后可对智能控制阀门进行开启关闭控制。精准截污与调度系统云平台在综合在线监测数据、人工检测数据和气象数据等环境因素后，依托面源污染精细收集规律所建立的数学模型进行计算，并得出智能控制阀门的开启关闭逻辑结果通过网络将指令下发给物联网控制器，由物联网控制器对智能控制阀门进行智能控制。物联网控制器记录阀门的开启与关闭记录，并将记录上报给精准截污与调度系统云平台，用于云平台进一步进行数据统计与分析，继续优化控制逻辑。

三、湿地生态修复

湿地是指天然的或人工的，永久的或间歇性的沼泽地、泥炭地、水域地带，带有静止或流动、淡水或半咸水及咸水水体，包括低潮时水深不超过 6m 的海域。湿地系统对于构建完整海绵城市生态系统具有重要作用，被认为是综合功效全面的自然海绵结构。2016 年深圳市野生动物保护管理处组织开展了深圳市的湿地资源调查，编制形成了《深圳市湿地资源保护总体规划（2015—2035 年）》，确定了深圳市的重要湿地保护及生态修复工程。

（一）红树林湿地生态恢复与重建工程

1. 红树林湿地生态修复的内涵

红树林湿地生态恢复包括生境恢复、生物恢复、结构与功能恢复三部分。生境恢复是指采用封育、人工促进天然更新等措施对受干扰的红树林进行恢复；实施红树林宜林滩涂的造林和退塘、退垅还林工程。生物恢复是指开展物种选育、引种驯化、保护控制等技术措施；对红树林有害外来物种进行治理；加强现有红树林的管护工作，禁止毁坏红树林行为；实施红树林造林示范工程；建设红树林种苗繁育基地等。结构与功能恢复是指包括配置红树林的结构与功能；研究并形成一套生物多样性的恢复与维持技术措施；总体设计红树林生态系统等。

2. 深圳现有红树林生态湿地数量及分布情况

深圳市位于珠江河口区，滩涂广布，水热条件丰富，非常适合红树林生长，有真红树 7 科 10 种，半红树 6 科 7 种，其中红海兰、海桑、无瓣海桑为引进树种。据 2016 年统计，全市近海及海岸红树林湿地面积达 201.55hm^2，占总近海与海岸湿地面积的 0.52%，主要集中在东部龙岗区的葵涌街道、南澳街道，中部的福田区、南山区，西部的宝安区的西乡街道、沙井街道及福永街道。

3. 红树林湿地生态修复技术及方法

红树林树种的选择及营造方式是红树林湿地生态修复的关键性技术。恢复的树种选用乡土红树林树种为主，根据广东省近年来红树林营造取得的经验，中低滩涂采用无瓣海桑、海桑、拉关木三个速生红树林树种造林，中高滩涂选用秋茄树、桐花树、红海兰、木榄、老鼠簕等乡土红树林树种，高潮线以上选用海芒果、黄槿、水黄皮、银叶树等半红树林树种，营造为红树林＋半红树林的复合带状，宽度一般为 50 ~ 200m，林外保留大部分滩涂作为红树林自然恢复和水禽觅食地。营造方式主要涵盖 5 种种植方式：①单株种植；②随即种植；③种植播种；④移植株苗；⑤胚轴移植。对红树林进行种植的时候，应该根据相关的管理条例，对其进行防护培育。在专人防护的同时，还应在造林的范围内设置保护栅栏，预防其他动物对其侵害，避免人工恢复造林的失败。另外，还应加强养护专人的护理知识，培育方法，定期举行防护培训会，提高养护人员的知识及养护技能，对生长状况不是很好的植株进行及时的抢救及补救。护林人员应该及时为幼苗进行除虫、清除海藻和垃圾，确保所有植株健康成长。除此之外，还应禁止在防护林附近建其他行业，如畜牧业、养殖业及其他方面的业务，定期对培育的幼苗进行复查，时刻掌握其生长状况及适应程度，确保人工恢复造林一次性成功。

4. 深圳重要红树林湿地生态保护及修复工程

根据深圳市红树林宜林滩涂的分布特点，重点对 4 个区域开展红树林生态恢复工程：①深圳河、凤塘河进入深圳湾交汇的泥滩有海桑及无瓣海桑生长，无瓣海桑生长速度快易引起生态入侵，必要时采取人工干预措施，补植本地红树植物；②海上田园湿地原生红树林遭大面积破坏，仅在河涌入海口有零星红树林分布；③深圳西湾红树林湿地目前保留了成片红树林，宜在保留的基础上做适当恢复重建工程；④坝光北侧海岸沿线有带状淤泥滩涂，具备恢复红树林基础。目前已有小面积人工种植红树林。

现已在西湾红树林湿地公园、福田红树林生态公园、东涌红树林湿地公园、坝光银叶树湿地园等地开展红树林生态湿地保护及修复工程。

（二）河流湿地的生态恢复

1. 河流湿地生态修复的内涵

河岸被认为是“与流水相邻的植物及其他有机体组成的复杂的综合体，没有明显的边界，包括河岸阶地、泛滥平原和湿地等在内的陆地与水体之间的过渡带”（Lowrance et al.，1985）。河流湿地生态恢复的理论基础是恢复生态学原理，即在对河岸湿地生态系统退化原因和机理诊断基础上，遵循地域分布和生态演替规律，运用一些技术手段，按照既定目标恢复生态系统的组分、结构和功能，并适时监测其生态指标，使河流湿地生态系统最终达到或超过其原始水平。

河流湿地生态恢复的阶段性表明，河流湿地生态恢复一般分为生物恢复、生境恢复和生态功能恢复三个水平；水文、土壤和植被是河岸湿地生态恢复的基本要素；在河岸至少应该保持三个植被带并实施不同的管理方式；河流上游应该保持一个健康的河岸林带，而河流下游则需要保护和恢复宽广的泛滥平原；恢复河岸湿地乡土植被，慎重对待外来植物和食草动物等一些基本生态学原理已经被广泛接受。

2. 河流生态湿地数量及分布情况

深圳河流湿地类型为永久性河流，面积为 789.97hm^2。全市水系共划分为九大流域（深圳河流域、深圳湾流域、珠江口流域、茅洲河流域、观澜河流域、龙岗河流域、坪山河流域、大鹏湾流域、大亚湾流域）。

深圳市境内虽然河流众多，大小河流共计 160 余条，但受地形影响，河流形态大都比较短小，属雨源型河流。深圳市内流域面积大于 100km^2 的河流仅有深圳河、茅洲河、观澜河、龙岗河和坪山河 5 条。

3. 河流湿地生态修复技术及方法

河流湿地生态修复技术主要采用生态工程措施对河流廊道进行恢复，模拟与强化自然河道的结构与自净功能，并充分利用现有河道内部结构与相应天然材料，而非加入永久性构筑物，辅以人工引导恢复的工程措施，改善河道内部与河道岸边结构与形貌，以达到河道水利功能与生态净化功能共同实现的目标。具体方法包括：①清淤措施；②底泥矿化措施；③生态净化池措施；④人工湿地措施；⑤综合生态滤床措施；⑥人工浮岛措施；⑦曝气补氧措施；⑧自然生态跌水坝措施；⑨微生物净化措施；⑩引水换水措施。

由于深圳市境内河流多为雨源型河流，故利用污水处理厂尾水或污水厂尾水经过净化处理后的出水对河道进行生态补水，保证河流旱季的生态水量，进而进行河流湿地的生态修复。对于流经城区的未改造河段，拓宽河床，保障行洪，增加河滨岸线宽度，形成自然驳岸，适当增加休憩区；对于已经整治衬砌的密集建成区河道，在拆迁过程中，逐步拓宽滨岸带，修复河流的自然特征。为更好地恢复河流湿地，在深圳河、茅州河、观澜河、龙岗河、坪山河五大河流域河道两侧营造 50 ~ 100m 的林带，支流河道两岸营造 10 ~ 30m 的林带，逐步恢复河流生态廊道功能。遵循最小干预原则，保留湿地的原生形态对已经破碎化的湿地版块及景观应做到及时修复，以恢复到自然原始状态。同时构建动植物栖息地，促进健康和稳定的水生、陆生植物群落形成，创造合适的动物栖息地和迁徙廊道，有利于增强形成稳定的食物链食物网关系，营造具有丰富生物多样性的湿地浅滩。而对于湿地严重退化的区域，采取人工种植或补植植物等人工生态恢复方式重建湿地生态系统，促进湿地恢复重建。对于异质性生境，如不同功能的生态景观区域，可有针对性地选择合适的植被种类、种植配置方式，通过人工生态恢复方式，开展植被恢复。最后综合各个湿地版块的修复，将其联合，以“版块—廊道—基质”为基本结构，构建具有保护生物多样性、过滤或阻抑污染物、防止水土流失、调控洪水、净化水质等生态服务功能的河流湿地生态廊道。

深圳现已在大沙河、福田河及中心公园水体、观澜河、茅洲河等主要河流湿地区域内开展生态保护及修复工作。

（三）库塘湿地的生态恢复

1. 库塘湿地生态修复的内涵

库塘湿地是水陆间重要的生态交错带，对水陆生态系统间的物质流、能量流、信息流和生物流发挥着重要的廊道、过滤器和屏障作用，具有重要的水文、生态、美学和社会经济功能。库塘湿地的生态过程主要是通过以下过程来维持库岸生物多样性和实现生态系统完整性：控制库岸侵蚀、截流地表径流泥沙和养分、提供遮阴进而调节库岸微气候及水温、影响水库水体的初级生产力，吸收排放于污水中的养分、库岸植被枯落物及粗木质残体和为陆生无脊椎动物提供食物和养料来源，以及为野生动植物提供栖息地。库塘湿地耦合了陆地生态系统和水生生态系统净化水质的生态过程。

2. 库塘生态湿地数量及分布情况

深圳市库塘总面积为5247.8hm^2，占人工湿地总面积的70.86%，各区均有分布，其中宝安区和龙岗区数量较大。深圳没有天然湖泊，只有人工建造的水库，共242座，其中，中型水库9座，小型水库233座，面积最大的为铁岗水库，湿地面积达787hm²。分布于西部的水库主要有罗田水库、西丽水库、铁岗水库、石岩水库，中部有梅林水库、深圳水库，东部有清林径水库、赤坳水库、坑梓水库和松子坑水库等。

2013年完成的《深圳市湿地资源调查报告》中罗列了深圳市重要湿地的情况，其中库塘湿地型中的铁岗水库纳入条件为鸟类中转和栖息地及重要水源地。铁岗－石岩湿地市级自然保护区位于宝安区、光明区和南山区交界，规划面积52.88 km^2，由铁岗水库、石岩水库及周边山体组成，这里每年冬季候鸟达到100多种近3万只，是仅次于深圳湾湿地的第二个鸟类中转、栖息、繁殖的重要湿地。每年有5000只左右的鸬鹚在深圳湾湿地和铁岗水库湿地间来回迁徙。

3. 库塘湿地生态修复技术及方法

库塘湿地即湿式滞留塘是发挥主要功效的处理设施，其处理过程是将污染物收集累积到底泥和动植物体中，不仅承担建成区增量的径流和污染负荷，同时也是水生动植物栖息地。它具有提供优质水源、净化污染物、控制侵蚀、保护土壤和调节气候等方面的生态功能，也具有一定的旅游价值。根据库塘湿地的生态破坏情况，一般有4种湿地恢复方法：①湿地下垫面整治；②植被恢复；③生境恢复；④水文调控与管理。

深圳现已在洪湖公园、东湖公园、石岩人工湿地公园等重要库塘湿地区域内开展生态保护及修复工作。

（四）海岸湿地的生态恢复

1. 海岸湿地生态修复的内涵

近海及海岸湿地发育在陆地与海洋之间，是海洋和大陆相互作用最强烈的地带，生物多样性丰富、生产力高，在全球变化、防风护岸、降解污染、调节气候等诸多方面具有重要价值。海岸湿地具备多样化的功能，包括滞洪调洪、净化水质、提供水源、营养循环、渔业生产、野生动物避难栖息所、游憩及文化等功能价值，而海岸湿地、潮间带及河口等地区，原本就是许多海洋生物孵育、生长、栖息及避难的场所，因此海岸湿地的生态恢复对深圳湿地生态环境总体保护和恢复具有重要意义。

2. 海岸生态湿地数量及分布情况

作为沿海城市，深圳近岸海域包括东部的大鹏湾和大亚湾，西部的深圳湾和珠江口水域，近岸及海岸湿地构成了深圳湿地的主要类型，其面积为 38636.49 hm^2，占深圳市湿地总面积的 82.50%。深圳近岸及海岸湿地的类型较多，包括浅海水域、岩石海岸、沙石海滩、淤泥质海滩、潮间盐水沼泽、红树林、河口水域、海岸性咸水湖 8 个湿地类型，其中面积最大的是浅海水域，占同类湿地的 95.33%；其次为河口水域，占同类湿地的 2.15%；面积最小的是沙石海滩，只占同类湿地的 0.16%。

3. 海岸湿地生态修复技术及方法

1）基底恢复

国际上，采用人工方法恢复和重建湿地是海岸带生态恢复的重要措施。海岸湿地区域内的基底恢复采用微地形改造、表土保护利用、基质回填覆盖及污染基质清除等生态整治措施，维护湿地基底的稳定。利用“梯状湿地”等技术在浅海区域修建缓坡状湿地，湿地建好后在上面种植本土湿地植被，可以减弱海浪冲击、促使泥沙沉积、保护海滩，同时也可以为海洋生物提供栖息地。

2）植被恢复

梳理现有生境类型和布局，结合场地内的水资源分析和水系统构建，遵从“生态位”原理，通过生态设计，提升各类生境的功能，并优化其布局。根据地带性规律、生态演替及生态位原理选择适宜的先锋植物，构造种群和生态系统，实行土壤、植被与生物同步分级恢复，逐步使生态系统恢复到一定的功能水平。通过植物群落的恢复和种植，构建完整的食物链，为各类生物的觅食、繁殖和栖息提供稳定、安全的生境条件，同时，湿地植被恢复应结合湿地水质改善工程，通过湿地植被的恢复使湿地水体自净能力得到提升。

3）水动力恢复

依据湿地水位的动态变化和水陆交接区域的植被分层、自然演替及该区的设计功能和使用状况，设计水动力恢复岸线。采用自然生态的材料进行护岸，确保水陆间的物质循环和能量流通，并为动植物创造生息的场所。除了维护天然形成的岸坡以外，对易受侵蚀或不稳固的岸坡将木桩护坡、块石护坡、植物护坡及生态砖护坡等作为恢复工程的优选技术。

深圳现已在华侨城湿地、深圳湾滨海休闲带湿地、沙井海上田园湿地公园、盐田滨海湿地及大梅沙海滨公园等重要库塘湿地区域内开展生态保护及修复工作。

四、岸坡生态修复

控制地表径流对城市河流污染防治有着重要的现实意义。生态护坡是地表径流污染进入河道的最后一道防线，生态护岸改造工程是深圳开展海绵城市建设的重要任务之一，同时也是珠江三角洲地区绿色生态水网建设的重要内容。“深圳市河流健康评估及生态修复策略研究”课题研究了岸坡生态修复技术，以指导深圳城市河道生态修复及径流污染控制设计。

（一）生态护坡的功能

生态护坡，是综合工程力学、土壤学、生态学和植物学等多种学科的基本知识对斜坡或边坡进行支护，形成由植物或工程和植物组成的综合护坡系统的护坡技术。是在开挖边坡形成以后，通过种植植物，利用植物与岩、土体的相互作用（根系锚固作用）对边坡表层进行防护、加固，使之既能满足对边坡表层稳定的要求，又能恢复被破坏的自然生态环境的护坡方式，是一种有效的护坡、固坡手段。在工程应用中，生态护坡常被定义为通过植物或者植物材料，单独或者与土木工程措施和土工材料相结合，以达到提高坡面稳定性，减少坡面冲刷侵蚀目的。

生态护坡应是“既要满足河道的工程防护要求，又要利于河道生态性功能的可持续发展”的系统工程。是人们在对自然尊重的基础上，人对自然的改造，解决了工程建设和保护生态环境之间的矛盾，体现了“人与自然和环境协调发展”的理念。生态护坡主要有以下功能。

（1）护坡功能：植被的深根有锚固作用，植物的浅根有加筋作用，通过植物或结合工程措施，提高边坡的稳定性并保护坡面。

（2）水土流失防护功能：能降低坡体孔隙水压力、截流降雨、削弱溅蚀、控制土粒流失，减少坡面冲刷，防止水土流失。

（3）改善环境功能：植被能恢复被破坏的水生态环境，提高河流自净能力，进行生态修复；同时还能降低噪声，减少光污染，保障行车安全，净化空气，调节小气候等。

（二）生态护坡主要类型

根据生态护坡采用建设材料的不同可分为以下几大类。

1. 植物护坡

植物护坡在生态河道治理中有着非常广泛的应用。植物护坡可以净化水质，美化环境，涵养水源，为动物和微生物提供良好的生境，同时植物的根系能够增强土体的凝聚力和抗剪强度，有利于土体结构的稳定，而且建设乡土植物群落护岸的成本要比传统护坡低，主要包括人工种植草护坡、液压喷播植草护坡、平铺草皮护坡、土工网垫、客土植生植物护坡及高陡边坡的植被护坡等。

2. 木材护坡

木材护坡是指采用的植物材料主要是木材的一种护坡方式，建于水下岸坡底部自然界坚硬的木头，可完整地保持约几十年，一般在使用的同时结合植被恢复措施。主要包括木桩栅栏护坡和活性木格框护坡等。

3.生态型混凝土类护坡

生态型混凝土类护坡又分为生态混凝土护坡、生态型联锁式预制块护坡和生态型自嵌式挡土墙护坡。生态混凝土护坡是由多孔混凝土、难溶性肥料、表层土、保水材料等混合，并在上面种植植物而形成，将植物扦插于混凝土空隙中，待植株生根后，与土壤形成一个整体，提高了边坡稳定性和抗冲刷能力，在进行混凝土工程措施护坡的同时，将硬化和绿化结合起来，实现了美化河道景观。生态型联锁式预制块护坡采用 C30 预制混凝土块的自锁定结构，一块联锁块与四周六块联锁块形成连接，具有较高的稳定性，提高了变形调整能力，可适合坡面轻微的塌陷变形。预制块的连接孔可以作为植生孔，孔内可种植植物，还可以加入级配碎石以起到抗冲刷的作用，具有较强的变形能力和较高的稳定性，同时有利于生态循环，具有施工速度快、工程造价低等特点。生态型自嵌式挡土墙护坡的主要结构材料是自嵌块，通过自嵌块体的重量提高岸坡的稳固性能，并通过其自身的锁定功能防止滑动倾覆。

4. 土壤生物工程护坡

土壤生物工程护坡是指在坡面的不同位置上，按照一定的方式、方向扦插、种植或掩埋植物体作为结构的主要元素，通过植物的生长过程来提高边坡的稳定性，控制水土流失，进行生态保护修复。其优点是生物量较大、生境恢复速度快、施工过程简单、工程造价较低等，适用于城郊河道的生态护坡工程，主要包括活枝扦插护坡、活枝柴笼护坡、活枝层栽护坡、灌丛垫护坡及灌丛层插等。

5. 土工复合材料种植基护坡

土工复合材料护坡是指利用活性植物并结合土工合成材料等工程材料，在坡面构建一个具有自身生长能力的防护系统，通过植物的生长对边坡进行加固的一门新技术。主要包括土工单元固土种植基护坡、土工格栅固土种植基护坡、生态袋护坡、三维植被网护岸技术及抗冲生物毯护坡等。

在提倡人与自然和谐相处的今天，河道边坡治理也从过去的仅注重安全、经济的治理模式向保持边坡的自然特征的生态模式转变。传统的护坡工程虽然在稳固边坡方面卓有成效，却忽视了环境保护和生物生存的需要。生态护坡的出现和应用顺应了人与自然和谐共生的要求，不仅是护坡工程建设的一大进步，也将成为今后护坡工程建设的主流。

（三）生态护坡在深圳的应用

近年来深圳市大力推行生态护坡改造工程，恢复河道及两岸的生态环境功能。对深圳市九大流域河道流域面积大于 10km^2 的河道岸坡进行统计和分析，具备生态护坡的典型河道共计 25 条，河道干流总长度为 268.7km，其中规划整治的河道长度为 200.6km，生态护坡河道长度为 151.7km，生态护坡岸线长度占统计河道总长度的 56.46%，占整治河道长度的 75.6%。

深圳市河道生态护坡断面的结构形式分为复式断面、梯形断面、矩形断面和梯形复式断面 4 种类型。其中最多的为梯形断面，占比为 56.22%；其次为梯形复式断面，占比为 24.39%；复式断面占比为 18.07%；而矩形断面最少，占比仅为 1.32%（图 4-17）。深圳市典型河道生态护坡结构材料占比如图 4-18 所示。

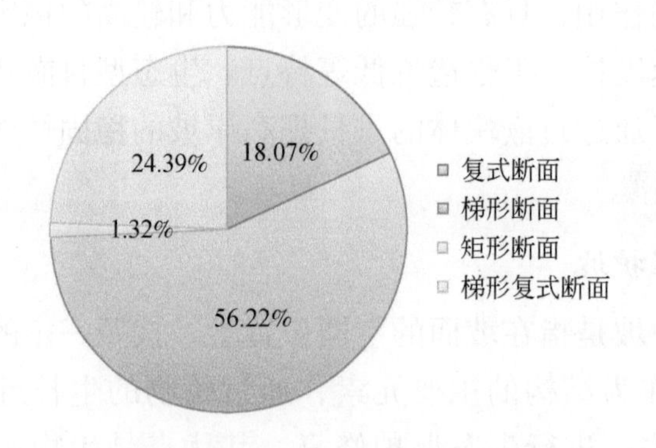

图 4-17　深圳市典型河道生态护坡断面结构形式占比

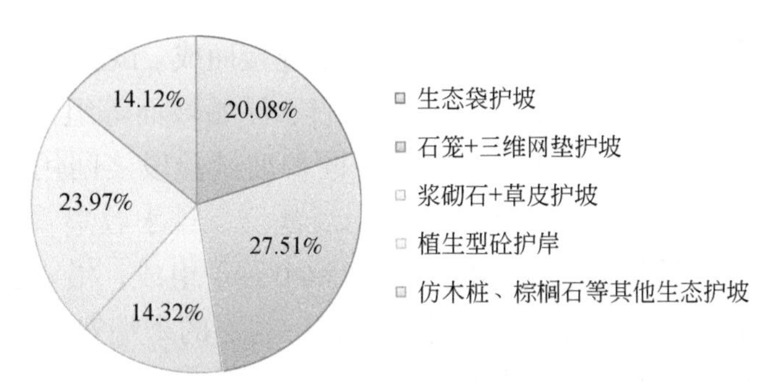

图 4-18　深圳市典型河道生态护坡结构材料占比

（四）生态护坡对地表径流的污染控制研究

在考虑符合深圳本地，兼顾一定前瞻性原则的条件下，“深圳市河道生态护坡对地表径流的污染控制研究”课题选用普通植草、格宾石笼、现浇绿化混凝土、植物蜂巢、生态砌块 5 种不同结构材料，运用马尼拉草、高羊茅、大叶油草（地毯草）、台湾草（细叶结缕草）4 种不同植被组合，通过模型试验方法，构筑生态护坡试验段、开展地表径流模拟试验、监测试验段水文水质指标、开展现场调查及原型采样观测等手段，就生态护坡延滞地表径流、过滤和拦截径流污染物等研究生态护坡对地表径流污染物的削减控制作用。

试验在广东省水利重点科研基地（清远飞来峡试验基地）进行，试验设计如图 4-19 所示。试验包括供水系统、护坡试验段和排水系统。供水系统主要由水箱、

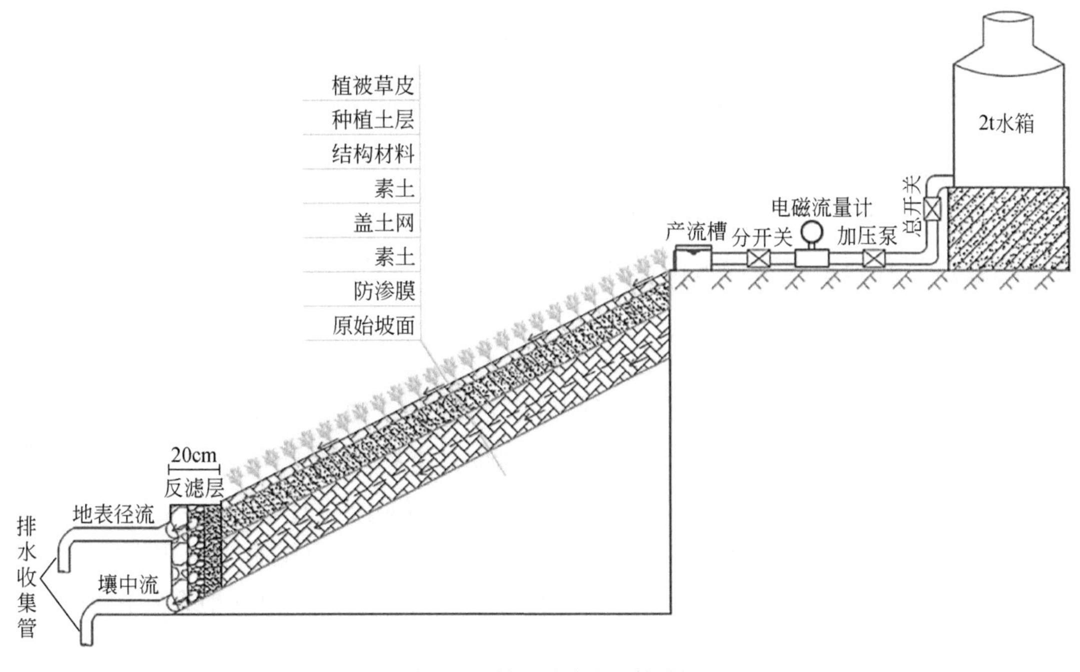

图 4-19　护坡试验段的构造图

总开关、加压泵、电磁流量计、分开关、产流槽连接而成。试验段主要由植被草皮、种植土层、结构材料、素土、盖土网、防渗膜、原始坡面等组成。每个护坡试验段长 6m，宽 1.5m，坡度均为 1 ∶ 2.25，不同护坡试验段之间用砖墙和防渗膜完全隔开，防止实验块渗水。排水系统主要由反滤层、排水收集管组成。反滤层与生态护坡试验段下边界等宽，由细砂、粗砂和小石子组成，沿水流方向，粒径由细到粗，从而防止护坡试验段的土壤流失。在反滤层的末端安装 2 条 PVC 径流收集管，分别收集地表径流和壤中流。

根据开展的 25 组不同工况的试验，统计 5 组不同护坡材料的水质指标的削减效果，得到表 4-8。试验的主要结论如下所述。

表 4-8　不同护坡材料地表径流、壤中流的水质指标削减效果

护坡材料	径流类型	浓度削减率 /%			
		COD	SS	NH_3-N	磷酸盐（PO_4-P）
普通植草	地表径流	0.78 ～ 21.64	−67.73 ～ 28.63	19.36 ～ 51.69	4.06 ～ 25.17
	壤中流	8.92 ～ 64.16	−184.63 ～ −84.69	49.02 ～ 70.83	16.19 ～ 60.49
格宾石笼	地表径流	−37.35 ～ 62.89	−439.88 ～ 84.17	23 ～ 86.65	5.79 ～ 73.68
	壤中流	−23.91 ～ 50.45	−432.53 ～ 26.1	60.01 ～ 81.61	50.26 ～ 78.05
现浇绿化混凝土	地表径流	−31.51 ～ −0.68	−2266.3 ～ 94.98	15.15 ～ 86.1	7.45 ～ 79.06
	壤中流	−28.69 ～ 11.47	−2583.3 ～ 76.9	21.42 ～ 61.12	12.3 ～ 50.36
植物蜂巢	地表径流	6.66 ～ 59.18	−348.21 ～ 2.45	31.92 ～ 91.24	19.4 ～ 77.71
	壤中流	21.57 ～ 83.08	−508.38 ～ 72.5	57.48 ～ 87.93	47.96 ～ 83.14
生态砌块	地表径流	40.01 ～ 48.88	409.82 ～ 85.36	16.47 ～ 88.1	7.74 ～ 76.72
	壤中流	28.8 ～ 90.56	−296.81 ～ 29.01	40.26 ～ 86.35	34.21 ～ 84.92

（1）由于不同结构材料的孔隙率等特征差异，使生态护坡的地表径流入渗率存在较大差异，试验研究表明，现浇绿化混凝土的地表径流平均入渗率最高。入渗率越高，越有利于地表径流的净化，为植物根系吸收营养、降解营养物质提供有利条件。

（2）生态护坡对泥沙结合态营养盐的截流主要是通过对悬浮固体的拦截起作用，对水溶态营养盐的截流主要与渗透损失、地表储流有关。从水质指标来看，生态护坡对 NH_3-N、PO_4-P 等指标的污染物削减率存在相对稳定的梯度，总体而言生态护坡对 NH_3-N 的削减率均比对 PO_4-P 的削减率大，削减率为 32.42% ~ 58.70%，而 COD、SS 等两项指标的削减率在多组试验中变化幅度较大，说明 COD、SS 两项指标的削减率还与其他因素密切相关，如植被根系发达程度、土壤的有机物成分等。

（3）马尼拉草对 COD、SS、NH_3-N、PO_4-P 的拦截效果最佳，而台湾草和大叶油草相对较弱。因此，从径流污染削减控制的角度，生态护坡宜种植表层根茎相对密集的植被，增加径流的滞留效果。

（4）生态护坡对地表径流污染的控制与植被覆盖度、土壤含水率及土壤抗剪强度等指标密切相关。植被覆盖度越大，生态护坡对地表径流中的悬浮固体和泥沙结合态营养盐的拦截能力越强。

（5）在生态护坡改造工程中，在护坡下游增加过滤层对细微颗粒进行过滤拦截，对进一步降低降雨对河道水质冲击（主要是浊度指标）具有一定的作用。

第三节　低影响开发技术

低影响开发技术措施是微观层面海绵城市建设的重要组成，通过模拟自然条件，在源头利用一些微型分散式生态处理技术使得区域开发后的水文特性与开发前基本一致，进而保证将土地开发对生态环境造成的影响降到最低。深圳在 2004 年就开始引入低影响开发理念，并针对低影响开发设施的综合效应及材料、结构优化等方面开展了多项研究，探索出适合本地区的城市雨洪利用目标、技术手段、实施方法，构建了本地化的低影响开发技术体系。

一、低影响开发技术体系

低影响开发技术包括非工程技术和工程技术两部分。

（一）非工程技术

非工程技术为指导城市不同尺度的用地规划、布局及竖向设计的方法（王文亮等，2014），目的在于最大限度保留自然地貌和植被来维持场地的天然水文功能，从而减少直接与雨水口相连的不透水面积，增加雨水下渗量，为后期工程技术的应用创造场地条件。

非工程性低影响开发技术规划实现的主要目标包括：建设项目区域范围内综合径流系数最小，在满足防洪排涝条件下汇流时间最长，雨水滞留（流）量最大，面源污染负荷产生量最小等。为实现建设项目区域范围内综合径流系数最小，可减少不透水表面覆盖区域，利用断接技术使不透水面上的径流雨水首先汇入透水区域避免不透水表面的直接连接，还可以通过改良土壤、绿化提升等措施提高径流下渗率。为延长雨水汇流时间，应根据自然等高线合理规划场地道路布局，并通过减缓透水面坡度、采用植被草沟排水等措施减缓径流行进速度。为保证一定的雨水滞留（流）量，可利用地下建筑顶面覆土层实现雨水渗透；在采用下沉式绿地滞留和入渗雨水时，使路面高于下沉式绿地 100 ~ 150mm，确保雨水顺畅流入下沉式绿地，雨水口宜设在绿地内，其顶面标高宜低于路面 30 ~ 50mm；还可利用建设项目区域内的水体滞留（流）雨水。为控制面源污染负荷产生量，雨水在进入下沉式绿地或水体前，应采用工程性设施处理初期雨水径流。在上述技术的实施过程中，可进一步通过优化场地设计，创造多功能景观，延缓径流减少水污染物负荷的同时，实现地产价值增加和成本节省（韩朦紫，2019）。

（二）工程技术

工程性低影响开发技术是指采用源头小型的生态设施，通过“渗、滞、蓄、净、用、排”等多种技术，实现城市良性水循环，提高对径流雨水的渗透、调蓄、净化、利用和排放能力，维持或恢复城市的“海绵”功能。涉及的低影响开发工程性设施种类繁多，结构各异，包括雨水收集回用设施、雨水花园、透水路面、绿色屋顶、植被草沟、入渗设施、过滤设施、滞留（流）设施、雨水湿地、附属设备等。可根据它们的功能特性进行分类，如表 4-9 所示。

表 4-9　低影响开发工程性设施分类

技术措施	作用	典型低影响开发工程性措施
渗	减少硬质铺装、充分利用渗透和绿地技术，从源头减少径流	雨水花园、透水路面、绿色屋顶
滞	降低雨水汇集速度，延缓峰现时间	植被草沟、滞留（流）设施、雨水湿地
蓄	降低峰值流量，调节时空分布，为雨水利用创造条件	雨水收集回用设施、雨水湿地、附属设备
净	净化水质，减少面源污染	雨水收集回用设施、雨水花园、雨水湿地、过滤设施、附属设备
用	利用雨水资源化，缓解水资源短缺	雨水收集回用设施
排	构建安全的城市排水防涝体系，避免内涝等灾害	植被草沟、附属设备

综合考虑功能特性、设置位置、适用范围等因素，城市内常用的工程性低影响开发设施大体上可以分为绿色屋顶、生物滞留设施、下沉式绿地、透水路面 4 类。

绿色屋顶为在屋顶或平台上设置一定厚度和结构形式的种植层，用以消纳和利用雨水的人工设施，其结构通常分为植被层、种植土层和 蓄排水层。绿色屋顶不仅能有效地弥补人工环境建设中生态环境的不足，还可通过绿化层蒸散发、截流、吸纳及植物和微生物降解作用、土壤渗透净化作用实现蓄存雨水、削减径流、削减非点源污染、缓解热岛效应、减弱噪声等功能，但对屋顶荷载、防水、坡度、空间条件等有严格要求。

生物滞留设施采用低于路面的小面积洼地，种植当地乡土植物并培以腐土及护根覆盖物等，成为城市开发区园林景观的一部分，降雨时可成为储留雨水的浅水洼，根据应用位置不同又称为雨水花园、高位花坛等。生物滞留设施表面种植植物，填料自上而下往往包含有覆盖物如木屑、沙壤土、砂层、砾石和底部排水区。生物滞留设施通过土壤、微生物和植被的综合作用来控制径流、促进渗透和蒸散发、补给地下水、削减洪峰、保护河流渠道和削减污染物负荷等。主要适用于建筑与小区内道路及停车场的周边绿地，以及城市道路绿化带等城市绿地内。

下沉式绿地是一类结构特殊的绿地，其高程一般低于周围路面，以利于周边雨水径流汇入。其主要结构从上至下依次为植被层、种植土层、 过滤层、渗排水管及砾石层。下沉式绿地的典型布置方式为绿地高程低于路面高程，雨水口设在绿地内，雨水口低于路面高程的绿地并高于绿地高程。较普通绿地而言，下沉式绿地充分利用下沉空间蓄积雨水，显著增加了雨水下渗时间。由于下沉式绿地具有渗蓄雨水、削减洪峰流量、减轻地表径流污染等优点，是一种不需要增加建设投入而可一举多得的措施，因此目前广泛应用于城市建筑与小区、道路、绿地和广场内。

透水路面是由具有一定蓄水空间的透水性垫层构成的能够透水、滞留和渗排雨水的铺装地面，其主要结构可以分为可渗透层、过滤层、排水层等。根据不同路面的交通量和负荷，可选择水泥孔砖或网格砖、塑料网格砖、透水沥青和透水混凝土等不同的渗透性路面铺设材料。孔砖和网格砖通常在空隙部位种植草皮，或用砾石和沙土等进行填充，增强其渗透能力和美观性。透水路面能使暴雨径流很快地入渗到地基土壤中，显著减少路面积水，因此适用于广场、停车场、人行道及车流量和荷载较小的道路。

深圳已针对低影响开发技术开展了系列研究。

二、绿色屋顶

（一）绿色屋顶植物

屋顶绿化位于建筑物顶层，其环境条件和地面相差比较大，夏季酷热，冬季寒冷，风力也比地面上大。除此之外，植物直接栽植在种植土上，不与自然土壤相连，水分来源受限，同时植物的选择、土壤的深度等工程的设计营造也受到建筑屋顶的承载力限制（汤聪，2013）。所以，屋顶绿化植物选择时不能照搬地面植物，应根据实际情况，因地制宜地选择植物。

针对屋顶种植的特殊性，同时考虑深圳高温、高湿、多雨的气候特点，屋顶绿化的植物选择应遵循以下原则。

（1）应以低矮小乔木、灌木、草坪、地被植物和攀缘植物等为主，专门进行加强的荷载设计及支撑系统设计时才可种植大型乔木，大型乔木的高度不宜超过5m。

（2）应选择生长较慢、耐修剪、抗风、耐短时潮湿积水、耐旱、耐高温的植物。

（3）应选择须根发达的植物，不宜选用根系穿刺性较强的植物（如榕树类植物、散生竹等），防止植物根系穿透建筑防水层。

按照上述筛选标准，《屋顶绿化设计规范》（DB440300/T 37—2009）推荐使用蔓花生、大叶油草、铺地木蓝、沿阶草、玉龙草、佛甲草、细叶美女樱、马尼拉草用于深圳市屋顶绿化。

（二）绿色屋顶水文水质效应

胡尹超等（2020）在深圳搭建了4种不同植被（洋竹草、太阳花、卧地延命草、佛甲草）的拓展型屋顶（基质层10cm，蓄水层3cm）（图4-20），并进行了实验观测。2018年7月至2019年12月58场降雨观测数据表明：绿色屋顶对场次降雨的雨水滞留量为0.4 ~ 37mm，雨水滞留率为2% ~ 100%；绿色屋顶全年总雨水滞留量为610 ~ 660mm，雨水滞留率为44% ~ 49%。不同植物绿色屋顶展现出不同的雨水滞留能力。卧地延命草和太阳花在雨季表现出较强的雨水滞留能力，洋竹草在旱季表现出较强的雨水滞留效果，而佛甲草则一直保持较低的雨水滞留性能。监测期内还对14场径流水质进行了分析，测定了干湿沉降样品和径流水样的SS、COD、PO_4-P、NH_3-N和硝酸盐氮（NO_3-N）的含量。得出绿色屋顶是SS、NO_3-N和NH_3-N的汇，却是COD和PO_4-P的源。监测期内对SS、NO_3-N和NH_3-N的总

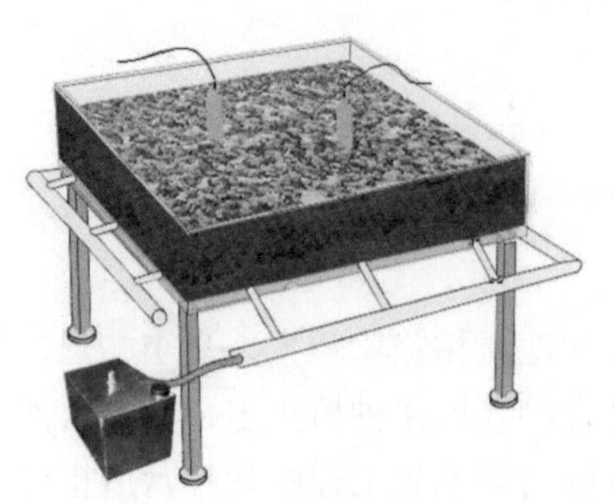

(a) 绿色屋顶装置结构

(b) 绿色屋顶观测场地

图4-20　绿色屋顶实验装置（北京大学深圳研究生院）

负荷削减率分别为 38%、86% 和 74%。不同植物对径流污染物削减能力不同，太阳花绿色屋顶场次降雨的径流中 NO_3-N 和 NH_3-N 的浓度显著低于其他三种植物屋顶，而对 SS 的削减与植物覆盖度相关，覆盖度较高的洋竹草和卧地延命草绿色屋顶可削减更多的 SS。

“典型海绵设施对径流量和径流污染控制的影响研究”课题对深圳的密集式和拓展式绿色屋顶（图 4-21）的径流削减和水质净化效应进行了观测。2019 年 18 场雨的监测数据表明，密集式绿色屋顶的径流控制率为 45% ~ 58%，拓展式绿色屋顶的径流控制率为 53% ~ 66%；随着降雨量的增加，绿色屋顶对降雨径流的削减率呈下降趋势。研究还发现，随着降雨的进行，密集式绿色屋顶和拓展式绿色屋顶地表径流中，酸碱度（pH）、溶解氧（DO）变化幅度不大，氧化溶解性总固体（TDS）、氧化还原电位（ORP）呈现波动趋势，NH_3-N、总氮（TN）、总磷（TP）、COD、总悬浮物（TSS）呈现下降的趋势。

(a) 密集式绿色屋顶

(b) 拓展式绿色屋顶

图 4-21　绿色屋顶观测场地（南方科技大学）

（三）绿色屋顶蒸散发与热效应

彭跃暖等（2017）对深圳地区绿色屋顶的蒸散发与热效应开展了研究。为定量研究蓄水层设置和植物选择对绿色屋顶蒸散发的影响，设置两种结构（有或无蓄水层）和两种植物（佛甲草和铺地锦竹草）共 4 种组合的绿色屋顶实验槽（图 4-22）。绿色屋顶的垂直结构从上至下分别是植被层、土壤层、过滤层和蓄水层。2015 年 8 月到 2016 年 1 月的连续监测数据表明，蓄水层的水分蒸发对其上层土壤水分有显著的补给效应，且土壤含水量与日蒸散发量存在正相关关系，因此蓄水层的设置可以增加绿色屋顶的蒸散发量。佛甲草因其景天酸代谢方式（CAM）的特殊性，当太阳辐射较大时，气孔自动关闭，从而降低蒸散发量，减少水分流失。与铺地锦竹草相比，种植佛甲草的实验槽一天内的小时蒸散发量波动较大，中午前后出现低谷，与土壤含水量的相关程度相对较低。

图 4-22　绿色屋顶观测场地（北京大学深圳研究生院）

于小惠等（2017）利用热红外遥感和三温模型测定的深圳地区绿色屋顶蒸散发量和温度数据表明（实验装置见图 4-23）：绿色屋顶（植被层为佛甲草）在夏季和冬季晴天蒸腾速率的变化范围分别可达 0.04 ~ 0.54mm/h 和 0.03 ~ 0.09mm/h；在夏季典型晴天，绿色屋顶与水泥屋顶和大理石屋顶表面温度日均温差分别为 9.9℃和 4.5℃，温差最大值分别为 15.5℃和 8.4℃，二者都出现在 15:00。绿色屋顶在夏季高温天气条件下具有明显的降温效果。

(a) 绿色屋顶装置结构

(b) 绿色屋顶观测场地

图 4-23　绿色屋顶实验装置（北京大学深圳研究生院）

三、生物滞留设施

（一）生物滞留设施植物

任建武等（2017）以深圳市光明区育新学校雨水花园为试验点，在 2014 ~ 2015

年夏季，对生物滞留试验中的植物样本进行测定，以期为低影响开发植物材料选择提供数据支持。以既耐干旱又耐水涝为植物选择标准，设置干旱、适中、水淹3种条件，利用植物快速叶绿素荧光分析技术，对试验点植物材料做系统测定和分析评价。结果表明深圳地区建立生物滞留带时，可以优先选择勒杜鹃（叶子花）、紫花野牡丹、四季桂、长芒杜英、红千层、扶桑、大花紫薇、红背桂、合果芋、文殊兰、黄金榕等植物。

（二）生物滞留设施基质

许铭宇等（2018）以深圳前海湾片区中梦海大道雨水花园样板工程为研究对象，根据建设地的实际环境对雨水花园种植土进行改良，以满足当地植物的生长需求。现场调查及取样化验分析表明：该片区绿地土壤基本上是沙壤土，属微碱性滨海盐土；土壤容重偏高（1.36 ~ 1.80g/cm^3），超出绿化种植土壤 <1.35g/cm^3 的要求；非毛管孔隙度偏低（1.85% ~ 8.56%），有74.6%的结果未达到绿化种植5% ~ 25%的要求；石砾含量（粒径＞2.0mm的占25.60% ~ 74.90%）较高。这说明研究区土壤的通气透水性差、容重大、孔隙小，一定程度上不利于植物生长。该片区土壤pH偏高，在5.65 ~ 8.91，有机质在0.94 ~ 19.1g/kg，土壤水解氮71.8%未达到绿化种植最低40mg/kg的要求，有机质和水解氮含量低。针对以上问题该工程采取的种植土改良方案为原土（m^3）、鸡粪（kg）、泥炭（kg）、蚯蚓（kg）之间按1 ∶ 4 ∶ 5 ∶ 3.5的比例混合，然后在雨水花园表层土改良中先挖60cm厚原土外运，回填60cm厚改良土，作为植物种植基质。该方案改善了土质，提高了土壤有机质含量水平，增施了含氮、磷的有机肥，为植物提供了健康的生长环境。

（三）生物滞留设施水文水质效应

蒋沂孜（2014）在深圳搭建了一套雨水花园实验装置以探究雨水花园的径流调控与污染控制效应。雨水花园装置由上至下依次为覆盖层（香菇草）、土壤层、填料层（沸石）、承托层（砾石），并分别在水平、垂直位置上设置多个出水点位以收集水样。首先，同时控制降雨强度、周边道路绿化率、雨前干旱期三个变量，进行正交实验探讨各因素对雨水花园水量调蓄效应的影响。研究结果表明，雨水花园对洪峰流量的削减率为6.2% ~ 100%，径流控制率为13.4% ~ 100.0%，出流时间即雨水花园溢流口出流的时间为10 ~ 240min。通过正交实验极差法分析发现，随着降雨强度的增大，绿化率和雨前干期天数的降低，洪峰削减率、出流时间和径流控制率会逐渐降低。说明在降雨强度小、前期干旱时间长、道路绿化率高的情况下，雨水花园可以发挥最大的径流调控效应。实验还探讨了雨水花园在不同降雨条件下对污染物的削减效应。研究表明，在小雨强（<10mm/h）条件下，雨水花园对 SS 和 TP 有稳定的去除效果，去除率分别在 90% 和 80% 以上，COD、TN 和 NH_3-N 去除率分别为 39.5%、78.2% 和 62.0%；在大雨强（≥ 10mm/h）条件（未形成溢流）下，COD、TP、TN、NH_3-N 和 NO_3-N 去除率分别为 29.7%、49.7%、39.5%、41.5% 和 29.1%。说明在小雨强条件下，雨水花园对道路径流污染物去除效果较好。

黎雪然等（2018）研究了雨前干旱期（ADP）对深圳地区生物滞留系统氮素去除的影响。该研究通过设计带有淹没层的生物滞留体系，设置一定强度的人工模拟地表径流和不同 ADP（1 天、3 天、5 天和 10 天），根据出流过程中水质变化规律，研究 ADP 对各种形态氮素去除率的影响。结果表明：生物滞留系统对 NH_3-N 的去除较为稳定，受 ADP 的影响不显著；NO_3-N 的去除率波动较大，范围为 37% ~ 78%，ADP 越长其去除率越高；有机氮的去除率随 ADP 的增大而减小；不同 ADP 条件下 TN 的去除率没有显著差异。

Wang 等（2018）在深圳搭建了一组生物滞留池实验装置（图 4-24），开展了模拟降雨实验，研究有无淹没层、不同淹没层高度设计对生物滞留池内不同氮素的去除效果。淹没层即砾石层厚度依次设置为 0mm、200mm、300mm、400mm、500mm 和 600mm，降雨强度设为 20mm/h。研究发现淹没层可以显著提高生物滞留池体系对 NO_3-N 的去除率，去除率达到无淹没层体系的 2 倍以上，但有无淹没层对 NH_3-N 和有机氮去除率没有明显提升或抑制作用。而在设置淹没层后，发现

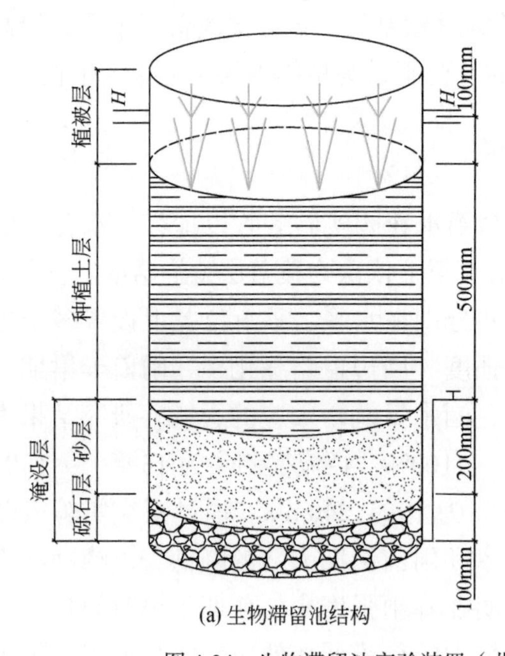

(a) 生物滞留池结构

(b) 生物滞留池观测场地

图 4-24　生物滞留池实验装置（北京大学深圳研究生院）

随着淹没层高度的增加，生物滞留池体系对 NH_3-N 的去除率略微下降。NO_3-N、有机氮、TN 的去除率随着淹没层高度的增加而提升，其中总氮去除率从 35% 提升至 73%。经分析主要是由于淹没层厚度的增加，增加了厌氧区的体积，使得淹没层储存水量和碳源增加，从而更有效地去除 NO_3-N，进而降低 TN 浓度。增加淹没层对提高生物滞留设施的径流氮污染去除能力具有重要意义。

四、下沉式绿地

（一）下沉式绿地植物

潘晓等（2018）在深圳市光明区新城公园和高新路苗圃场设置试验地，选择耐涝能力强、抗性较好的 10 种草本植物，将其种植于直径 20cm、高 15cm 的花盆中，使用深圳市本地赤红壤，正常水分养护 1 个月。待植物生长良好，将植物置于直径 28cm、高 20cm 的无孔花盆中，分别通过淹水处理和植物净化实验来观察不同植物的耐涝性、污染净化能力，以筛选适合应用于深圳下沉式绿地的本地植物。

在淹水实验中，分 5 种处理时间梯度 0 天、7 天、14 天、21 天、28 天，对植物进行淹水处理。监测的生理指标包括植物叶片相对电导率、相对含水量，植物叶绿素含量、可溶性糖含量、丙二醛含量等。通过监测指标变化综合反映淹水胁迫对植物生理的影响。在水质净化实验中，根据深圳市雨水质量及成分配比，设置雨水中 SS、TP、TN、NH_3-N、COD、BOD 6 项指标的浓度，测量降雨前后水质变化，采用主成分分析法，综合评价 6 项指标除污净化能力，从而选出除污能力较强的植物。

研究结果表明，耐涝性较好的植物为花叶艳山姜、一叶兰、沿阶草、美人蕉、翠芦莉，除污能力较好的植物为山菅兰、翠芦莉、鸢尾、美人蕉、姜花。综合考虑植物的耐涝与雨水净化能力，翠芦莉、美人蕉具有较强抗逆性也同时兼有净化功能，适宜下沉式绿地的植物选择与应用。

（二）下沉式绿地基质

郭路伟（2015）以深圳市光明区为试验地，搭建改良型下沉式绿地装置，其纵向结构由上往下依次为蓄水层、草坪层（台湾草）、基质土壤层、细砂层、陶粒。2014 年 7 月至 2015 年 1 月，分别通过实际降雨、人工降雨，开展了不同基质厚度下（分别为 20cm、30cm、40cm、50cm）装置的进出水污染物浓度变化的试验。监测结果表明：随着装置基质层厚度的增加，装置对径流污染物的处理效果呈现出逐渐上升的趋势。在降雨重现期 1 年，装置基质层厚度为 50cm 时，装置渗透出水 SS、COD、TP、TN、NH_3-N、NO_3-N 的事件平均浓度（EMC）分别为 10.51mg/L、19.15mg/L、0.28mg/L、0.37mg/L、0.30mg/L、0.27mg/L，去除率分别为 80.2%、57.0%、38.1%、68.7%、53.3%、34.7%。在降雨重现期 1 年，装置基质层厚度为 20cm 时，装置渗透出水 SS、COD、TP、TN、NH_3-N、NO_3-N 的 EMC 分别为 18.95mg/L、26.20mg/L、0.35mg/L、0.57mg/L、0.41mg/L、0.34mg/L，去除率分别为 64.3%、38.7%、23.2%、51.7%、36.8%、18.3%。为使装置进水中的污染物能够得到有效削减，推荐下沉式绿地基质层厚度取 50cm。

（三）下沉式绿地水文水质效应

植被草沟是一种特殊的下沉式绿地，作为地表沟渠，一方面可以输送雨水，有效排出地表径流；另一方面通过植物和土壤的作用，可以削减雨水径流，降低产流流速，从而起到延迟径流峰值的作用。2019 年南方科技大学在“典型海绵设施对径流量和径流污染控制的影响研究”课题中针对深圳的植被草沟展开水文水质效应研究。植被草沟监测长度 41.6m，汇水面积为 $1hm^2$，纵坡为 4%（图 4-25）。分别在植被草沟入口、出口设置监测点位。根据对 2019 年 13 场降雨的径流监测，发现植被草沟对降雨径流削减率为 13.6% ~ 15.6%，且随着降雨强度的增加而减弱；根据在线水质监测，发现随着降雨的进行，植被草沟出流 pH、DO 变化幅度不大，TSS 呈现出降低的趋势。

图 4-25　植被草沟观测场地（南方科技大学）

五、透水路面

（一）影响透水铺装产流的敏感因子

“影响降雨径流特征的典型低影响开发海绵设施构建因子敏感性研究”课题利用 Hydrus-1D 模型研究不同透水铺装在设定降雨条件下的产流特征。根据深圳市暴雨强度公式，以芝加哥雨型设计为依据，进行降雨实验的设计，对透水铺装进行降雨径流特征的敏感性分析，从布置、结构和材料等因子角度，得到最佳径流控制效应的透水铺装建设模式。透水铺装不同设计条件如表 4-10 所示。

表 4-10　透水铺装不同设计条件

铺装组别	敏感因子	铺装编号	面层	找平层	基层	底基层
		对照	10cm 普通混凝土			
		A1	5cm 透水混凝土			
A 类	面层厚度	A2	10cm 透水混凝土	3cm 粗砂	35cm 碎石	原土
		A3	15cm 透水混凝土			
		A4	20cm 透水混凝土			
B 类	找平层材料	B1	10cm 透水混凝土	3cm 粗砂	35cm 碎石	原土
		B2		3cm 瓜米石		
		对照	10cm 普通混凝土			
		C1	10cm 不透水，缝隙率 3%			
C 类	面层材料	C2	10cm 不透水，缝隙率 6%	3cm 粗砂	35cm 碎石	原土
		C3	10cm 透水砖			
		C4	10cm 透水混凝土			
		D1			35cm 黏土	
D 类	基层材料	D2	10cm 透水混凝土	3cm 粗砂	35cm 砂土	原土
		D3			35cm 碎石	

研究结果表明：①基层材料为碎石时渗透能力更好，径流控制率高；②面层材料为透水混凝土时渗透能力更好，径流控制率更高，当透水铺装面层为结构性透水时，产流特征受缝隙率影响；面层材料是影响透水铺装产流特征的敏感因子；③找平层为瓜米石时渗透能力好于粗砂，径流控制率更高，但差异不大，找平

层材料不是影响产流特征的敏感因子；④面层厚度为影响产流特征的敏感因子。面层材料越厚，降雨径流控制作用最强，面层厚度为10cm的透水铺装对1年降雨重现期的径流控制作用可以达到95.3%，因此可以选择面层厚度为10cm的透水混凝土。

理论上选择面层材料为透水混凝土、厚度为20cm、找平层为瓜米石、基层为碎石的透水铺装径流控制效果最好。实际中透水铺装面层厚度为10cm即可达到良好的作用，而找平层为粗砂材料更容易获得，因此实际中建议选择面层材料为透水混凝土、厚度为10cm、找平层为粗砂、基层为碎石的透水铺装。

（二）透水铺装结构优化

吴耀珊等（2018）在深圳市光明区新城公园和高新路苗圃场设置试验地，通过生态铺装材料和下垫面结构的研究试验，研究透水砖、下垫面结构的不同组合方案的降雨径流、入渗过程。试验选取市场上常见的3种透水砖（沙基透水砖、水泥透水砖和陶瓷透水砖），2种下垫面材料（10mm、25mm大小的级配碎石），选用海绵城市建设常用的2种下垫面铺装结构（图4-26），试验装置包括试验槽和人工模拟降水装置。

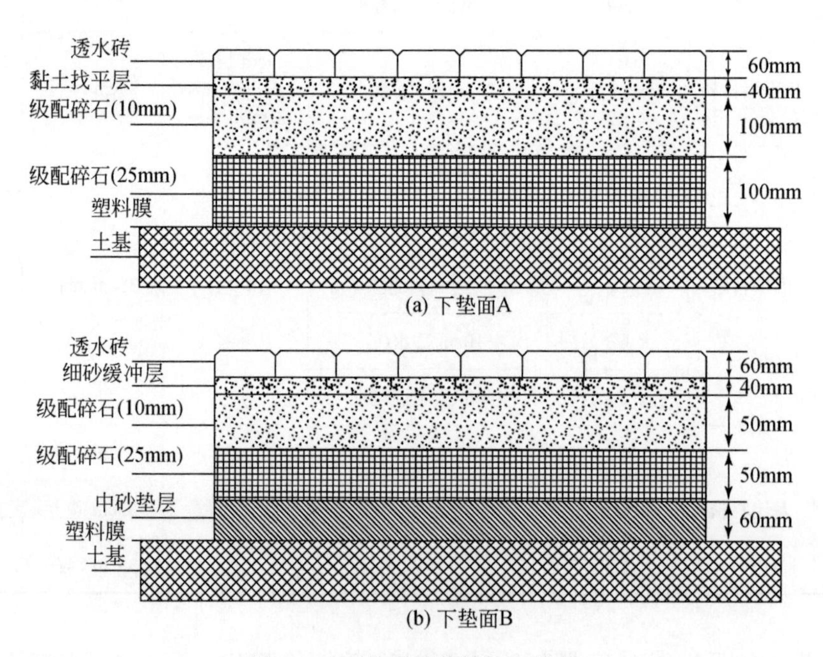

图4-26　下垫面铺装结构示意图

将所选择透水砖和下垫面分别进行组合，共6种铺装方案，人工降水设置为8mm/h、16 mm/h、25mm/h，共3个强度，铺装方案和降水强度两两组合共计18

种处理方式。按试验设计的处理先后进行人工降水处理，降水时间均为30min，在人工降水期间和降水结束后的30min内，对地表径流量、渗透水量、开始渗水时间、达到最大渗水流量时间、最大渗流速度等指标进行测定，由此计算渗水率、地表径流指数。该研究结果显示，6种铺装方案在3种模拟降水条件下均有较好的径流削减效果，总体比较而言，陶瓷砖和下垫面B的铺装方案在8mm/h和16mm/h的降水条件下均未产生明显径流，25mm/h降水条件下地表径流系数低于2%，为削减径流性能强的铺装方案；陶瓷砖和下垫面A的铺装方案性能略差，但差异不显著，亦为控制地表径流的可取铺装方案。同时水泥砖较陶瓷砖具有更优秀的保水性能，下垫面A相较下垫面B透水慢但保水性能好，因此，针对地下排水系统不完善的区域，可以根据需求选用水泥砖和下垫面A的组合以将雨水更多地保持在砖体和垫层中，降低地面积水的可能性。

（三）透水铺装水污染控制效应

“典型海绵设施对径流量和径流污染控制的影响研究”课题研究了嵌草砖的水质效应。该研究以深圳校园内的嵌草砖为研究对象，嵌草砖的构造为80mm混凝土植草砖，凹槽内填种植土，60mm稳定层（40%细碎石、20%中粗砂、40%养殖土），150mm厚砂石垫层（10%中粗砂、60%中碎石、30%泥土），150mm厚碎石，素土夯实，在其溢流区设置挡板，设置监测点位1处（图4-27）。对2019年15场降雨的透水铺装水质监测表明，TSS、COD、TP、TN、NH_3-N随着降雨过程的进行会有所下降，ORP、DO变化幅度不大；透水铺装对NH_3-N、TN、TP的削减率分别为90.08%、18.85%、48.94%，说明透水铺装能有效缓解面源污染。

图4-27　透水铺装观测场地（南方科技大学）

（四）透水铺装蒸发与热效应

张静怡（2019）在深圳搭建模拟实验平台（图 4-28），对两类典型的渗透铺装（透水混凝土、透水砖）和两类普通铺装（普通混凝土、普通砖）的蒸发与热效应进行了研究。实验体系设计参照深圳市低影响开发基础设计规范（SZDB/Z145—2015）的要求，主要结构包括面层、找平层和基层三部分。实验槽为 PVC 材质，外加隔热材料保护，尺寸大小为 400mm × 300mm × 300mm。铺装在垂直结构上分为三层，由上至下分别为面层（80mm）、找平层（20mm）和基层（200mm），共设置结构相同、材料不同的 4 个实验体系。

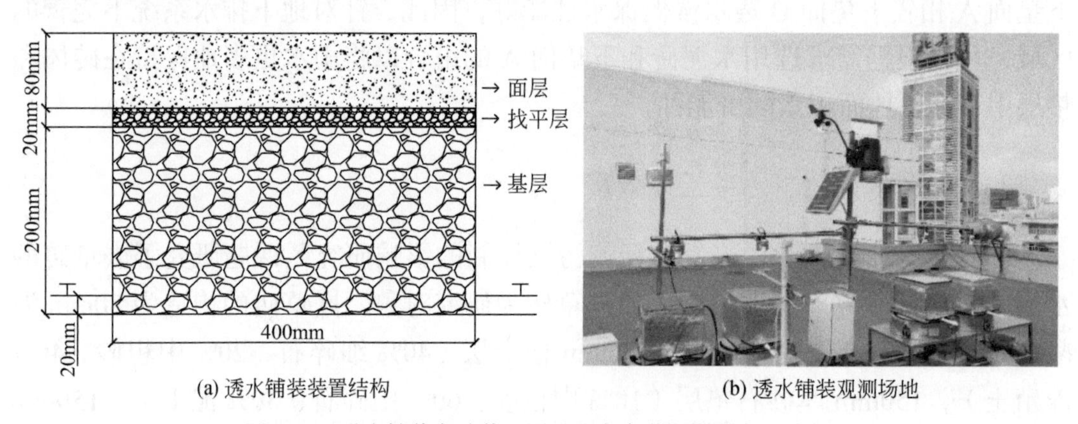

(a) 透水铺装装置结构　　(b) 透水铺装观测场地

图 4-28　透水铺装实验装置图（北京大学深圳研究生院）

自 2017 年 8 月至 2019 年 3 月对各铺装体系的含水量、表面温度及气象条件等进行连续观测，结果表明：①雨季时，透水混凝土铺装比普通混凝土铺装平均增加 90.9% 的日蒸发；透水砖铺装比普通砖铺装平均增加 69.6% 的日蒸发，而同为透水型铺装，透水砖铺装雨季日蒸发速率的平均值比透水混凝土铺装高 88.9%。旱季时，渗透铺装增强蒸发的作用减弱，但其平均日蒸发速率依旧高于普通铺装，透水混凝土铺装和透水砖铺装的平均增强幅度分别为 52.7%、61.3%。②雨季时，透水混凝土铺装的日均表面温度比普通混凝土铺装高 0.6℃，而透水砖铺装比普通砖铺装低 1.7℃；旱季时，透水混凝土铺装的日均表面温度比普通混凝土铺装高 0.8℃，而透水砖铺装比普通砖铺装低 0.5℃。因此，透水混凝土铺装的降温效果不明显，而透水砖铺装则表现出了较为明显的降温作用。

第四节　海绵城市建设评估方法

海绵城市实施效果的评估，不仅关系着如何总结海绵城市试点阶段性成果，也关系如何带动各地海绵城市的建设。海绵城市建设的效果评估需要借助科学评价体系、监测方法和模型方法。

一、评价体系

（一）《海绵城市建设评价标准》要求

2015年7月，住房和城乡建设部颁布的《海绵城市建设绩效评价与考核办法（试行）》（简称《办法》）从6个方面提出了海绵城市建设的18项考核指标及相应的评估要求，该《办法》从宏观角度阐释了评价体系的构成要素。

2019年4月，住房和城乡建设部颁布《海绵城市建设评价标准》（简称《评价标准》）。海绵城市建设效果评价内容分为7项指标，其中有6项指标考核海绵建设片区的整体效果，有1项指标考核项目级别海绵建设效果。考核整体效果的指标分别为①雨水径流总量控制率及径流控制体积（建成区、改建区）；②路面积水控制与内涝积水防治；③城市水体环境质量；④自然生态格局管控与水体生态型岸线保护；⑤地下水埋深变化趋势；⑥城市热岛效应缓解。考核项目级别海绵建设效果的指标为源头减排项目实施有效性。该标准对海绵城市建设效果进行综合评价，采用监测与模型模拟、图纸查阅和现场检查相结合的方法。

关于项目实施有效性，该《评价标准》对建筑与小区、道路、停车场及广场、公园绿地与防护绿地的实际雨水年径流总量控制率进行评价。现场检查措施实际控制的径流体积，核算其所对应的降雨深度，通过查阅"雨水年径流总量控制率与设计降雨深度关系曲线图"得到实际的年径流总量控制率。径流污染控制采用设计施工资料查阅与现场检查相结合的方法进行评价。在项目及片区尺度，以现场核查、设计施工资料及计算法评判年径流总量控制率，与传统实地监测法有所不同，对海绵城市的建设效果提出了新的评价方法。三种评价方法具体如下。

（1）资料查阅：对设计施工、摄像资料、文献资料等进行查阅调研，此方法可针对项目雨水年径流总量控制率、项目径流污染控制率、径流峰值控制、硬化地面率、生态格局管控与生态岸线率、路面积水状况等进行评价。

（2）模型模拟：对排水分区雨水年径流总量控制率、年溢流体积控制率、内涝防治等指标进行评价。

（3）监测：对项目雨水年径流总量控制率、项目径流污染控制率、径流峰值控制、水体黑臭情况、片区年径流总量控制率、片区径流污染控制率等指标进行评价。

各方法优缺点分析如表4-11所示。

表 4-11　评价方法优缺点分析

考核办法	优点	缺点
踏勘法	无须选择实际降雨日期，不需要安装监测设备，避免了由于监测日期选择带来的不确定性	依据理论计算，低影响开发设施的实际控制效果可能与理论计算值存在较大误差。此外该方法需要大量现场调研，考核人员的判断存在一定主观性
监测法	直观反映所选日期降雨事件下的试点区域降雨径流外排体积情况	需要大量监测设备；需合理选择降雨日期，存在人为不确定性；设计降雨量在一日内的分配情况具有极大随机性，即使在相似日降雨量情况下进行监测，所得结果差异也大
监测与模拟联合法	使用科学的指标来评价模型参数的率定和验证效果，可保证模型模拟结果的准确性	目前我国在雨水系统模型总体的应用较弱；模型所需的基础数据制约我国雨水系统模型技术推广应用

（二）深圳市海绵城市绩效评估办法

为规范深圳市海绵城市建设项目绩效评价，根据《国务院办公厅关于推进海绵城市建设的指导意见》《海绵城市建设绩效评价与考核办法（试行）》《深圳市推进海绵城市建设工作实施方案》等政策文件，结合深圳市实际，制定了深圳市海绵城市建设绩效评估办法。

在项目尺度，考核对象包括：海绵型建筑与小区、海绵型道路、海绵型公园绿地、海绵型河道水系、市政设施建设及区域整治类海绵项目。各类项目评估对象及范围见表 4-12，评价指标及分值分配见表 4-13。由此可见，深圳市评估办法针对各类项目的特点，将国家相关标准提出的项目级别“源头减排项目实施有效性”评价指标进行深化。以绿地项目为例，深圳市增加了“绿化用地面积比例”“雨水资源利用率”等评价指标，并且考虑了“运行维护效果”及“公众满意度”。

表 4-12　项目评估对象及范围

考核项目	项目范围
海绵型建筑与小区	居住类、商业类、工业类、公共建筑类地块建设
海绵型道路	市政道路建设
海绵型公园绿地	公园绿地建设
海绵型河道水系	河道清淤、河堤修复、湿地建设
市政设施建设	污水厂、再生水厂、雨污水泵站等建设
区域整治类海绵项目	区域整体海绵建设项目、片区雨污水改造工程、片区内涝整治工程

表 4-13　深圳市各类项目评价指标及分值分配

监测项目	评价指标	分值
建筑与小区项目	年径流总量控制率	30
	雨水管渠排水标准	20
	雨污分流情况	10
	雨水处置方式	10
	运营维护效果	20
	公众满意度	10
道路项目	年径流总量控制率	30
	雨水管渠排水标准	20
	雨污分流情况	10
	面源污染削减率	10
	运营维护效果	20
	公众满意度	10
绿地项目	年径流总量控制率	30
	绿化用地面积比例	20
	雨水资源利用率	10
	运营维护效果	20
	公众满意度	20
河道水系项目	防洪标准	20
	水环境质量	20
	生态岸线比例	20
	运营维护效果	20
	公众满意度	20
市政设施项目	符合设计要求	80
	运营维护效果	20

区域整治类海绵项目海绵城市建设考核同样采用评分制，各项评价指标根据项目实际建设效果进行考核。主要考核指标包括年径流总量控制率（20 分）、水环境质量（20 分）、雨水管渠排水标准（20 分）、内涝防治标准（20 分）、运营维护效果（10 分）及综合效果公众满意度（10 分）。

二、监测方法

（一）海绵城市监测的国家要求

《海绵城市建设评价标准》中，对“年径流总量控制率”“城市面源污染控制”“城市暴雨内涝灾害防治”等关键指标提出了明确的定量化计算要求。通过监测手段积累水质与水量等相关数据，进而评估各项海绵设施的运行效果，及时发现运行风险及相关问题，并做出相应的有效更正。为了实施有效的监测，需满足以下几点要求。

（1）监测要以以点带面的形式实施，点主要是指典型设施、典型项目、典型排水分区，面主要是指建成区。

（2）监测要本底清楚、边界清晰。

（3）监测要考虑连续监测、间断监测、轮换监测、临时监测等不同点位的实际监测情况，从而制订合理的监测方案。

（4）在进行区域评价时，选择至少1个典型排水分区及内部1～2个典型设施、典型项目，对典型设施与项目、管网、城市水体进行系统监测，监测时间至少为1个水文年。对监测项目接入市政管网的溢流排水口，连续自动监测至少1个雨季，获得“时间－流量”监测数据；排水或汇水分区评价采用模型模拟，参数率定需结合现场监测。

根据降雨径流的汇流过程，海绵城市监测按照“源头、过程、末端”的思路进行系统化布点（图4-29）。

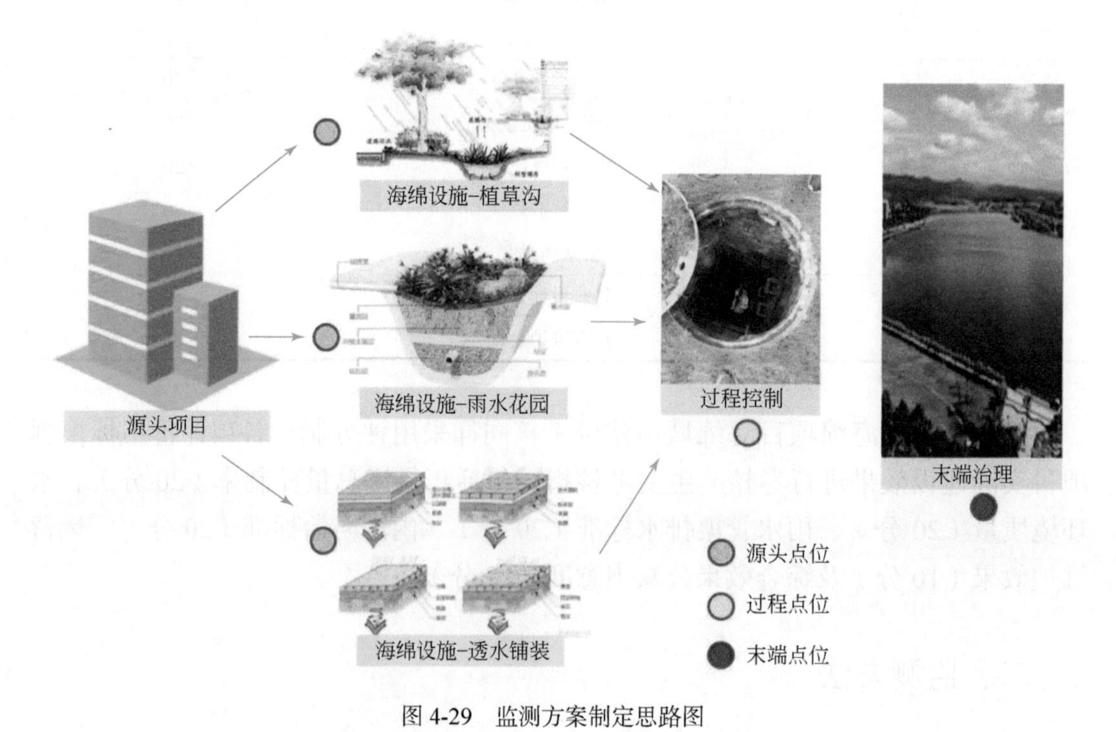

图4-29　监测方案制定思路图

源头监测主要针对监测区域内的各个典型项目，包括项目的外排口及项目内设施的进出水监测，为项目整体建设情况和各典型设施效果评估提供依据。过程监测主要包括雨水排口和管网的监测，各雨水排口对应一定的排水分区，可对该排水分区的达标情况进行整体评价；管网关键节点的流量的水质监测可以为各自排水分区的效果评估提供过程数据。对最终受纳水体进行水量和水质的监测，评估整个示范区内径流总量控制和面源污染控制情况，体现海绵城市建设的整体效果。

按照流域空间构成，海绵城市建设体系可分为流域、排水分区、建设项目、海绵设施 4 个层级。不同层级关注的重点有所区别：流域级别较为关注流域整体的径流控制、污染削减、内涝标准达标情况；排水分区级别关注目标达标情况；建设项目级别关注单个地块设计评估效果；海绵设施关注单个设施的蓄水、滞水效果。

对典型流域的监测内容包括以下几个方面。

（1）区域整体。以均匀性为原则，布设雨量监测点，同时在示范区内设置温度监测点，选择与示范区开发强度相同的非示范区域，进行温度对比监测。

（2）控制单元排口。各控制单元河 / 湖的排口处进行液位、流量、水质在线监测，作为绩效评价的末端验证，为关键指标（年径流总量控制率、城市面源污染控制）的计算提供依据。

（3）河道断面。在河道关键断面进行流量、DO 水质在线监测，辅以合理的人工水质采样化验，作为海绵城市年径流总量控制率与水环境质量考核的依据，并通过上下游的液位监测进行降雨过程中河道水位变化规律的监测及预警预报。

（4）排水管网关键节点。在市政排水管道的关键节点处进行液位、流量监测，包括各控制单元的交点、主干管网下游节点等，作为过程监测数据，并为运行评估及风险预警提供依据。

对典型地块的监测，通常在地块的出水口及道路的典型断面流域的排出口，根据项目工程量与项目性质，进行液位、流量、水质监测，作为源头监测数据，支持海绵城市考核指标计算。

（1）液位监测。选取具有代表性的典型地块进行雨水排出口液位监测。

（2）流量监测。在地块出口进行流量监测，通过监测数据的分析，判断项目的水量水质达标性，并且可以结合项目填报的建设数据，对项目的贡献率进行动态评估核算。这种长期监测数据的积累，可为按效考核、按效付费提供数据支撑。

（3）水质监测。以净水设施为主的水环境敏感的项目，以 SS 为代表性指标，在线监测项目内所有雨水排出口或雨水外排管网节点的雨水水质随时间变化的情况。

对典型设施，如生物滞留池、透水铺装、绿色屋顶、植草沟等，依据设施主要功能进行液位、流量、水质和土壤渗透性的跟踪监测。

（1）流量监测。具有水量控制功能的典型设施主要包括雨水花园、生态树池、生物滞留池等生物滞留设施，以及渗透管 / 渠、雨水塘 / 湿地等。这类设施控制的径流包括通过自身调蓄、蒸发、下渗回补地下水，以及通过设施土壤、填料等过滤净化后由底部盲管收集外排的径流部分，即通过设施溢流井外排市政管网的雨水径流总量扣除盲管外所收集排放雨水径流量后的径流量。每场降雨过程中，典型设施服务汇水分区排入设施的雨水流量可通过对集中入口处安装流量计监测，总外排流量及经设施底部盲管收集外排的雨水流量可通过对设施溢流口出水总管、设施底部盲管流量监测获取，从而计算出典型设施对所服务汇水区的单场降雨控制量。

（2）液位监测。对雨水桶、蓄水池可进行液位监测，利用调蓄面积与在线监测液位，计算雨水收集量，进行单体设施的效能评估。

（3）水质监测。海绵城市典型设施对雨水径流污染负荷的削减，主要通过设施对其所服务汇水区域雨水径流体积的削减，以及径流污染物在设施停留过程中通过沉淀、吸附、过滤作用被去除。大多数海绵城市的技术措施同时兼具雨水径流量和水质控制的能力，可通过对设施的进水口和溢流口进行流量和水质监测，获得单场降雨过程中进入和典型技术措施外排的污染负荷，进而获得年内或设施长期运行过程中，污染物进入和外排总量。

各尺度监测点位分布及检测内容如表 4-14 所示。

表 4-14　监测点位分布及检测内容

层级	监测点位	监测指标	监测方式
示范区	示范区气象	雨量	在线
		温度	在线
	区域排口	流量	在线
	地表水	水质	在线 / 人工
	排水管网	液位	在线
		流量	在线
		水质	在线 / 人工
		流量	在线
项目 / 地块	典型下垫面	水质	人工
	项目	液位	在线
		流量	在线
		水质	在线
典型设施	雨水花园、绿色屋顶、植草沟、下凹式绿地等设施溢流口	流量	在线
		水质（SS）	在线
		水质（pH、COD、NH_3-N、TN、TP）	人工
	雨水桶、调蓄设施	液位	在线

（二）深圳海绵城市的监测体系

根据《海绵城市建设绩效评价与考核办法（试行）》《海绵城市建设技术指南——低影响开发雨水系统的构建（试行）》《深圳市推进海绵城市建设工作实施方案》等文件要求及深圳市海绵城市绩效评价的实际需要，确定了深圳海绵城市建设效果监测评价方法。住房和城乡建设部所发布的考核方法中涉及七大类评价基本要求；其中，城市热岛效应等指标的考核已纳入深圳相关市直部门日常工作考核评价中，方法成熟无须再赘述。海绵城市建设效果要以公众的满意为评判标准，因此深圳市在国家评价指标中增加“综合效果公众满意度”指标。

7 项海绵城市建设评价指标中，除“综合效果公众满意度”为公众定性评价外，其他 6 项指标均为定量考核。各项考核指标的监测评价方法在满足国家相关要求的同时，还需贴合深圳市海绵城市建设现状，满足可实施性、可操作性等要求。各项指标的监测方法如表 4-15 所示。

表 4-15 深圳市海绵城市建设评估指标的监测方法

指标	监测方法
年径流总量控制率	容积核算法、流量监测法、监测 + 模型模拟法
生态岸线恢复	“查看文件 + 踏勘验证”法
地表水环境质量	实地监测法
城市面源污染控制率	外排径流水质监测（自动 / 人工取样）
雨水资源化利用率	统计分析法
内涝防治标准	视频监测和人工踏勘
综合效果公众满意度	抽样调查法

为了合理确定年径流总量控制率和城市面源污染控制率，深圳分别开展了典型下垫面、典型低影响开发设施、典型地块 / 项目水文水质效应、排水分区 / 流域的监测点布设。

典型下垫面的径流水量水质观测中，下垫面分为未开发用地、绿地、典型道路（居民区路面、公建区路面、工业区路面）、普通铺装（居民区铺装、公建区铺装、工业区铺装）、平顶屋面和典型广场。未开发用地监测点位于明渠内或明渠末端的雨水井，典型广场的监测点位于明沟两端与市政管网连接处，其他下垫面类型的监测点位于雨水篦子或雨水排口。监测内容包括水量监测和水质监测，水量监测采用堰式流量计在线监测；水质采用人工检测，检测指标包括 SS、COD、TN、TP、NH_3-N。其中典型道路的公建区路面和工业区路面还需对石油类进行监测。监测频次均为大、中、小型降雨至少 1 次。

典型低影响开发设施的水文水质效应观测中，重点关注的设施包括生物滞留池、植草沟、绿色屋顶、生态树池、渗透铺装、人工湿地等。监测点分别位于设施进水口和出水口。不仅对流量进行监测，同时对水质进行检测，指标为SS、COD、TN、TP、NH_3-N。监测大、中、小型降雨至少1次。

典型地块/项目水文水质效应观测中，地块项目监测点布设需考虑地块与市政排水系统的衔接点，在地块雨水排出的雨水管的关键雨水井处设置监测点。道路类项目监测时，将监测道路的地块接入管、上游管道、下游排出管道的相应雨水井作为监测点。监测内容为流量自动监测；水质进行人工采样，实验室检测，指标为SS、TN、TP、COD和NH_3-N。监测大、中、小型降雨至少1次。对于不同排水分区，则在排口进行多普勒流量监测和水质监测。

排水分区/流域的监测点布设，首先应梳理区域排水路径、汇水分区，再将区域雨水总排出口、排水分区内关键节点作为监测点。

（三）海绵城市建设试点区的监测实践

依据《国家海绵城市建设试点绩效考核指标评分细则》和《海绵城市建设评价标准》要求，海绵城市建设试点区评估需要通过实测和模拟分析对项目年径流总量控制率、分区年径流总量控制率、项目实施有效性、雨水管网排水能力、城市内涝防治能力、黑臭水体治理效果、试点区域海绵城市达标面积比例等指标进行监测评估。传统的静态图纸和计算无法满足评价与考核工作对关键指标的量化要求，实时可靠的在线监测技术成为新的有效考核方式，长期连续的监测数据也是模型率定的重要数据基础，可为海绵城市建设的绩效考核和评价提供数据支撑。

1. 监测方案

光明试点区从自然本底－下垫面－设施－地块－分区－水系方面，重点对监测对象的水质和水量进行监测，主要的监测对象包括河流、雨水管网排水口、截流式管网溢流口、雨水管网关键节点和污水管网关键节点、易涝点、典型下垫面、典型设施、典型项目等。

自然本底的监测主要对目标区域的自然本地进行监测，为后续监测数据提供背景值，监测对象有降雨量、土壤、典型下垫面等。源头减排的监测主要包括典型设施和海绵地块的监测。过程控制监测包括排水分区雨水管网、雨水管网关键节点、污水干管、截污干管、再生水、内涝点监测等内容，基于对雨水管网关键节点、排水管末端、污水干管关键节点、截污干管关键节点等的监测。系统治理监测方案通过对主要河道的水量和水位长期监测，掌握不同频率降雨事件对应河道水位和流量变化的影响过程，明确径流污染对河道水环境质量的影响程度和量化关系，评估河道整治前后和黑臭水体治理前后水体水质的改善效果，尤其是黑臭水体整治前后支、干流水质变化情况。监测项目及点位分布如图 4-30 所示。

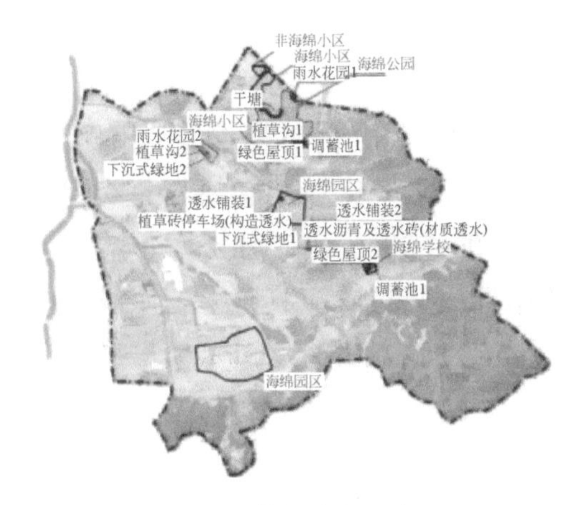

(a) 源头减排监测项目分布图

(b) “系统治理”监测点位分布图

图 4-30　部分监测项目及点位分布

2. 监测方法

1）流量监测

A. 流量监测方法

流量监测方法包括电磁、超声波、涡轮、薄壁堰、超声多普勒流速－面积法等，连续流量监测数据的自动记录和上报步长不应大于 5min。

B. 水位监测方法

水位可采用压力、超声波、雷达、浮筒、磁致伸缩、磁阻、电容等传感器或视频图像辅助标尺等方式进行监测，连续监测数据的自动记录和上报步长不应大于 5min，在预期水位变化较快的区域，不宜大于 2min。

2）水质监测

水质监测应采取在线采样与人工采样相结合的方式开展。其中，SS、pH、DO、ORP 等水质指标可选择在线监测，径流污染严重且易干扰在线监测设备导致监测误差较大时，应采用人工采样方法。

A. 人工采样

对于地面径流、分流制雨水管网与合流制管网径流的采样，每场降雨每个监测点前 2h 采集的水样不宜少于 8 个。若降雨历时较长，可根据实际情况调整采样时间点，2h 以后的采样间隔可适当增大；为反映每场降雨过程完整的径流污染变化特征，可采用固定时间步长（如 5min）进行采样；为降低水质检测成本，可舍去浓度相近的样品。

对河流水体的监测，自管渠排放口出流开始，各监测点宜于第12h、24h、48h、72h、96h进行采样，且降雨量等级不低于中雨的降雨结束后1天内应至少取样1次，以评估降雨过程对河流水质的影响过程。采样点应设置于水面下0.5m处，当水深不足0.5m时，应设置在水深的1/2处。

B. 在线水质监测

在线水质监测设备选型安装应符合要求：悬浮物SS传感器测量范围应为0 ~ 2000mg/L，分辨率不应大于1mg/L，测量误差不应大于2%，传感器宜有保护测量窗口装置；溶解氧监测传感器测量范围应为0 ~ 20ppm[①]，分辨率不应大于0.01ppm，测量误差不应大于2%；水质监测传感器安装位置应具有稳定淹没水深的条件，并符合国家现行标准《城镇污水水质标准检验方法》（CJ/T 51—2018）的规定。

3）雨量监测

对降雨量进行连续监测，记录总降雨量、降雨开始和结束时刻。所有降雨场次均进行监测，降雨监测数据的时间间隔不超过1min，雨量计的测量精度为0.1mm。

4）土壤监测

根据《海绵城市建设技术指南——低影响开发雨水系统构建（试行）》，透水垫层检测深度为0 ~ 600mm，下沉式绿地检测深度为0 ~ 250mm，原位土壤检测深度为0 ~ 2000mm。监测指标包含土壤渗透系数、孔隙度、土壤容重。由于土壤本底受外界影响极小，因此本底检测一次即可；对于海绵设施每半年监测一次。

（四）海绵园区地表 – 地下联合监测的实践

目前国内对海绵设施的研究大多只涉及地表部分，缺少对地下水水量补给及水质影响的研究。“典型海绵设施对径流量和径流污染控制的影响研究”课题以南方科技大学校园为例，通过对地表水 – 地下水的联合观测，不仅能分析得到海绵设施对地表径流、径流污染的影响，还能进一步探究由海绵设施增加的雨水渗透对地下水水量及水质造成的影响。本研究分别在5种典型海绵设施[植被草沟、透水铺装1、透水铺装2、绿色屋顶1（密集式绿色屋顶）、绿色屋顶2（广泛式绿色屋顶）、植被缓冲带、湿塘]及生态岸线（大沙河南科大段的上游、中游、下游）布设监测点位（图4-31），并且在透水铺装、植被缓冲带、湿塘、植草沟、大沙河布设地下水监测点。现场监测主要利用水位计、在线监测水质 / 量传感器；实验室分析监测采用国家标准方法进行水质检测。监测装置安装情况见图4-32。地表

① 1ppm=10^{-6}。

水监测频次为产流后半小时内，每 5min 采样一次，以后每 10 ～ 20min 采样一次，也可视每场降雨的具体情况灵活调整采样频率，一般一场降雨至少保证 4 次有效水样。地下水监测频次为地下水位、水质自动监测 30min/ 次。晴天、雨后 2 天人工采集检测水样。海绵园区地下水监测结果如图 4-33 所示。

监测点0：篮球场
监测点1：植被草沟
监测点2：透水铺装1
监测点3：透水铺装2
监测点4：植被缓冲带
监测点5：湿塘
监测点6：绿色屋顶1
监测点7：绿色屋顶2
监测点8：大沙河上游
监测点9：大沙河中游
监测点10：大沙河下游

图 4-31　研究区域监测点分布图

(a) 监测点位：绿色屋顶

(b) 监测点位：植草沟

图 4-32　超声波明渠流量计安装示意图

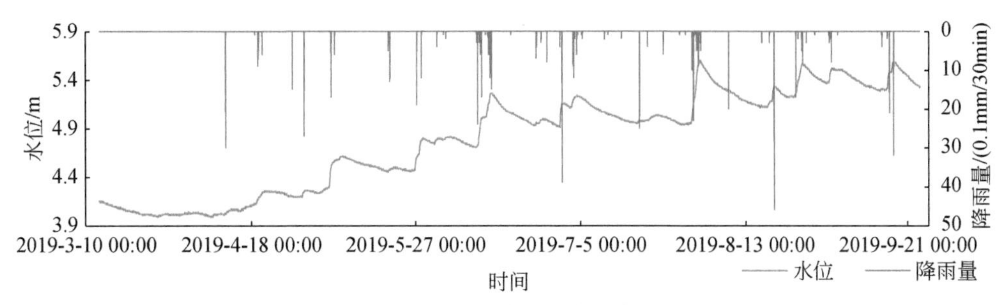

(a) 植草沟附近地下径流水位随降雨量变化的变化

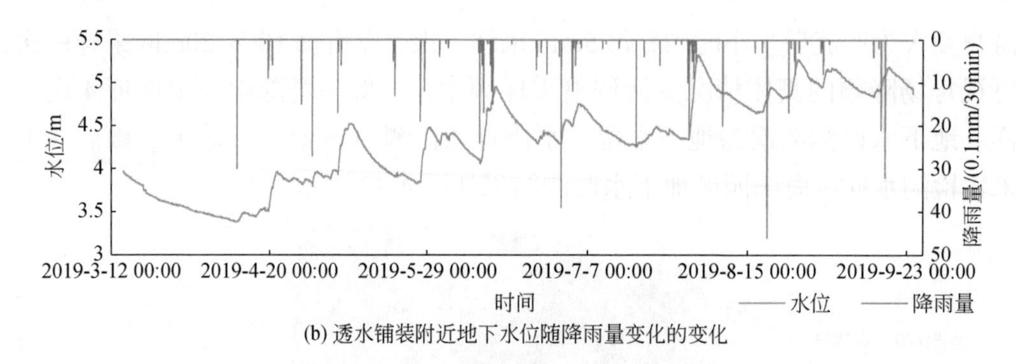

(b) 透水铺装附近地下水位随降雨量变化的变化

图 4-33　典型海绵设施对地下径流的影响

（五）海绵园区水文与热效应的监测实践

海绵城市建设对径流、蒸散发和热环境都有调控作用。李淑筱（2018）于 2016 ~ 2018 年对深圳市南山区麻磡村环保产业园的低影响开发示范区及其相邻对照区的径流、蒸散发和微气候进行了连续观测，以分析低影响开发的园区水文和热效应的综合影响。

示范区（图 4-34）汇水区面积为 4000m^2，包括两座六层办公楼及其之间的广场走廊，走廊内采用了生物滞留池、植被草沟、渗透铺装、雨水花园等 LID 设施模块，辅以传统绿化和传统铺装。与示范区一楼之隔的廊道路面为普通沥青路面，无植被覆盖，空间格局与示范区基本相同，可视为研究区相应的对照区。

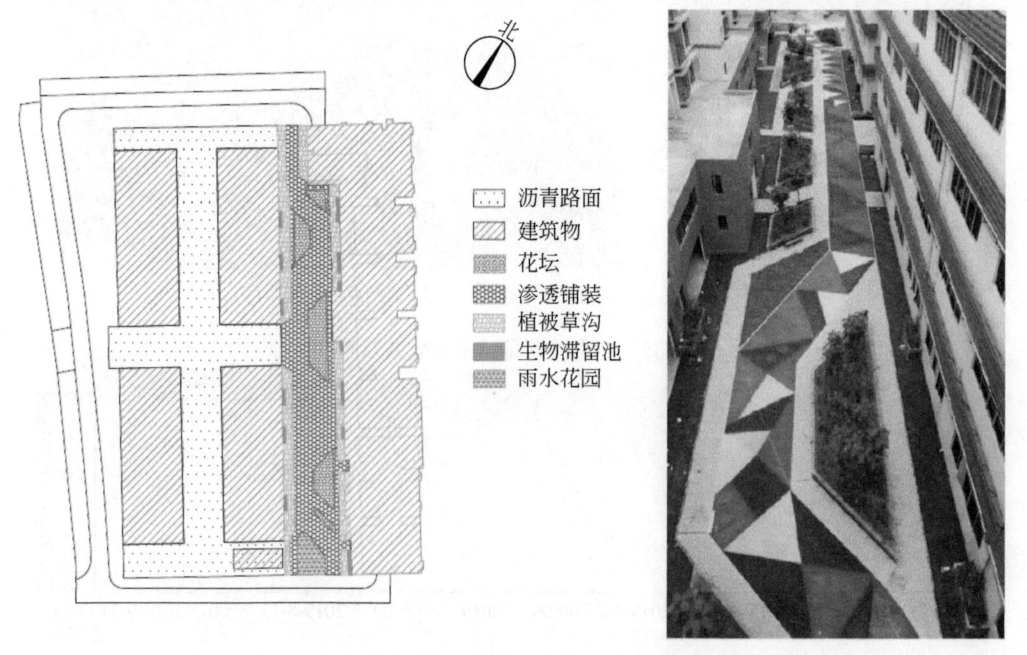

图 4-34　深圳市麻磡环保产业园的低影响开发示范区

研究在示范区的下游出口设置了径流观测点，采用流量堰和自计式水位计连续测量小区的降雨径流过程；温湿度采用 HOBO U23-001 温度湿度记录仪监测。分别在示范区和对照区各设置 2 个监测垂线，每个垂线设置 0.1m、1.5m、10m、20m 4 个高度。蒸散发的观测采用“热红外遥感＋三温模型法”（Qiu et al., 1999）。除了辐射等气象数据外，三温模型还需要的“三温”即表面温度、参考表面温度及气温数据，其中不同下垫面的表面温度均可通过解译热红外图像获取。本研究的气象观测采用 Davis 气象站（Vantage Pro2 plus），表面温度采用 Fluke Ti55FT 热红外成像仪。温度的监测时段为 8:00 ～ 18:00，逐时拍摄。根据实地拍摄的红外影像，获得相关的温度数据，再利用三温模型计算出不同下垫面的蒸散发速率。

基于 2016 ～ 2017 年 15 次有径流产生的降雨监测数据，发现示范区场地的径流系数均小于 0.5，径流外排削减达 50% 以上。2017 年夏季 100h 的监测数据表明，普通绿地、植被草沟、生物滞留池、雨水花园的日蒸散速率平均值分别为 7.5mm/d、5.6mm/d、9.0mm/d、8.7mm/d（图 4-35），示范区相比于对照区蒸散强度显著增加，其单位面积蒸散强度是对照区的 3.69 倍；从平均温度来看，示范区平均温度比对照区降低 0.9℃，最高温度降温幅度达到 1.7℃。从平均相对湿度来看，示范区平均相对湿度比对照区高 2.8%，最高相对湿度平均升高幅度达到 4.1%。

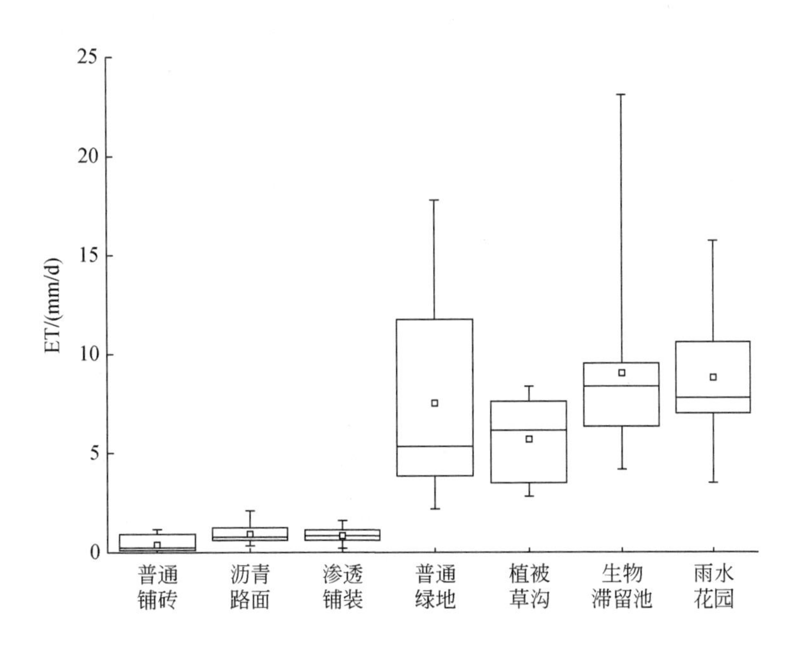

图 4-35　不同下垫面日蒸散速率对比

三、模型方法

（一）海绵城市建设评估模型的要求

《室外排水设计规范》（2016年版）提出：当汇水面积超过 $2km^2$ 时，雨水设计流量宜采用数学模型进行确定。排水工程设计常用的数学模型一般由降雨模型、产流模型、汇流模型、管网水动力模型等一系列模型组成，涵盖了排水系统的多个环节。数学模型是海绵城市建设规划设计中重要的技术手段，模型模拟结果是海绵城市建设成效评估的重要依据。

实际工作中可采用的模型众多，如在城市地表径流模拟方面，美国EPA SWMM、丹麦水力系统MIKE系列软件、英国Infoworks ICM、国内基于SWMM模型开发的DigitalWater、鸿业SWMM等；在城市河湖水体模拟方面，美国EPA的EFDC、QUAL2K和WASP、丹麦水力系统MIKE系列软件、英国Infoworks ICM、荷兰的Delft3D等。

海绵城市建设对模型工作要求如下：首先，模型应支持在海绵城市专项规划编制、系统化方案设计等过程中的方案比选。在规划编制中应用模型开展建设试点区域地表径流及管网排水能力现状分析；在系统化方案设计中应用模型对设施种类、参数、布设等进行情景模拟及方案比选，对不同整治方案的水环境改善效果进行情景模拟和比选。其次，模型必须能够支持设施运维和评估。在设施的运行维护阶段，需在实际监测数据采集和对模型参数不断率定验证的基础上，根据水质水量监测和模型模拟，对海绵设施的运行状态、区域地表径流、排水管网及城市河湖水体状况进行评价，指导海绵城市设施的日常运行、检修和维护；在效果评估阶段，要选择适宜模型进行模拟评估，主要包括城市内涝防治达标情况、合流制溢流频次、年径流总量控制率等重要指标的达标情况等。

在模型应用的过程中，参数率定是模型建立的一个重要步骤。参数率定的好坏直接决定了模型模拟结果的科学性和准确性；同时，参数率定中相关水力参数的本地化调整，也是海绵城市规划设计方案中本地特点的直接体现，是海绵城市设施本土化的重要手段。在住房和城乡建设部对国家海绵城市建设试点城市的考核中，明确提出“模型在用于效果评估和支持运行维护管理时，必须进行率定和验证；在规划设计阶段，如果没有实测数据无法率定时，需要给出参数的取值依据”。

（二）深圳海绵城市建设评估模型研究

《深圳市海绵城市规划要点和审查细则》提出：推荐使用地理信息系统或水力模型对规划目标进行定量分析。目前深圳市有一系列的项目已经采用水力模型工具辅助设计，如使用MIKE模型的有《深圳市排水（雨水）防涝综合规划》《南山区市政设施及管网升级改造规划》等规划项目及水系、建筑和道路工程设计，使用SWMM模型的有《深圳市海绵城市建设专项规划及实施方案》《南山区海绵城市专项规划》《盐田区后方陆域海绵城市详细规划》等规划项目及建筑和道路工程设计。

SWMM和MIKE模型是现阶段我国城市雨水管理常用的建模工具，在海绵城市建设、低影响开发、城市雨水最佳管理实践、城市面源污染防治及城市排水防涝系统规划设计等方面得到了较为广泛的应用。“海绵城市应用SWMM及MIKE模型参数率定研究”课题比较了这两种模型：SWMM非线性水库法所需模型参数较具体，模拟方法更接近实际径流形成情况；MIKE等流时线法采用与雨水排水防涝系统设计方法类似的技术计算框架，关键是获取径流系数和各个汇水区域的时间面积曲线。此外，MIKE模型还具有二维平面洪水区模拟功能，对内涝模拟更为精确。二者综合比较如表4-16所示。

表4-16　SWMM和MIKE模型比较

项目	SWMM	MIKE
地表汇流原理	非线性水库	等流时线法
下垫面概化	将汇水区域概化为不透水面积、透水面积及间接的不透水面积	将汇水区域概化为不透水面积、透水面积
模型参数	相对较多	相对较少
入渗模型	Horton、Green-Ampt、CN	应用径流系数计算径流扣损
模型结构	接近实际地表汇流过程	接近雨水管道推理公式设计过程

第五节　智慧海绵管控平台的建设

为实现智慧化、系统化、科学化、精细化管理，全面提高深圳市海绵城市建设和管理水平，深圳市依照国家海绵城市建设相关要求，综合应用云计算、互联网+和地理信息系统等科学手段，建设深圳市海绵城市规划设计、工程建设、运营管理的智慧化管理平台，为海绵城市建设过程及后期运营考核业务管理提供基础数据和科学管理模式。

一、海绵城市智慧管控模式

智慧海绵是海绵城市规划、建设和运维等各个阶段的智能化。海绵城市的智能化是利用自动和远程监测技术、通信及计算机网络技术、空间地理信息技术、物联网技术、计算机建模技术和移动互联技术等，实现海绵城市建设系统自动化监测、网络化办公、信息化管理、实时化调度、科学化决策和规范化服务，为城市水安全、水环境、水资源、水生态的治理保护和开发利用提供智慧化的管理手段。智慧海绵建设，有利于提高海绵城市的规划、建设和运维的效率，降低投资成本；有利于更好地评价海绵城市建设所能发挥的效益。

在规划设计环节，智能化手段能对规划所需信息进行监测、收集、分析，从而提供数据支撑；对规划建设方案进行模型模拟，优化设施组合、规模和平面布局；对各方案的效果进行直观显示，选取优化方案。在运行监管环节，可以运用智慧手段收集降水和排水信息，实时监测管网堵塞情况；可以通过智慧水循环系统，提高雨水利用率；还可以通过遥感技术对城市地表水污染总体情况进行实时监测。在绩效评估环节，依托智慧化手段建立的绩效评价体系也能对决策结果进行评估与监测。智慧型海绵城市是大数据时代下形成发展的一种海绵城市的新形态，与传统海绵城市相比有其自身的特性（表 4-17）。

表 4-17　智慧型海绵城市与传统海绵城市的特征比较

内容	传统海绵城市	智慧型海绵城市
思维理念	灰色工程思维	绿色生态思维
治理方式	单一式、碎片化治理	系统性、整体性治理
技术手段	忽视新兴信息技术支撑	重视新兴信息技术支撑
资源管理	各自为政、信息孤岛	资源共享、业务协同
城市管理	粗放式管理	精细化管理
管理方式	管理和应对	自我感知、自我管理

海绵城市的绩效评价是一个监测、统计、计算、比对的过程，通过结合智慧化理念，发挥传感器、“3S”、大数据、云计算在监测、统计、计算等方面的优势，建立包含多种指标的绩效评价模型，如年径流总量控制率、雨水资源利用率、城市面源污染控制率、城市暴雨内涝灾害防治水平等指标。

二、深圳智慧海绵系统设计

（一）深圳智慧海绵建设需求

依照国家海绵城市建设相关要求，结合深圳水务智慧化要求，深圳综合应用水力模型、地理信息系统等科学手段，建设了海绵城市规划设计、工程建设、运营调度、管理养护的智慧化管理平台，实现智慧化、系统化、科学化、精细化管理，全面提高深圳市海绵城市建设和管理水平。

深圳智慧海绵建设的主要需求如下所述。

在全市总览方面，海绵城市建设需基于本市现状，结合降雨雨型、土壤、地形、下垫面等自然因素，综合、科学地规划城市开发过程，因此需要将城市建设项目数据与自然环境数据从时间、空间维度合理地整合、关联在一起，才能给城市规划建设提供更有价值的指导。

在项目统筹管理方面，截至 2019 年 6 月，深圳市海绵城市建设项目入库的有 2800 个，并且会以每年几百个的量级逐年递增。这些项目基本覆盖深圳市所有行政区域；项目类型多样化（道路、公园、小区、水务及改造等）；建设主体方面，既有政府单位，又有社会投资业主；海绵建设项目的管控也跨越工程建设的整个生命周期；如果要将海绵建设效果落实到每个项目中，必须要对入库项目建设的各个阶段了如指掌，运用信息化手段实现需求。

在项目方案审查方面，海绵城市建设对象复杂，涉及城市建设的方方面面，需要将海绵城市建设要求融合到每一个项目之中，海绵城市方案设计是建设工程项目落实海绵城市要求及保障海绵城市建设质量的重要环节，开展海绵城市方案设计的审查管理是十分必要的。海绵城市方案审查设计项目数量多、涉及单位多，为有效落实海绵城市方案审查管理要求，需要借助信息化手段。

在项目巡查方面，随着建设项目规模的不断扩增，人力督查必然会产生瓶颈，因此需要充分利用城市信息化基础设施资源，并通过使用先进技术手段，打造高效、低成本、灵活的项目在线巡查管理功能。

在项目建设评估方面，住房和城乡建设部印发的《海绵城市专项规划编制暂行规定》明确了海绵项目评价指标，深圳市结合自身特点进行了深化和细化，为了能够以此为指导，有序推进深圳市的海绵建设，并真正达到有所成效，海绵项目的评估是重要的保障措施。以海绵项目评价中的约束性定量指标为目标，需要引入专业水力模型，通过建模，海绵设施实施方案设计后形成项目的评估模型，然后通过接入针对项目设施及周边管网的多种监测数据，以及模拟降雨数据，先完成对模型的率定验证，之后再对实际效果进行评估并得出定量指标中的各项数据，同时进行原始监测数据获取、计算、分析和统计。

在业务管理方面，深圳市海绵城市建设工作领导小组由 37 个成员单位组成，市海绵办每年年初制定相应的工作任务下发至各个成员单位，从机制建设、实施推进、考核监督及宣传推广 4 个方面着手推进海绵城市建设。海绵城市建设的落实已经列入各市直部门、区政府、管委会的政府绩效考核指标之中。通过借助信息化手段对各成员单位的相关工作任务进行科学管理，有效地推进和实施全市海绵城市建设工作。

在绩效考核方面，在《深圳市海绵城市建设绩效评估的办法与政策研究》总报告的指导下，市海绵办每年需要组织专家组对30多个成员单位进行海绵工作绩效的考评，考评对象包含市直部门、区政府（管委会）、国有企业等；考评内容按多个维度分为年度任务考核、持续性任务考核；地块项目考核又分市政道路、公园绿地、河道水系、市政设施、区域整治等多个方面，面对如此众多的考评对象及考核内容，市海绵办亟需借助信息化手段来满足绩效考核业务需求。

在奖励申报方面，深圳市设立了十大类海绵城市建设资金奖励，拟每年拨付5.4亿元进行奖励激励。然而，由于潜在申报对象众多并且涉及奖励金额巨大，传统的窗口申报模式，需要大量人力物力，并且难以记录监管。故希望通过信息化手段的应用，一是简化申报流程，减少申报主体窗口办理时间与纸质文件运送；二是方便实现过程监管，更好地保证奖励申报评审过程的公开透明。

在公众参与互动方面，需要让市民能够更好地认识海绵城市、参与海绵城市理念的传播、监督海绵城市建设及对海绵城市建设效果做出评价。此外，在海绵学院建设方面，由于海绵城市建设需要各个岗位技术人员的投入，涵盖规划、设计、施工、监理及运维等，随着海绵建设项目的不断增加，原有线下组织的技术培训和交流已经逐渐难以满足需要，此时，应该充分利用互联网技术，将培训等内容迁移到线上。

（二）深圳智慧海绵建设的内容

1. 业务管理一张网建设

通过搭建海绵城市业务管理平台，实现各海绵管理建设成员单位对平台的共建共用。平台保留可扩展性，能兼容现有海绵建设相关的各种信息平台，导入相关数据。同时确保平台的安全性、稳定性与时效性。对于相同地理信息的项目，各部门可通过智能终端根据各自权限更新和管理不同层级信息，并利用平台全面呈现。

2. 项目管理一张图建设

以全市已滚动入库项目为基础，搭建基础项目管理数据库，对海绵城市建设项目库维护，项目台账、资料、影像入库，项目数据管理直观，可形成月度、年度进展报告。

3. 绩效评估体系建设

以地理信息为基础，以行政分区、汇水分区、海绵专项分区多维度展示，与项目所在地原始数据进行对比，海绵项目建成后，利用本系统对海绵项目开展海绵城市建设的监测、跟踪和评价工作，分析不同海绵设施的单项和区域化组合效能。辅助管理人员对海绵项目建设进行管理与决策。

4. 公众参与和专业人员培训

通过海绵城市规划介绍、海绵设施地图、公众自建海绵、海绵问题上报和公众满意度调查等功能，满足向公众宣导海绵建设政策及法律法规、引导公众参与互动活动增强环保意识、推动社会力量对海绵城市建设的过程和结果进行监督等需求。另外通过收集整理海绵办历次培训资料、国内外相关权威资料，提供资料和案例查询，集合行业专家与专业技术人员，搭建可提升深圳市专业技术人员能力的培训平台，便于用户能够快速找到最合适的学习资料，以及专业技术人员能够得到专家的帮助指导。

5. 智慧海绵系统丰富可拓展性

通过平台丰富的数据接口，与市内已建的雨量站接通，结合其他监测数据，以历史降雨数据作为依据，结合数学模型模拟，对市内易涝点进行预判。

（三）深圳智慧海绵建设总体架构

深圳市海绵城市智慧管控平台技术建设难度较高，在系统设计过程中，着重考虑安全可行与现有技术的合理运用，紧密围绕海绵城市建设考核，设计适度超前、经济适用和可扩展结合，统一的接口标准与设计规范，统筹规划，分步实施。系统为“六横两纵”架构，两纵为标准规范体系和安全管理体系，六横为环境感知层、基础设施层、数据层、平台支持层、业务应用层、用户层 6 个层级。

环境感知层：提供了系统运行所需要的硬件和网络环境，包括与水文水利监测设备、视频监控设备连接。

基础设施层：提供了系统的硬件运行环境、网络环境等。

数据层：存储了系统项目数据库、海绵监测数据、本底数据、设备数据、业务管理相关的数据等。

平台支持层：能为整个系统建设提供软件平台支持，包括基础软件平台及运行支持软件等，以及 ArcGIS Server 平台和工作流平台等。

业务应用层：项目建设各类子系统，包括全市总览、项目管理、绩效评估、业务管理、奖励申报、个人工作台、海绵学院等。

用户层：用户接入系统的方式包括大屏、PC、平板电脑、手机等。

其总体需求框架如图 4-36 所示。

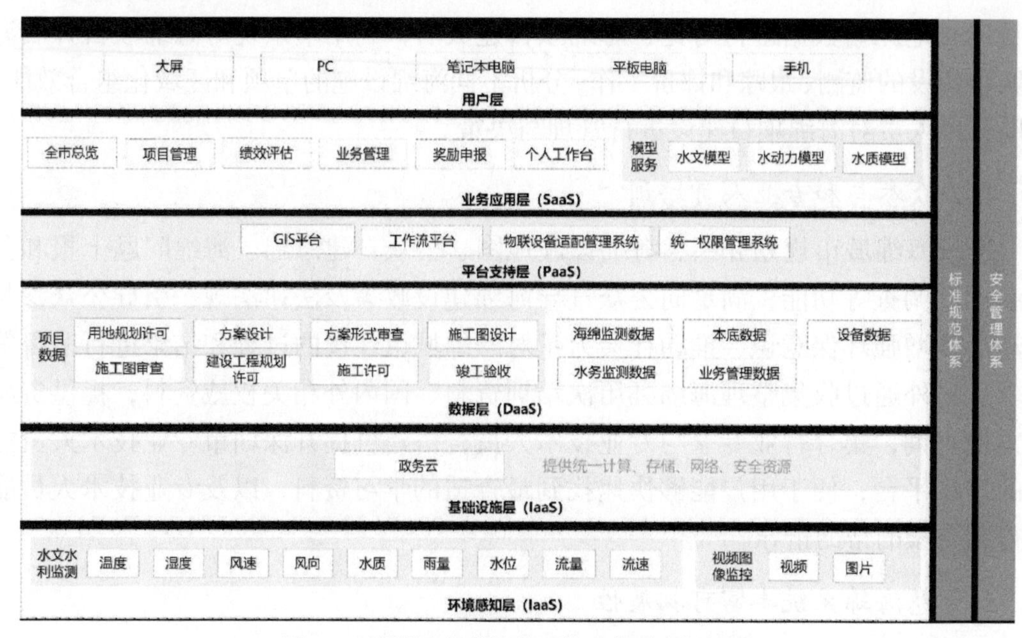

图 4-36　深圳市智慧海绵系统总体需求框架图

三、深圳智慧海绵系统实现

深圳市智慧海绵管理系统框架如图 4-37 所示，包括全市总览、项目管理（包含项目库管理、方案审查、项目巡查）、绩效评估、业务管理、奖励申报、海绵学院等主要功能模块。

图 4-37　深圳市智慧海绵管理系统功能模块

（一）全市总览模块

该模块形成市级－区级－项目级“三级”总览（图 4-38），包含海绵项目、流域、用地规划、河流、黑臭水体、易涝点、气象站、水文站、二级排水分区、重点片区、海绵监测设备、代表片区、行政区 13 个图层（图 4-39），以及海绵监测及巡查信息等内容，可以全面掌控海绵建设情况。

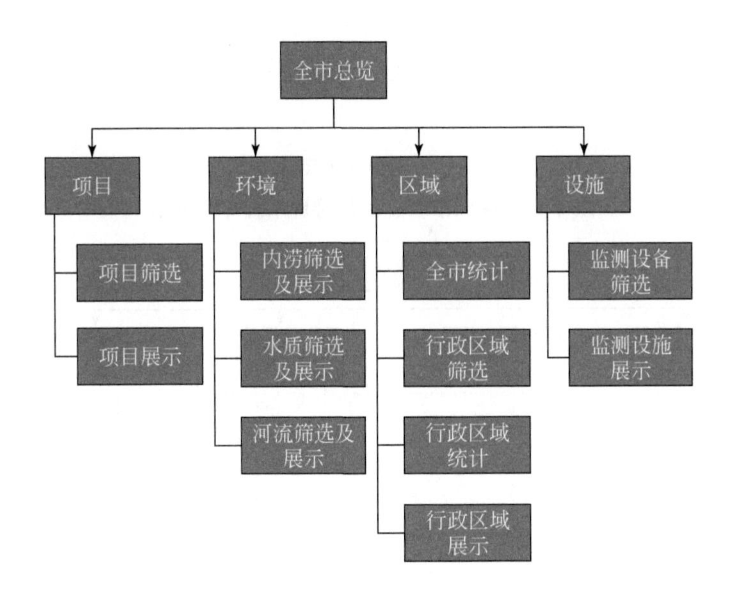

图 4-38　深圳市智慧海绵管理系统全市总览

（二）项目管理模块

项目管理模块包括项目库管理、方案审查、项目巡查 3 个子模块（图 4-40）。

(a) 黑臭水体展示

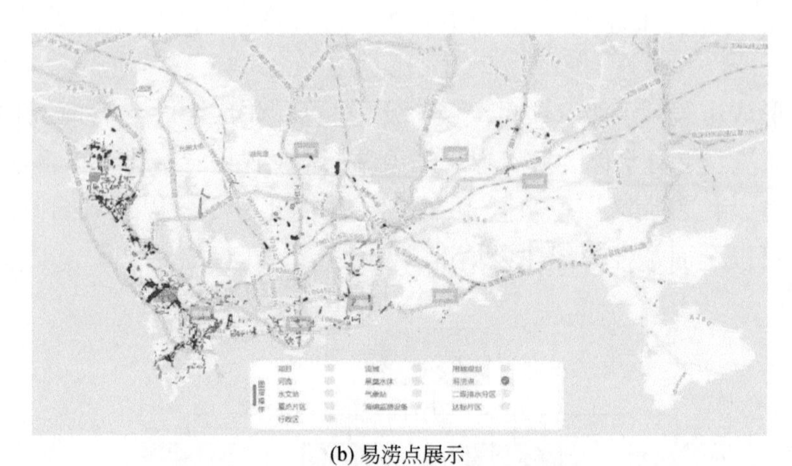

(b) 易涝点展示

图 4-39　深圳市智慧海绵管理系统环境展示

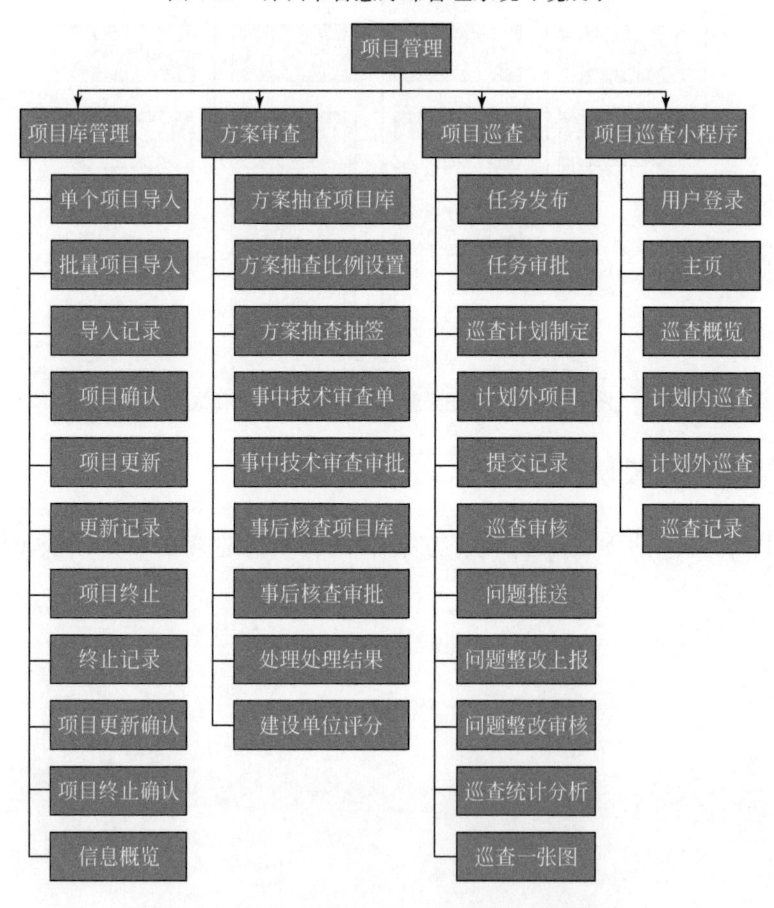

图 4-40　深圳市智慧海绵管理系统项目管理模块

1. 项目库管理模块

项目库管理模块可以提供单个项目导入、批量项目导入、导入记录、项目确认、项目更新、项目终止、信息概览等功能。

2. 方案审查模块

方案审查模块包括方案抽查项目库、事中技术审查单、事后核查审批、处理处理结果、建设单位评分等功能。

3. 项目巡查模块

项目巡查模块可以进行线上的任务发布、任务审批、巡查计划制定、提交记录、巡查审核、问题推送、问题整改上报、问题整改审核、巡查统计分析及巡查一张图。

此外，为方便巡查人员现场使用与记录，还开发了项目巡查小程序。可以通过手机小程序进行问题的现场记录、拍照，问题的上报、统计分析等。

（三）绩效评估模块

根据海绵城市相关考核内容，结合深圳市海绵城市建设目标和具体量化指标的要求，制定出一套深圳市海绵城市建设评估体系的主要考核指标及考核方法，并将其电子化、无纸化，通过实时采集相关主要数据，结合人工填报巡检、考核结果，最终实现建设效果的科学化、智能化评估。

绩效评估模块基于在线监测数据、填报数据、系统集成数据，支持海绵城市建设效果的全方位、可视化、精细化评估，并通过多种展示方式（项目方案评估、项目详细评估、片区评估）进行考核评估指标的综合展示、对比分析等。

项目绩效评估主要有三种方法：容积法、模型法和监测法，具体信息如下。

1. 容积法评估

1）适用范围

容积法海绵绩效评估常用于项目级海绵绩效评估。可用于年径流总量控制率、面源污染削减率、初期雨水径流控制厚度等海绵指标的绩效评估。

2）评估流程

平台的海绵绩效容积评估完整流程包含项目下垫面面积设置，对应海绵设施结构配置，计算审核与结果的展示与导出。

2. 模型法评估

海绵城市模型主要包括 LID 水文水质模型、地块产汇流水文水质模型、管网水文水质模型和一维河道水文水质模型四部分。

模型法海绵绩效评估是大型项目、片区的重要海绵绩效评估手段，可用于径流控制率、径流峰值控制、防洪标准及不透水下垫面径流控制比例、面源污染削减率等量化指标的海绵绩效评估。

3. 监测法评估

监测法可用于项目级、片区及项目的多种量化海绵指标的评估，如年径流总量控制率、径流污染削减率、径流峰值控制、防涝标准等。

系统在开发阶段接入了 75 个点的监测数据（图 4-41），同步接入气象站及水文站数据，并建立了海绵监测数据的接入标准。

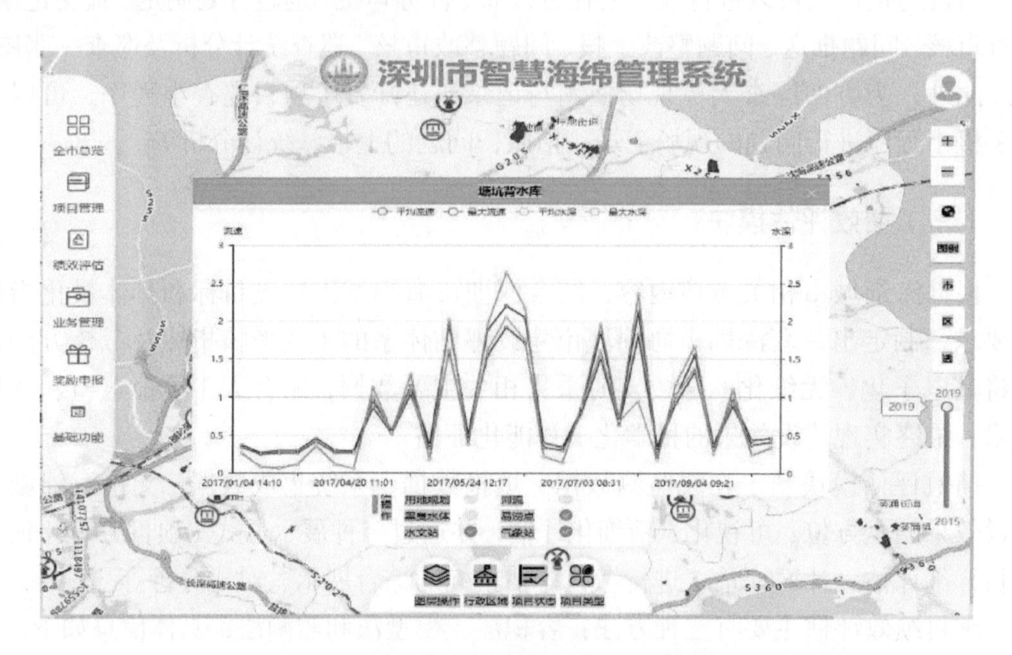

图 4-41　深圳市智慧海绵管理系统监测数据接入

技术要求：①有效性降雨监测场次不少于 4 次，有效性降雨指的是降雨历时不小于 2h，降雨量不小于 40mm，且距上一场有效性降雨不少于 6h；②每场降雨的监测数据（流量，SS 浓度）不少于 6 组；③雨量计应设置在远离建筑物和树木的空地或周边无干扰的屋顶上，最大限度地减小误差；④降雨记录文件的时间间隔应不大于 30min。

（四）业务管理模块

业务管理模块主要围绕海绵城市建设，对各成员单位海绵城市建设日常工作进行信息化管理，主要包括成员单位管理、年度任务分工管理及月报、宣传培训管理及月报、委托项目管理、政府实绩考评、通知通报管理、档案管理 7 个部分的内容。

（五）奖励申报模块

奖励申报模块包括奖励申报任务管理、申报须知、奖励申报记录、方案确认申报记录、过程文件管理、奖励情况总览、奖励申报审批、方案确认申报审批、意见及异议受理等内容和功能。

（六）海绵学院

海绵城市建设需要各个岗位技术人员的投入，涵盖规划、设计、施工、监理及运维等；随着海绵建设项目的不断增加，原有线下组织的技术培训和交流已经逐渐难以满足需要。通过海绵学院模块，可以充分利用互联网技术，将培训等内容迁移到线上，实现培训相关材料的内容管理和呈现、培训课程的在线点播、现场培训的实时直播等。

四、光明区海绵城市智慧管控平台

光明区海绵城市智慧管控平台是光明区智慧海绵城市建设成效的展示窗口，为海绵城市的管理、运行提供决策依据。同时，海绵城市智慧管控平台作为深圳市光明区“智慧水务”平台的重要组成部分，在数据和业务理念上支撑了“智慧水务”平台，加快和推动了“智慧水务”平台建设。

光明区海绵城市智慧管控平台包含三大支撑系统：大数据中心、数据挖掘与综合模拟系统、海绵城市三维展示系统；四大应用系统平台：项目全生命周期管理系统、绩效考核评估系统、黑臭水体监管系统、防洪排涝管理系统。管控平台采用“五层两翼”的架构体系。“五层”从下到上包括基础支撑层、数据层、应用支撑层、应用层和交互层。“两翼”是安全保障体系和标准规范体系，贯穿整个平台建设的各个层面，以保障平台整体安全和标准化、规范化。

为了对试点区域海绵城市建设效果考核评价、海绵城市运行管理和推广应用提供数据支撑，光明区智慧海绵建设项目对试点区域的海绵部件开展了系统、连续的监测，为城市海绵绩效考核提供真实的量化指标和数据，为绩效评估模型的应用提供率定支撑和验证数据，为海绵城市设施建设改造和运维提供基础数据，也为光明区智慧水务平台建设提供业务数据。管控平台通过数据采集系统将物联感知数据自动采集到大数据中心，通过数据导入和人工填报形式采集人工采样数据，将各类监测数据汇集到大数据中心（图 4-42）。管控平台在线监测功能包括监测设备列表和空间分布，监测数据查看、查询、导出等。人工监测功能用于维护和查看通过人工采样检测或从第三方获取的数据信息。

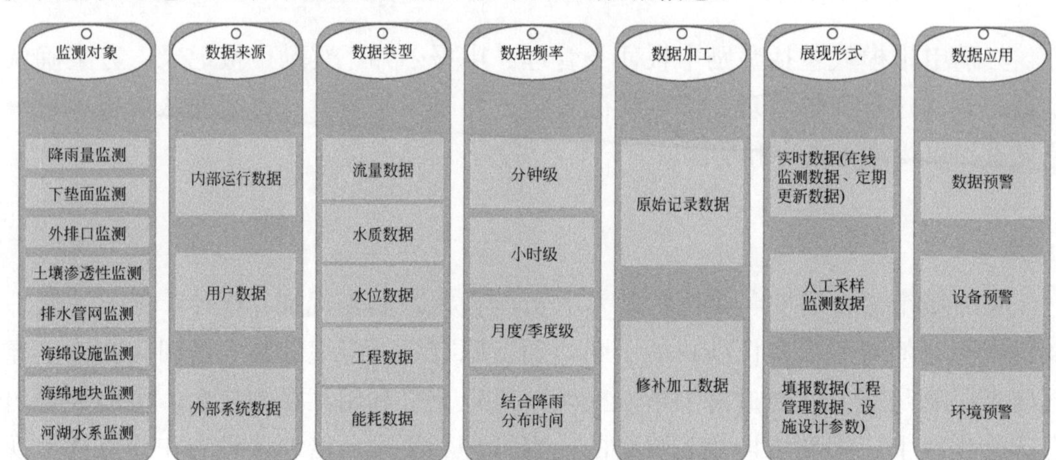

图 4-42　监测数据采集与应用

根据光明区海绵城市示范区建设需求，需搭建雨水管理设施模型、面源污染模型、城市内涝模型、城市洪水模型、河道水质模型、雨水管理最优化模型六类模型，它们之间存在相互联系。模型构建流程包含下垫面概化、管网概化、河道水系概化、海绵设施概化、二维地形概化几部分，按照以点到面的顺序进行评估模拟。综合模拟功能包括：① 模型率定包含从下垫面、设施、项目、片区各层级模型率定（图 4-43）。模型率定随着监测数据的积累可以不断更新，率定后的参数可对接入平台存储、展示及分析。② 内涝模拟采用一维管网模型（基于 SWMM）与二维水动力漫流模型耦合计算。内涝模拟系统除了可以进行风险评估外，实时链接气象局降雨预报，通过平台选定同等级降雨，可实现内涝的模拟预

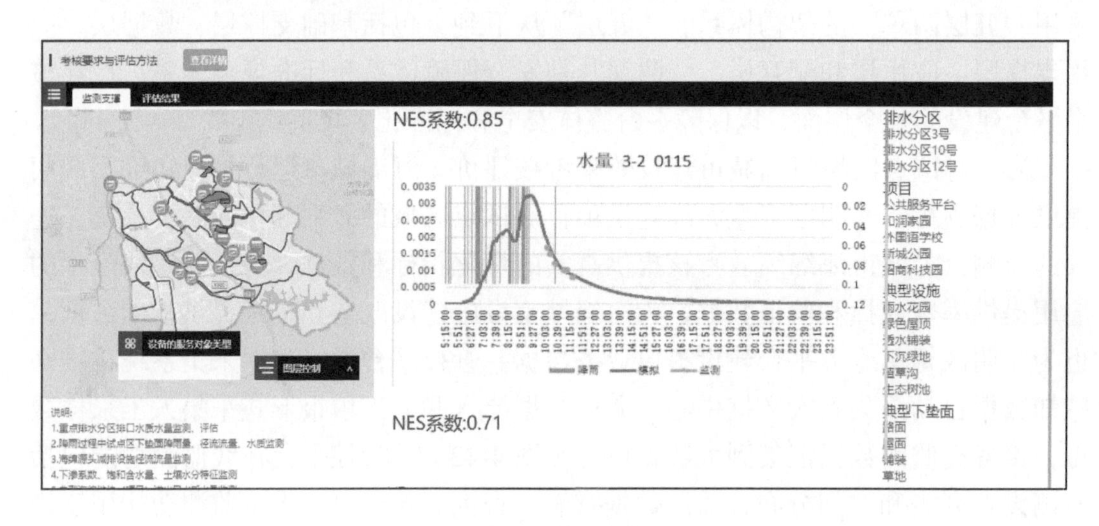

图 4-43　模型率定界面

报（图 4-44）。③ 水质模拟：流域水体污染应急情景可分成有降雨时的突发污染事件及未降雨时的突发污染事件。为应对在不同的情况下的河道污染突发事件，智慧海绵平台将水环境计算模型内核进行了嵌入，并内置了部分模拟场景，供平台参考使用。

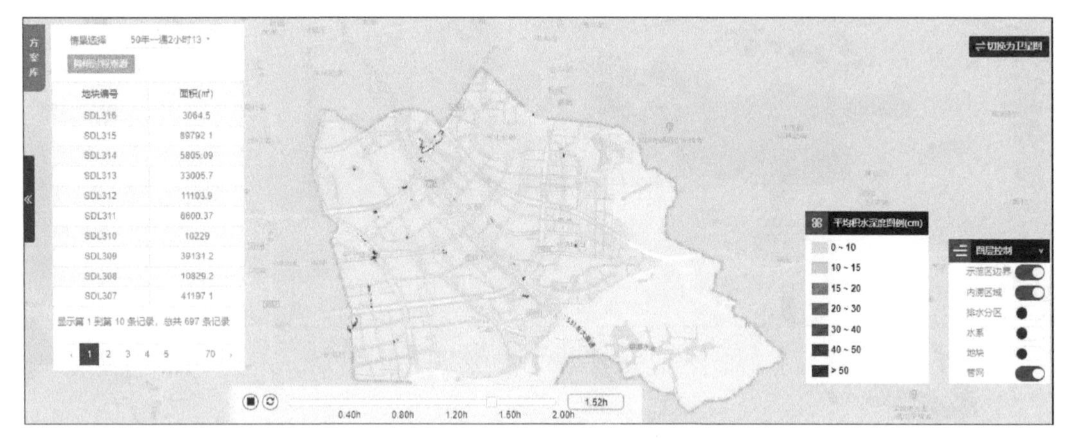

图 4-44　内涝模拟界面原型

按照《海绵城市建设绩效评价与考核办法》及评分细则，管控平台利用监测数据和模拟分析，主要从海绵项目年径流总量控制率、分区年径流总量控制率、项目实施有效性、雨水管网排水能力、城市内涝防治能力、黑臭水体治理效果、试点区域海绵城市达标面积比例等指标，综合评估光明区海绵城市建设实施的效果（图 4-45、图 4-46）。

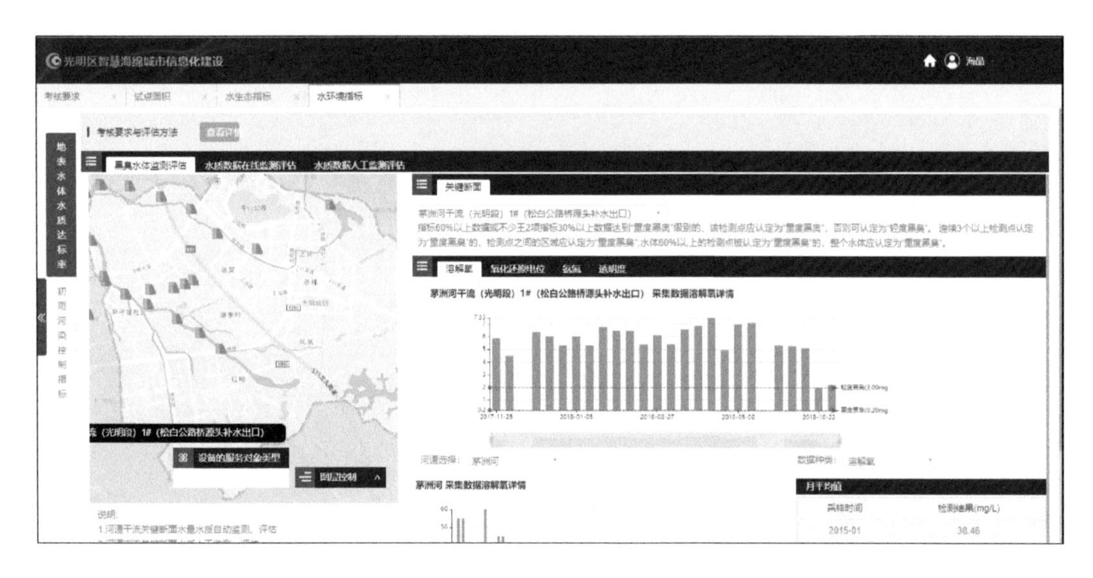

图 4-45　地表水体水质达标率界面原型

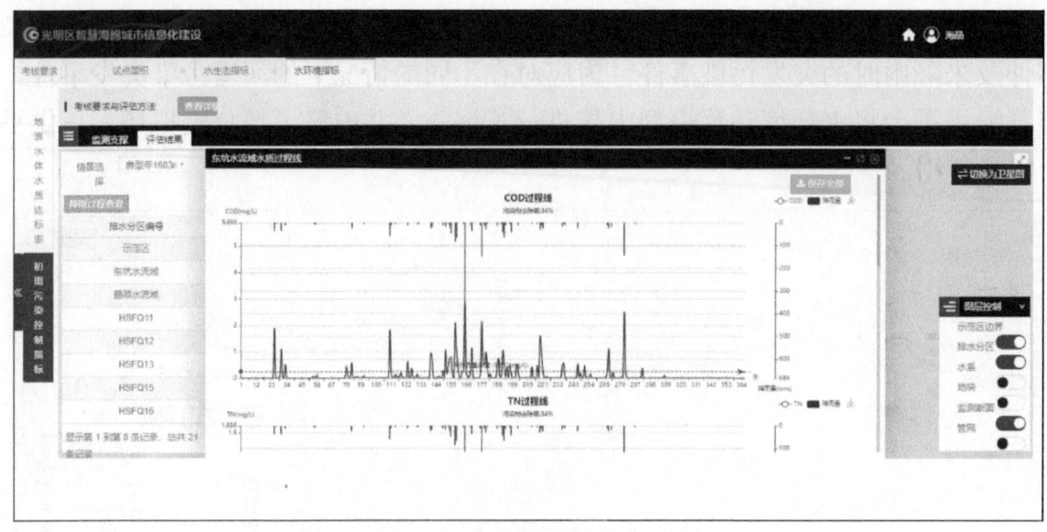

图 4-46 初雨污染控制指标界面原型图

第五章　深圳海绵城市建设的成效评估

经过三年的海绵城市建设以点带面，深圳海绵城市建设取得了较好的成绩，试点区内水生态、水环境、水资源、水安全等指标达到目标要求，海绵城市的连片效益凸显；全市域海绵城市建设亦同步推进，改善了城市水问题，优化了人居环境质量，取得了显著成效。

第一节　国家海绵城市试点区域成效

一、试点区域概况

（一）试点区域基本情况

试点区域位于深圳市西北部，面积约 24.6km^2，其中，建设用地约 16.4km^2（占比 66.7%），生态用地约 8.3km^2。试点区域较完整地覆盖了茅洲河两条支流流域，即东坑水流域和鹅颈水流域（图 5-1）。试点区域具备新老城区并存的特点，试点前存在突出的水体黑臭和城市内涝问题。

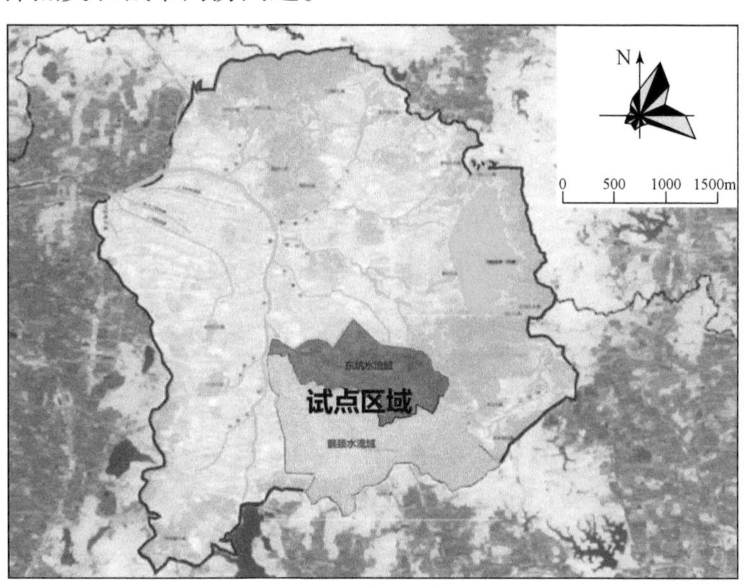

图 5-1　试点区域范围示意图

（二）试点区域问题及成因分析

1. 水环境污染

试点前鹅颈水干流光侨路至茅洲河河口段（4.14km）被纳入了住房和城乡建设部黑臭水体名单（2016年）。由表5-1各项水质指标可知，此段鹅颈水水质指标水质轻度黑臭，在鹅颈水支流中塘家面前陇排洪渠、甲子塘排洪渠等小微水体中尤为严重，水环境亟待提升。试点前东坑水水质监测数据见表5-2，水质属于劣V类，但不黑不臭。

表5-1　鹅颈水水质监测数据（2016年）

特征指标	实际值	轻度黑臭标准值	重度黑臭标准值
DO/（mg/L）	2.04	0.2 ~ 2.0	＜0.2
NH_3-N/（mg/L）	10.00	8.0 ~ 15	＞15
透明度/cm	26.50	25 ~ 10	＜10
ORP/mV	121.00	−200 ~ 50	＜−200

表5-2　东坑水水质监测数据（2016年）

水质指标	溶解氧/（mg/L）	COD_{cr}/（mg/L）	BOD_5/（mg/L）	氨氮/（mg/L）	TN/（mg/L）	TP/（mg/L）
东坑水水质	6.4	29	17.8	1.93	16.5	1.93
地表水V类	2	40	10	2	2	0.4

由于城中村及旧工业区雨污分流不彻底，试点前存在降雨时混流、合流溢流入河现象。模型分析结果显示（表5-3），鹅颈水年均溢流频次为44次/年，东坑水年均溢流频次为25次/年。因此，试点区域水质恶化的主要污染源是降雨溢流入河的污染物。此外，鹅颈水干流水体黑臭原因还受其他两个因素的影响。

表5-3　试点区域年溢流频次

年溢流频次	2006年	2007年	2008年	2009年	2010年	2011年	2012年	2013年	2014年	2015年	2016年	平均
鹅颈水	37	22	45	45	44	35	47	58	48	40	63	44
东坑水	22	12	26	28	30	21	26	33	18	21	42	25

（1）外源污染排入。塘家片区、甲子塘片区、长圳片区、金环宇工业园等区域河道沿线污水直排是造成河道水体黑臭的重要因素。经监测及评估，鹅颈水流域点源污染负荷量 COD 为 760.4t/a，面源污染负荷量 SS 为 770.5t/a。

（2）生态修复能力较差。河道两岸景观效果差，杂草丛生，植被单一、生物多样性较为单一。

2. 城市积水内涝

采用 Mike Urban 模型对试点前区域排水管网系统进行评估，分析管网系统的实际排水能力。分别采用 1 年一遇、2 年一遇、3 年一遇和 5 年一遇的 2h 典型暴雨作为边界条件，利用模型进行管网排水能力评估。经评估，试点前区域排水管网排水能力低于 5 年一遇的占 46.3%，各管段排水能力如图 5-2 所示。

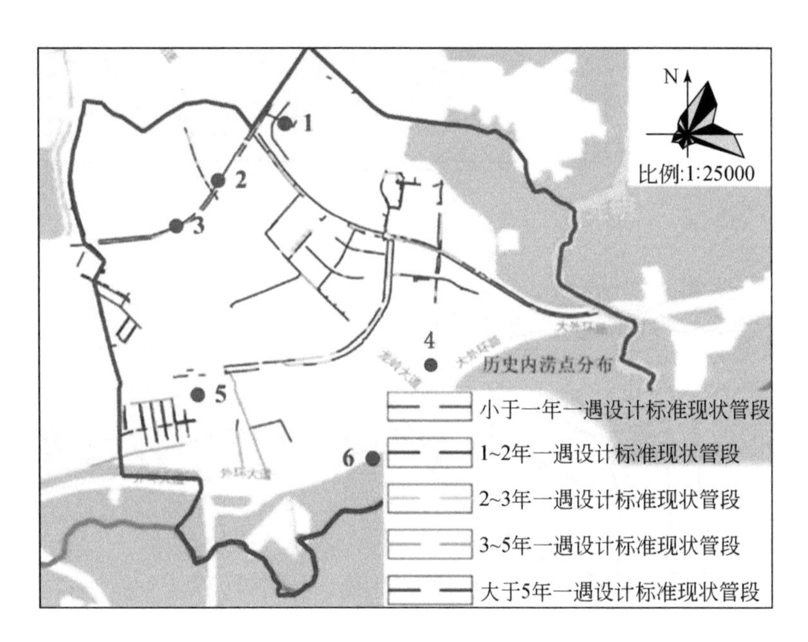

图 5-2　试点前管网排水能力评估与历史内涝点分布图

试点前区域排水系统不完善，存在 6 处历史内涝点（图 5-2）。通过观测 6 处内涝点的影响范围（表 5-4），其产生内涝的共同主要因素为城市排水系统不成体系、局部地势低洼、运维管养不足等。

3. 岸线生态化不足

试点前区域内重要河道的水生态遭到了一定程度的破坏。东坑水流经居住区、工业区等区域，河道驳岸以混凝土直立挡墙及石笼挡墙为主，河道硬质化严重，两岸绿化用地局限性较大，河岸形态及水流形态较为单一，生态岸线长度约 2.4

km，比例约为30%，河道沿线大部分地段杂草丛生，水土流失严重，植物种类单一。鹅颈水试点前以自然驳岸为主，生态岸线长度约10.1km，比例约90%，但沿线垃圾堆积、荒草丛生、植物单一、生态价值较低。

表 5-4　历史内涝点一览表

编号	易涝点位置	影响程度
1	公园路公安局门前路段	内涝面积500m²，积水深度0.3m
2	光明大道（高速桥底至观光路）	内涝面积2000m²，积水深度0.4m
3	光明大道塘家路段	内涝面积1000m²，积水深度0.3m
4	观光路与邦凯二路交界处	内涝面积1000m²，积水深度0.4m
5	东长路（光侨路—长凤路）	内涝面积3000m²，积水深度0.6m
6	长凤路红坳市场	内涝面积1500m²，积水深度0.3m

（三）海绵城市建设需求与目标

1. 海绵城市建设需求分析

1）消除黑臭水体，实现“水清、岸绿、河畅、景美”

试点区域迫切需要解决河道点源污染严重、底泥淤积、水体流动性差等环境问题，要求通过控源截污、过程治理和水系综合整治等措施，尽快消除黑臭，实现试点期末水体水质稳定达标。

2）提升内涝防治标准，实现“小雨不积水、大雨不内涝”

迫切需要解决排水管网不完善、建设标准低、运维管养不足等引发的内涝积水的关键问题，要求通过完善排水管网、建设行泄通道、开展源头海绵城市建设等，消除积水内涝点，建设灰绿结合高标准排水防涝系统。

3）恢复自然水文循环，构建良好生态格局

要求运用生态手段恢复和修复已经受到破坏的水体和自然环境，恢复河道自然生态岸线，控制城市不透水面积比例，最大限度地减少城市开发建设对原有水生态环境的破坏，引导城市空间合理布局，防止城市空间无序蔓延，构建良好的生态格局，发挥蓝绿系统的生态服务效益。

2. 海绵城市建设目标与指标

试点区域根据现有建成区水体黑臭、积水内涝等问题和新建区域规划管控等需求，综合评价海绵城市建设本底条件，经方案比选最终确定试点区域海绵城市建设目标。按照中央财政支持海绵城市试点批复要求，至试点期末，试点区域应实现“小雨不积水、大雨不内涝、水体不黑臭、热岛有缓解”的绩效目标，共计包含 10 项具体指标（表 5-5）。

表 5-5　深圳市中央财政支持海绵城市建设试点目标

类别	项	指标	批复指标值
一、水生态	1	年径流总量控制率	70%
	2	生态岸线恢复比例	100%
	3	天然水域面积保持度	不得低于试点前值（4.46%）
二、水环境	4	水环境质量	不黑不臭
	5	初雨污染控制（以 SS 计）	60%
三、水安全	6	防洪标准	防洪标准 50 年一遇
	7	城市暴雨内涝灾害防治	50 年一遇
	8	防洪堤达标率	100%
四、水资源	9	雨水资源利用率	不小于 3%
五、显示度	10	连片示范效应和居民认知度	60% 以上的海绵城市建设区域达到海绵城市建设要求，形成整体效应，试点区域实现“小雨不积水、大雨不内涝、水体不黑臭、热岛有缓解”

注：深圳市年平均降雨量大于 1000mm、地下水埋深变化指标不参与考核。

二、排水分区系统化实施方案及进展

（一）排水分区划分及总体思路

根据地形地貌、等高线试点区域划分为东坑水和鹅颈水 2 个汇水分区，并根据城市竖向、排水管网等，进一步细化为 19 个排水分区（图 5-3）。

在《光明区试点区域海绵城市系统化方案》指导下，以排水分区整体绩效达标为目标，按照“源头减排、过程控制、系统治理”的要求实施，新建设项目按照《深圳市国家海绵城市试点区域海绵城市建设详细规划》及系统化方案确定的目标进行规划、设计、施工、验收和运维等全过程管理；对于城市内涝问题和水体黑臭问题，紧扣问题成因，按照从源头到末端的系统理念实施治理。同时，通

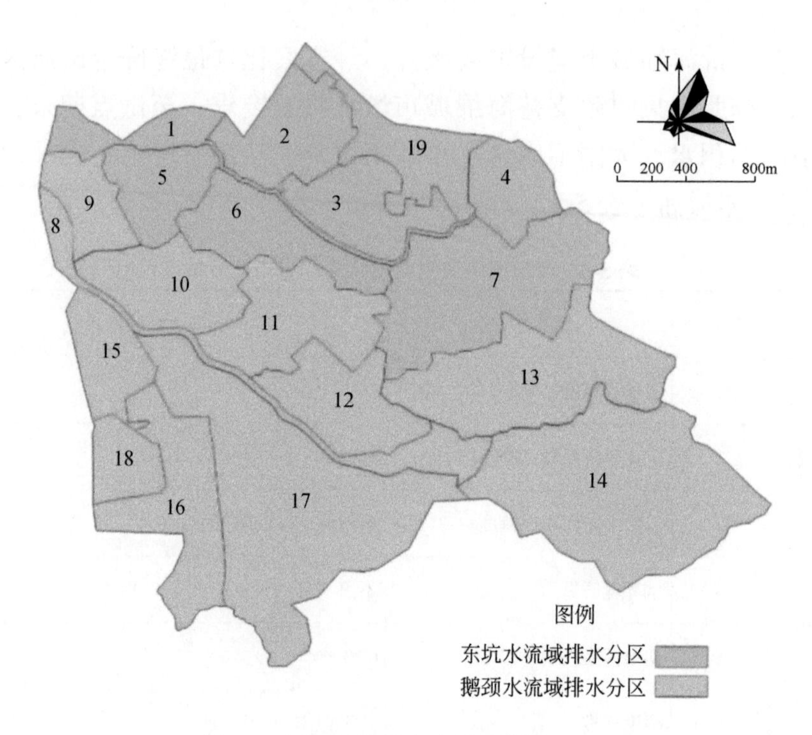

图 5-3 试点区域排水分区示意图

过开展智慧海绵城市监测管控平台建设、地表水环境质量监测及典型项目和排水分区监测、内涝点视频监测等对试点实施效果进行评估。

（二）鹅颈水排水分区绩效目标和建设任务安排

根据雨水管及竖向分析，鹅颈水流域可分为 10 个排水分区，各排水分区分布及每个排水分区的工程项目情况如表 5-6 所示。除 14# 排水分区为水库片区仅有系统治理项目外，其他片区均有源头减排（建筑小区、道路广场、公园绿地）、过程控制（雨污水管网、调蓄处理设施等）、系统治理（河湖水系综合整治、灰色和绿色基础设施结合）三类项目。鹅颈水流域整体包括源头减排项目 22 项、过程控制项目 24 项、系统治理项目 23 项。

（三）东坑水排水分区绩效目标和建设任务安排

表 5-6 中包含东坑水 9 个排水分区项目统计内容，除 4# 排水分区为水库片区仅有系统治理项目外，其他片区有源头减排（建筑小区、道路广场、公园绿地）28 项、过程控制（雨污水管网、调蓄处理设施等）20 项、系统治理（河湖水系综合整治、灰色和绿色基础设施结合）14 项。

（四）排水分区建设进展

截至目前，试点区域 19 个排水分区试点项目已全部完工并达到系统化方案确定的绩效目标（表 5-7）。

表 5-6　鹅颈水、东坑水排水分区项目统计

排水分区	流域	项目数量	源头减排	过程控制	系统治理	备注
1#	东坑水	5	2	1	2	
2#	东坑水	14	5	6	3	
3#	东坑水	7	4	1	2	
4#	东坑水	1	—	—	1	水库片区
5#	东坑水	5	2	2	1	
6#	东坑水	12	4	6	2	
7#	东坑水	11	6	3	2	
8#	东坑水	4	2	1	1	
9#	鹅颈水	3	1	1	1	
10#	鹅颈水	7	3	3	1	
11#	鹅颈水	9	2	2	5	
12#	鹅颈水	7	1	5	1	
13#	鹅颈水	10	2	6	2	
14#	鹅颈水	2	—	—	2	水库片区
15#	鹅颈水	12	6	2	4	
16#	鹅颈水	4	2	1	1	
17#	鹅颈水	8	2	2	4	
18#	鹅颈水	3	1	1	1	
19#	东坑水	7	5	1	1	

表 5-7 试点区域项目库

序号	项目名称	项目类别	序号	项目名称	项目类别
1	东坑水综合整治工程	河道整治	39	鹅颈水景观提升工程	公园绿地
2	开明公园（门户公园）	公园绿地	40	华星光电技术有限公司人工湿地废水深度处理工程	城市水务
3	松白路以东片区污水支管网	管网工程	41	华星光电人工湿地周边绿化景观提升工程	公园绿地
4	万丈坡拆迁安置房（二期）	建筑小区	42	华星光电 8.5 代厂区	建筑小区
5	万丈坡拆迁安置房（一期）	建筑小区	43	塘家拆迁安置房建设工程	建筑小区
6	光明社会福利院	建筑小区	44	光谷苑（高新西产业配套宿舍）	建筑小区
7	深圳实验学校光明部（深圳市第十高级中学）	建筑小区	45	科农路	道路广场
8	新城公园低影响开发雨水综合利用示范工程	公园绿地	46	塘家面前陇排洪渠综合整治工程	河道整治
9	华裕路（光明大道—公园路）市政工程	道路广场	47	光明区污水支管网（二期）建设工程	城市水务
10	光明核心片区污水支管网工程	管网工程	48	塘家社区公园改造工程	公园绿地
11	光明集团保障性住房	建筑小区	49	光明办事处长凤路连接塘家路口段排水改造工程	管网工程
12	新城和润家园	建筑小区	50	光布路（光侨路—长凤路）市政工程	道路广场
13	城市广场	道路广场	51	科泰路市政工程	道路广场
14	凤凰学校建设工程	建筑小区	52	凤腾路市政工程	道路广场
15	光明高新园区公共服务平台	建筑小区	53	皇新路市政工程	道路广场
16	碧眼水库除险加固工程	城市水务	54	丰城路市政工程	道路广场
17	欧菲光科技园	建筑小区	55	光明外国语学校建设工程	建筑小区
18	科能路（侨明路—光明大道）	道路广场	56	光明水厂一期建设工程	建筑小区
19	东阁路市政工程	道路广场	57	鹅颈水库扩容工程	城市水务
20	深圳华映显示科技有限公司（雨污管网混接改造）	管网工程	58	鹅颈水水库—光明水厂输水工程	城市水务
21	龙光玖龙台（一期）	建筑小区	59	甲子塘社区公园改造项目工程	公园绿地
22	光源六路	道路广场	60	甲子塘社区综合环境提升试点项目	综合环境提升
23	光源二路（光明大道—汇能路）	道路广场	61	甲子塘排洪渠景观提升工程	河道整治
24	招商光明科技园（二期）	建筑小区	62	甲子塘 8 号路公园建设工程	公园绿地
25	朝凤路市政工程（汇通路—光侨路）	道路广场	63	甲子塘幼儿园周边环境提升工程	公园绿地
26	日东光学北侧配套道路（汇能路—邦凯二路）	道路广场	64	长圳社区儿童公园建设工程	公园绿地
27	创投路（凤举路—观光路）	道路广场	65	华星光电 11 代新型显示器件生产线项目(一期）	建筑小区
28	招商光明科技园（一期）	建筑小区	66	科裕路市政工程	道路广场
29	华强创意产业园展览馆	建筑小区	67	红坳片区排洪工程	河道整治
30	凤兴路市政工程	道路广场	68	竹韵公园	公园绿地
31	蓝源路（凤兴路—观光路）	道路广场	69	光明区群众体育中心	建筑小区
32	光明城站周边景观提升工程	公园绿地	70	凤凰办事处城中村排水管网接驳改造工程 EPC	管网工程
33	华强文化创意产业园（2# 地块）	建筑小区	71	深圳市海绵城市建设 PPP 试点项目	城市水务
34	华强文化创意产业园（3# 地块）	建筑小区	72	茅洲河流域（光明新区）水环境综合整治工程水质净化厂生态补水工程	城市水务
35	华强文化创意产业园（4# 地块）	建筑小区	73	工业区正本清源	城市水务
36	华强文化创意产业园（1# 地块）	建筑小区	74	试点区域海绵化改造	城市水务
37	鹅颈水综合整治工程	河道整治	75	光明区全面消除黑臭水体治理工程	城市水务
38	鹅颈水生态湿地工程	公园绿地			

三、试点区域整体成效

在试点区域海绵城市系统化方案的指导下，紧扣问题和目标，推进东坑水流域和鹅颈水流域各项建设任务。经评估包括年径流总量控制率在内的水生态、水环境、水资源、水安全等指标已经达到批复的目标要求，试点建设项目海绵功能基本实现，海绵城市的连片效益凸显。试点区域海绵城市建设批复指标完成情况具体如表 5-8 所示。

表 5-8　试点区域海绵城市建设批复指标完成情况一览表

指标		批复指标	完成情况
年径流总量控制率（毫米数）		70%（31.3）	72%（33.4）
水生态	生态岸线恢复	100%	100%
	天然水面率保持程度	≥ 4.46%	5.4%
	地下水埋深变化	不考核	—
水环境	地表水水质达标率	100%	100%
	初雨污染控制（以悬浮物 SS 计）	≥ 60%	62%
水资源	雨水资源利用率	≥ 3%	7.4%
	污水再生利用率	—	100%
防洪排涝	内涝防治标准	50 年一遇	50 年一遇
	防洪标准	50 年一遇	50 年一遇
	防洪堤达标率	100%	100%
显示度	连片示范效应和居民认知度	60% 以上	100%

（一）水安全方面

试点区域原本存在的 6 个内涝点已经消除，防涝能力达到 50 年一遇，10 年一遇的管网比例提升至 90%；近 3 年视频及三防平台数据显示，试点区域未新增内涝点。

东坑水和鹅颈水两条河道按照 50 年一遇防洪标准治理并已经完工，防洪标准、防洪堤达标率满足批复指标要求。试点区域 5 年一遇（含）以上的管网比例提升至 89.4%。截至 2019 年 11 月，试点区域 6 个历史内涝点已经全部消除，且近 3 年未出现“返潮”和新增现象。2019 年 5 月 23 日，试点区域内西部和北部区域出现大暴雨，最大 24h 降雨量达 141.5mm，最大降雨小时出现在 14:41 ~ 15:41，雨量 92.7mm，达到 30 年一遇标准。在此期间，根据现场视频监控图像显示（图 5-4），5 个原历史内涝点周边无积水情况（原长风路红坳市场内涝点因已拆迁，未进行监控）。

(a) 观光路与邦凯二路交界处

(b) 光明大道(高速桥底至观光路)

(c) 公园路公安局门前路段

(d) 东长路(光侨路—长凤路)

(e) 光明大道塘家路段

图 5-4　2019 年 5 月 20 日降雨期间视频监控截图（节选）

（二）水环境方面

通过源头减排、过程控制、末端综合治理的实施，试点前为黑臭水体的鹅颈水已于 2017 年年底消除黑臭，且顺利通过 2018 年 5 月中央环保黑臭水体督察。从监测评估情况来看，鹅颈水已稳定实现不黑不臭，水质逐渐向Ⅴ类水好转，部分河段优于Ⅴ类，东坑水水质优于试点前并逐渐向Ⅴ类水好转，水环境质量达到批复指标要求。结合模型评估，试点区域雨水年径流污染物削减率（以 SS 计）为 62%，达到批复≥ 60% 的目标。

（三）水生态方面

根据对试点区域海绵城市建设监测及模拟分析，试点区域内年径流总量控制率达到 72%，达到批复的指标。

对“三面光”河道断面进行岸线改造，恢复岸线生态功能。鹅颈水岸线重塑工程已全线完工，生态岸线恢复比例达 100%，改造后生态岸线长度达到 10.1km。试点区域水面率达到 5.4%，较试点申报前 4.46% 有所提升。

（四）水资源方面

区域内生态区和城市建设区年雨水利用量 164.45 万 m^3/a（年均用水量的 7.4%），雨水资源化利用率达到试点批复指标。污水出厂尾水实现全部回补河道景观补水，污水再生利用率达到 100%。

（五）项目建设方面

项目建设方面，试点建设项目海绵功能基本实现。鹅颈水生态湿地公园位于鹅颈水与茅洲河干流交汇处，西邻茅洲河，东靠华星光电厂区，总用地面积为 70500m^2，湿地在处理鹅颈水初期雨水及调蓄区域雨洪的基础上，在源头布置植草沟、植被缓冲带等海绵设施，并与景观充分结合，营造高颜值的海绵景观（图 5-5）。鹅颈水长 5.6km，通过源头正本清源、沿河截污、初雨分离、驳岸重塑、景观提升等综合措施，消除了河道黑臭并营造了景观优美的碧道，成为周边居民休闲散步的好去处，改造前、后对比图如图 5-6 所示。

图 5-5 鹅颈水湿地及鹅颈水整治后鸟瞰图

(a) 改造前　　(b) 改造后

图 5-6　鹅颈水岸线改造前、后对比图（节选）

欧菲光科技园位于光明区东阁路北侧，总占地面积为 30451m^2（图 5-7）。园区采用海绵城市理念打造，通过“渗、滞、蓄、净、用、排”等多种技术理念，运用雨水花园、植草沟、生态停车场、绿色屋顶、建筑雨落管断接等多种措施，提高对径流雨水的渗透、净化、调蓄功能。东阁路位于光明区高新区西北片区，双向两车道，红线宽度 19m，道路采用海绵城市理念组织雨水径流，将机动车道雨水通过开孔道牙引入下沉式绿地进行滞蓄、下渗、净化，人行道采用透水铺装减少雨水产流量（图 5-8）。

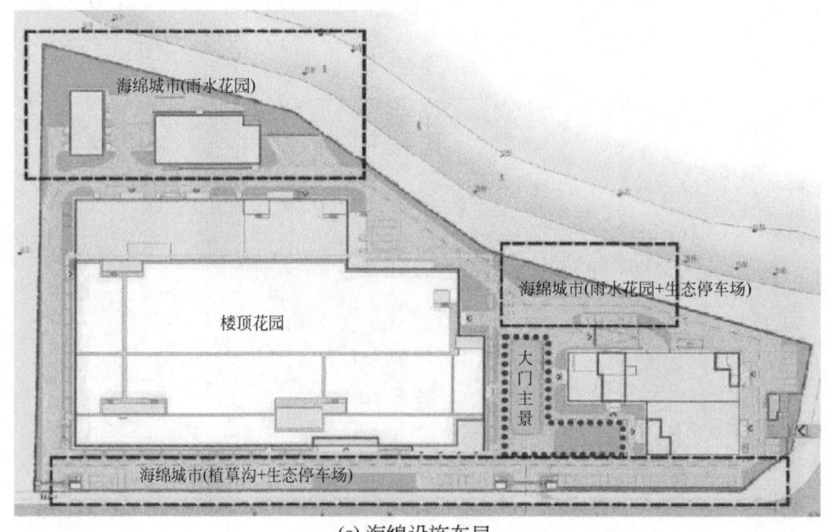

(a) 海绵设施布局

(b) 细节图

(c) 细节图

图 5-7　欧菲光科技园

(a) 道路雨水口

(b) 雨水篦子

(c) 植被草沟

(d) 渗透铺装

图 5-8　东阁路海绵设施细节图

第二节　全市海绵城市建设的成效

一、海绵城市建设的推进情况

全市将海绵城市建设与治水、治城相融合，点、线、面相结合，全面纳入各部门日常工作，融入各专项行动。在老城区，结合水污染治理、城中村（旧城）改造等专项工作，形成了新旧城区同步推进的态势解决了老百姓关心的环境问题，中心城区主要内涝点基本消除，深圳河湾、茅洲河等城市主要河段水质明显改善，治理后的深圳湾吸引了大批珍稀鸟类及白海豚、水母回归栖息。在新城区，结合前海、坝光等重点区域建设，从规划到建设全面落实了海绵城市要求。

建设项目是实现海绵城市建设目标的重要载体，深圳市试点伊始就高度重视对建设工程项目的管控。2016年8月，深圳市海绵办印发《深圳市推进海绵城市建设工作实施方案》，要求对于新建道路与广场、公园和绿地、建筑与小区、水务工程及城市更新改造、综合整治等建设项目，必须严格按照海绵城市要求进行规划、设计和建设；对于尚未开工和在建的各类建设项目，建设单位应视具体情况，尽可能地按照海绵城市要求进行设计变更和整改。在此之后深圳市即开始对全市的新、改、扩建项目进行管控。截至2019年6月，全市海绵城市项目库入库项目（包含试点区域）超过2700项，涵盖建筑与小区、道路与广场、公园绿地、水务等多种类型，涌现出一批深受市民喜爱的海绵城市建设项目。根据2017年海绵城市年度绩效考核，全市共完成海绵城市建设项目422个，新增海绵城市面积39.14km^2。2018年经专家认定的完工项目939项（含改造项目521项），新增海绵城市面积65km^2。2019年经专家认定的完工项目912项（含改造项目551项）（表5-9），新增海绵城市面积91.76km^2（包括达标片区面积13.92km^2）。

表5-9　深圳市完工的海绵项目信息表（截至2019年）

时间	分类		按照投资来源分类		按照项目类型分类	
			政府投资项目	社会投资项目	新建项目	改造项目
2017年	项目数量	建筑小区类	84	27	59	52
		道路广场类	86	0	53	33
		公园绿地类	136	0	42	94
		水务类	89	0	70	19
		合计	395	27	224	198
	项目面积/km^2		38	1.1	31.3	—
2018年	项目数量	建筑小区类	238	40	191	87
		道路广场类	242	4	101	145
		公园绿地类	178	0	60	118
		水务类	237	0	66	171
		合计	895	44	418	521
	项目面积/km^2		—	—	24.83	40.63
2019年	项目数量	建筑小区类	199	79	143	163
		道路广场类	274	4	107	153
		公园绿地类	120	1	47	74
		水务类	208	0	64	161
		合计	801	84	361	551
	项目面积/km^2		—	—	18.34	59.05

"十三五"期间，通过"项目建设 + 三级排水分区"达标的方式来推动 2020 年全市海绵城市建设绩效达标，可达到《海绵城市建设评价标准》的片区 43 个，总面积 295km^2，其中建成区面积约 200.95km^2，占城市建成区面积的 22.01%。达标片区外已完工且经市海绵城市绩效考核认定达标的海绵城市项目 1698 项，达到海绵城市建设要求的建成区面积 137.71km^2，占全市建成区面积的 15.08%，如表 5-10 所示。

表 5-10　深圳市 2020 年试评估预达标片区一览表

行政区	建成区面积 /km^2	海绵城市达标片区						
		已达标片区（流域）			已达标项目服务片区		已达标总面积	
		个数 / 个	建设用地面积 /km^2	占建成区面积比例 /%	达标项目个数 / 个	达标项目建设用地面积 /km^2	面积 /km^2	占建成区比例 /%
光明区	71.93	6	32.22	44.79	64	6.1	38.32	53.3
福田区	56.8	4	13.2	23.24	126	5.12	18.32	32.3
罗湖区	43.4	3	6.015	13.86	129	4.64	10.655	24.6
盐田区	20.33	1	2.45	12.05	156	2.94	5.39	26.5
南山区	86.04	5	17.49	20.33	197	15.15	32.64	37.9
宝安区	215.6	4	44	20.41	264	32.31	76.31	35.4
龙岗区	218	9	44.55	20.44	237	41.12	85.67	39.3
龙华区	108	4	22.35	20.69	314	16.9	39.25	36.3
坪山区	57.2	3	12.37	21.63	97	8.28	20.65	36.1
大鹏新区	32.37	3	6.22	19.22	64	2.38	8.6	26.6
前海	3.45	1	0.081	2.35	50	2.77	2.851	82.6
合计	913.12	43	200.95	22.01	1698	137.71	338.66	37.1

二、海绵蓝绿空间的有效管理

深圳市积极落实海绵城市生态保护优先的原则，大力推动河湖水系、绿地等空间保护工作，划定了生态控制线，并制定了《深圳市基本生态控制线管理规定》。在生态控制线的基础上，划定了生态保护红线，明确了城市发展边界。目前，结合海绵城市专项规划的成果及其他相关要求，修编了《深圳市蓝线规划（2007—2020 年）》，切实推动了河湖水系空间保护；开展了城市绿线划定，并研究其配套政策，推动了绿地空间保护。

（一）基本生态控制线

深圳是国内最早划定生态控制线的城市之一。生态控制线内保护面积构成了全市范围的大型区域绿地背景和相互联系的生态廊道，形成了完整连续的城市基本生态空间体系，总体构建了山水林田湖草一体化的生命共同体。

控制线划定以来，深圳市规划部门每年均运用卫星遥感技术，监测侵占控制线用地的违法建筑，并依据相关管理规定进行拆除。全市依法依规全部处置一级水源保护区 1069 栋违建，强力拆除黑臭水体沿河违建目标达 134 万 m^2，拔掉西乡河“红楼”、龙岗河“龙舫”等一批 20 多年的沿河违建，为治水项目的按时推进打下坚实基础（图 5-9）。因此，深圳市的城市增长边界得到了有效控制，保护了全市完整的生态格局，为实现城市建设与生态保护和谐共存提供了骨架基础。

(a) 西乡河“红楼”违建拆除

(b) 龙岗河“龙舫”违建拆除

图 5-9　沿河违建拆除

（二）蓝线

深圳市是全国最先划定蓝线的城市之一。2019 年，结合海绵城市建设要求，深圳市完成了蓝线规划修编工作，此次修编工作对蓝线划定对象、标准、影响因素、管理规定与措施等内容进行复核、优化与完善，对已划定蓝线的区域进行修编，未划定蓝线的区域进行补充划定，在上版蓝线纳入了全市 73 条主要河流的基础上，对 310 条大小河流重新勘定蓝线，做到“定性、定量、定位”，保证城市水体和原水工程得到良好的规划管控及保护，为国家海绵城市试点城市建设保驾护航。

（三）绿地系统规划

深圳已进入以质量和效益为核心的稳定增长阶段，为深入推进生态文明建设，落实建设粤港澳大湾区世界级城市群的国家战略，探索创新土地资源紧约束条件下建设国际一流城市环境的路径，衔接创建“国家森林城市”、打造“世界著名花城”、建设“海绵城市”等工作要求，2017 年以建设“宜居城市、美丽深圳”

为目标，确定了新一轮绿地空间规划，于 2017 年编制完成《深圳市绿地系统规划修编（2014—2030 年）》（2017 年版）。该规划在全市绿化资源调查的基础上，系统检讨评估原有绿地系统规划实施情况，并结合城市发展机遇与挑战，明确巩固优化绿地生态系统格局、落实绿地精细化的空间管控、促进城市绿地均衡建设发展、提升绿地建设品质和综合功能 4 项重点任务。该规划在规划策略与生态保护建设目标中，均明确提出要“贯彻海绵城市建设理念，落实海绵城市建设要求，以规划建设绿地生态建设示范区和示范项目为带动，打造城市绿色海绵体”。并在绿地生态建设指引中，明确了绿地作为海绵城市建设的主要载体，应该强化入渗、净化、调蓄、收集回用等功能，并给出了具体的建设指引。

三、城市水系统的良性循环

黑臭水体治理是海绵城市建设的重要工作之一。截至 2019 年 8 月，全市 150 条黑臭水体已基本实现“长治久清”。深圳河湾、茅洲河等城市主要河段水质明显改善，治理后的深圳湾吸引了大批珍稀鸟类及白海豚、水母回归栖息，受到社会各界赞扬。为从源头做好雨污分流改造，深圳市大力推进排水管网正本清源工作，从源头上治愈“水污染”顽疾，提高雨污分流水平，提升水环境质量，总计已完成超过 12 000 个小区的正本清源工作，深圳市黑臭水体治理前后对比图如图 5-10 所示。内涝防治方面，深圳市 2016 年完成治理 133 个易涝点。2017 年完成治理

(a) 茅洲河整治前(左)后(右)对比

(b) 福田河整治前(左)后(右)对比

(c) 深圳河整治前(左)后(右)对比

(d) 新洲河整治前(左)后(右)对比

(e) 西乡河整治前(左)后(右)对比

(f) 深圳湾整治前(左)后(右)对比

图 5-10　深圳市黑臭水体治理前后对比图

59 个易涝点，2018 年完成治理 53 个易涝点（易积水区域），内涝治理成效显著，深圳市内涝抢险工程前后对比图如图 5-11 所示。

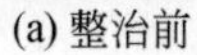

(a) 整治前

(b) 整治后

图 5-11　光明区公园路内涝点整治工程

四、城市生态环境质量的提升

深圳城市人居环境质量得到明显改善。2019 年 5 月，深圳市被国务院办公厅评为重点流域水环境质量改善明显的 5 个城市之一，11 月成功入围国家城市黑臭水体治理示范城市。茅洲河一举摘下全省污染最重河流的“帽子”，同时作为连续两年龙舟邀请赛的比赛场地，留住了居民记忆中千帆竞技、戏水摸鱼的乡愁。深圳湾吸引了大批珍稀鸟类及白海豚、水母回归栖息，成为“海上看深圳”的亮丽风景线。全长 13.7km 的大沙河生态长廊全线建成开放，活力水岸等亲水节点美不胜收，水上赛艇等项目精彩纷呈；福田河、后海河等一大批河流蝶变为城市新景观和市民娱乐休闲的好去处，成为“绿水青山就是金山银山”的生动样本。图 5-12 展示了部分深圳市的人居环境。

盐田垃圾焚烧电厂(盐田区)

石岩湖绿道(宝安区)

鹅颈水生态湿地(光明区)

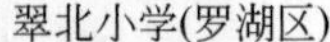
翠北小学(罗湖区)

创投路(光明区)

茶林路(光明区)

香蜜公园(福田区)

深圳湾(南山区)

牛轭岭村城中村综合整治(龙华区)

万科云城(南山区)

罗湖体育休闲公园(罗湖区)

龙塘社区公园(龙华区)

福田河(福田区)

甲子塘排洪渠(光明区)

葵涌河(大鹏新区)

茜坑水(龙华区)

人才公园(南山区)　　洪湖公园(罗湖区)

福田宠物公园(福田区)　　葵新社区公园(大鹏新区)　　盐田港水厂(盐田港)

冈厦1980城中村改造(福田区)

福田红树林公园(福田区)

开明公园(光明区)　　大沙河(南山区)　　辅城坳社区(龙华区)

燕罗湿地(宝安区)

笋岗中学(罗湖区)

万丈坡拆迁安置房(光明区)

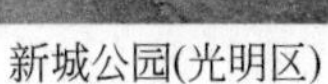

新城公园(光明区)

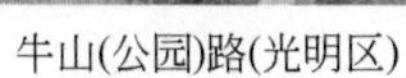

牛山(公园)路(光明区)

深圳实验学校光明部(光明区)

东长路(光明区)

锦绣科技园(龙华区)

百仕达小学(罗湖区)

华侨城湿地(南山区)

泰华梧桐岛(宝安区)

图 5-12　深圳市人居环境展示

第六章　深圳海绵城市建设的未来展望

海绵城市建设将是一个长期而艰巨的过程。深圳将根据城市发展需要，在粤港澳大湾区建设，中国特色社会主义先行示范区建设背景下，逐步完善海绵城市建设体系，进一步推进海绵城市建设工作。

第一节　总体导向

作为中国特色社会主义先行示范区、粤港澳大湾区核心城市、国家可持续发展议程创新示范区的重要平台，深圳正在着力打造“区域卓越、全球领先”的海绵城市，不断探索可操作、可复制、可推广的有效模式，建成高密度超大型海绵城市范本。海绵城市建设还处于方兴未艾阶段，海绵城市建设的推广将经历一个长期而艰巨的过程。深圳也在海绵城市建设“先行先试，逐步深化”的探索过程中，一边脚踏实地，一边未雨绸缪，不断挖掘着未来新的着力点。为进一步可持续地推进海绵城市建设，需要做好以下几个转向。

从政府主导转向全民自觉。一个城市的生活、生产、生态模式的转型与再发展绝非一日之功，海绵城市建设需要决心、耐心，也需要一条良性的可持续发展道路。在当前海绵城市建设中，政府是海绵城市建设主导者。政府既是倡议的发出者，又是规则的制定方，还是主要建设工作的执行人。由于海绵城市建设事关一个城市的生活、生产、生态的诸多方面，从政府主导转向全民自觉将成为未来的必然趋势，让更多的社会公众成为海绵城市的建设者、参与者，以主人翁的角色去支持和守护海绵城市，为海绵城市的发展保驾护航，形成良好有序的可持续发展格局。

从点线项目转向片区流域。目前，海绵城市建设主要以海绵项目的形式逐年下达任务开展建设，且主要强调点、线项目。在逐步推进过程中，容易让公众将解决水问题的希望全部寄托于零散的海绵项目。深圳海绵城市建设实践表明，水问题的解决不是依靠零散的海绵项目，而是需要海绵的连片化建设，形成海绵片区、海绵流域。秉承“+海绵”理念，将海绵理念融入建设项目、片区开发和流域治理中，打造“海绵无处不在”的城市特色名片。

从单维独立转向立体联通。深圳作为高密度超大城市，建筑开发强度高、建筑密度大，部分地区俨然形成了“水泥森林”，城水争地的矛盾长期存在。深圳要想完全转型为海绵城市，充分利用紧缺的土地资源是关键所在。将海绵从地表层面推广至屋面、立面及地下，实现立体建设，是深圳海绵城市建设的一大突破口。同时，现有不同类型、不同尺度、不同片区的海绵体缺乏联系。未来的海绵城市建设，应更强调大、中、小海绵的协同作用及不同片区和流域间海绵体的径流联通，以实现全市海绵体系的优化配置。

从零散技术转向系统集成。在海绵城市建设试点过程中，各类技术经验不断积累，但技术呈现碎片化、零散化的特点。在未来海绵城市建设工作中，对技术的整合将成为重点工作。集成碎片技术需要从海绵城市建设的全生命周期、大中小多尺度、立体多维度等方面入手，将海绵建设从分散的“游击战”转变为“高效组合拳”，使海绵城市建设经验更好地应用于不同情境中，形成可操作、可复制、可推广的有效模式，从而更好地推进全国海绵城市建设进程。

从传统管理转向智慧海绵。传统的管理模式已不能满足多层级、多维度、系统复杂的海绵城市管理需求，亟需建设高灵敏感知、高精度预测、高效率决策的智慧平台。深圳智慧水务的发展也将为海绵的智慧化管控提供支持。作为充分利用物联网、大数据和人工智能手段的先进平台，智慧海绵将为海绵城市的可持续全面发展提供智慧化支撑与创新驱动。海绵城市管理由传统转向智慧化，不仅是信息化技术的升级，更将带来治理模式、服务体系和水科技产业的不断变革与创新。

为了促进和支撑以上转向，未来需要进一步推进健全法律法规、强化规划创新、打造海绵经济、构建共治体系和建设智慧海绵等工作。

第二节　健全法律规范

法律规范作为海绵城市建设与发展的基础保障，承担起了为海绵城市保驾护航的责任。但是，现有海绵城市建设中，法律规范较为薄弱。在深圳未来的转型发展中，由政府主导转向全民自觉离不开法律规范的助力支撑，从点线项目转向片区流域更需要法律规范的协同保障。

美国、日本、德国等国家城市雨水管理法律制度建设较早，并逐步建立了较为完备的立法制度保障。以美国为例，美国对水基础设施建设拥有较为完善的法律法规。美国在 1987 年修订了《清洁水法案》，公布了《清洁水法案的修正案》，制定了非点源污染源控制的条款，将雨水径流污染的控制要求纳入国家污染排放许可制度。依据 1992 年制定的《环境基本法》和 1994 年制定的环境基本计划，日本从环境保护层面明确健全水循环体系的重要性。2014 年 7 月 1 日起，日本《水循环基本法》生效，其主要目的是采取推动水循环的措施，恢复、维持健全的水循环系统（廖朝轩等，2016）。德国通过建立多层级的立法体系，包括联邦水法、建设法规和地区法规等法律条文形式，要求加强对自然环境的保护和水的可持续利用。1986 年和 1996 年德国两次对联邦水法进行修改，分别提出“每位用户有义务节水，保证水供应的总量平衡”和“水的可持续利用”理念并强调“排水量零增长”的概念。联邦水法为各州有关雨水利用法规的建设提供了政策导向（郑兴等，2005）。

海绵城市的法律保障制度研究在我国还是一个崭新的课题。国家已出台鼓励城市开展海绵城市建设试点政策，目前影响力较大的海绵城市建设相关文件已有三部，包括：住房和城乡建设部于 2014 年颁布的《海绵城市建设技术指南——低影响开发雨水系统构建（试行）》，国务院于 2015 年颁布的《国务院办公厅关于推进海绵城市建设的指导意见》及住房和城乡建设部联合国家发展和改革委员会于 2017 年颁布的《全国城市市政基础设施规划建设“十三五”规划》。《海绵城市建设技术指南——低影响开发雨水系统构建（试行）》属于部门技术规范，《国务院办公厅关于推进海绵城市建设的指导意见》属于行政指导文件，《全国城市市政基础设施规划建设“十三五”规划》属于国家级、综合性的市政基础设施规划，具有一定效力，但由于其内容多为描述性表述，地方政府在执行过程中存在一定变数。目前关于海绵城市建设的资金筹集和投入缺乏相关的法律予以明文规定；海绵城市的监管、运营维护管理缺乏明确的问责机制。因此，有必要进一步健全我国海绵城市建设的法律体系，避免海绵城市建设浅尝辄止，成为暂时的形象工程。

我国海绵城市法律体系的建设，需要着眼于海绵城市建设的全过程，实现每个步骤都有法律依据，每个环节都有法律保障的良好发展模式。其中的关键节点包括：①海绵城市建设规划法定化，将海绵城市建设纳入城乡规划法定体系，在《中华人民共和国城乡规划法》中明确规定海绵城市建设的具体内容，确保海绵城市建设可以得到长期稳定发展；②海绵城市投融资机制法定化，建立完善的海绵城市投融资机制，寻求政府补贴以外的投资来源，让更多的社会力量参与到海绵城市建设过程中来；③海绵城市监管机制法定化，海绵城市建设的监管制度主要包括海绵设施施工、全生命周期运营维护及海绵设施实时监测数据公开等方面。

雨水排放许可制度可能将是海绵城市建设中一项关键的制度创新。雨水排放许可制度要求达到一定规模的雨水排放场地必须采取相应的污染源控制措施，并在获得雨水排放许可证后才能排放雨水。许可证可以根据雨水排放场地的规模、工业或建筑活动性质、受纳水体水质要求等设定不同类型。该制度的意义在于为雨水收费经济制度提供有力的法律保障，从而实现海绵城市建设的可持续发展。

在未来的雨水排放许可制度建设过程中，需要：①循序渐进。雨水排放许可制度作为我国一项新兴事物，同时也是一项有强制约束力的事物，在实现过程中需要分阶段建立一个完善的体系。在制度制定初期，应当结合实际情况适当降低雨水排放许可目标，给社会充分的响应时间，同时也让新制度充分接受实践的考验；而在后期，依据公众的反馈情况对制度中的内容适当调整、有的放矢、抓重点、补漏洞，逐步完善并形成一个完备的法律制度体系。②因地制宜。充分考虑国情（公有制制度）、城市发展阶段、资金、人员等因素的约束，分步骤、分目标地实现雨水排放许可制度。在推行过程中，需要经过实地调研、筛查后，根据各行业、各区域实际情况，参考发达国家的雨水排放许可制度设定合理的分行业、分区域的制度标准，并制定相应的考核体系，保证制度的执行。③试点区域先行。首先在市内试点区域试行雨水排放许可制度，最终逐步推广到全市。④公众宣传。在制度制定执行的全过程，需要重视教育宣传工作，并在制度出台时以专章的形式明确，使得公众充分认识到雨水排放许可制度的重要意义，并积极参与到雨水排放许可制度的制定、实施、监管和意见反馈过程中。

第三节　强化规划创新

规划是海绵城市建设的顶层设计，它决定了海绵城市发展的具体方向，并指导海绵城市建设的落实，是海绵城市从理念到实践的指挥棒。无论是从点线项目转向片区流域，还是从单维独立转向立体联通，规划都将扮演至关重要的角色。强化规划创新，将成为深圳海绵城市建设成功转型的重要途径。

国外与海绵城市理念类似的有绿色基础设施等。绿色基础设施规划产生于20世纪90年代的美国，其后在西方国家得到长足发展。相比于我国的规划体系，西方国家的绿色基础设施规划强调多学科综合原则、生态网络化原则、跨区域整合原则、多尺度原则及多方利益主体原则等。在近年来的发展中，逐步形成了如下特点：①保护和发展相结合，相互促进；②规划先于发展；③注重尺度的分类和协调；④注重多重功能和效益的发挥；⑤网络化构建，实现“通道”联系和“孤岛”衔接；⑥强调对方参与，注重协调生态保护与利益攸关方之间的矛盾，强调实施可行性（周艳妮和尹海伟，2010）。

在我国海绵城市建设规划编制的过程中，取得了一些经验，但同时也存在若干问题，包括：①不同尺度海绵体的规划需加强融合。目前的海绵城市建设规划偏重以年径流总量控制率为导向的源头低影响开发设施的建设。在下一步海绵城市建设规划中应加强低影响开发设施、城市排水系统、城市绿地系统及城市基本生态控制线内自然基底的空间布局与功能融合。②海绵城市专项规划与其他各类专项规划需加强协调与衔接。目前许多城市专项规划（如竖向、水系、绿地、排水、道路、生态环境保护及市政基础设施等）中已经提到了海绵城市建设的理念，但是部分仅限于定性表述，在相关目标、指标方面对接不明确，缺乏实际可操作性。③海绵城市建设维度平面化。缺乏从屋顶绿化、立体绿化到地表、地下空间的立体规划。

针对我国海绵城市建设过程中存在的突出问题，在今后的规划过程中，努力的方向包括：①建议编制《城市海绵空间布局规划》，该规划是对现存的、未来待建的、自然或人工的各类海绵元素空间分布形态的一种建设性指导，该规划所确定的点线面格局将宏观、中观和微观海绵体融合，是城市水文良性循环的本底；②实现多规融合，打破传统专项规划隶属不同编制单位的缺陷，实现海绵城市建设规划与其他专项规划的无缝对接，真正从原先“海绵+”的项目模式走向“+海绵”的普及模式；③关注立体绿化和海绵城市建设地下空间规划，从雨水循环的角度，充分利用城市建筑屋顶、侧立面，实现雨水原位调蓄和净化，同时改变传统城市地下空间无序开发模式，引导性地为雨水滞留、下渗留出一定空间，最大限度减小城市化对雨水自然循环的负面影响。

第四节　打造海绵经济

经济基础决定上层建筑。海绵城市的发展亦不例外，良好的海绵经济基础一定程度上决定了海绵城市的管理架构、建设质量和运维效果。海绵城市的建设具有建设成本高、资金回收率低等特性。目前的海绵城市建设较多地依靠政府投入，尚不能充分调动社会资本参与的积极性。打造资本良性循环、激励社会积极参与海绵经济生态结构链，才能为海绵城市建设谋得长足发展，这是由政府主导转向全民自觉的必经之路。

国外在推行雨洪管理生态系统的建设上采用了各类经济手段促进资本投入。例如，德国柏林推行的“雨水费”制度为雨水处理提供了强有力的资金保障；德国科隆对通过低影响开发降低雨水排放量的用户实施雨水管理费优惠，有效地激励了民间资本在雨水处理方面的投入；美国华盛顿在征收雨水费的同时建立了绿色屋顶专项基金，鼓励开发商建造绿色屋顶等。

目前国内在雨水收费制度的建立和推广上仍然面临着一系列的问题。社会对雨水收费问题仍存在争议，“雨水该不该收费”“该如何收费”都是广泛争论的问题。雨水收费可行性、资金用途及监督管理机制等尚未经过论证，导致公众对雨水费这种新的收费形式接受度较低，对雨水收费形成了较大的阻力。为了更好地保障海绵城市建设的可持续性，未来将从以下几个方面着力打造海绵经济，形成良性循环的海绵经济有机体系。

建立合理有效的雨水收费制度。作为一种引鉴于国外的行政管理手段，雨水收费制度在本土化的过程中，一方面要吸收国外优秀经验，另一方面将充分考虑国情，制定适用于中国特色社会环境的管理和计价方式。可以考虑将排放雨水纳入排水费的计量中，根据不透水面积计量雨水量，并根据海绵设施的建设和使用情况进行核减。此外，该制度的建立与群众生活息息相关，离不开公众的意识提升与行动支持，因此，实行过程中应充分征求民意，充分考量群众心声，并通过普及“生态产品使用者付费”理念，逐步提高公众对雨水收费制度的接受程度。

利用雨水费充分活跃资本市场。深圳将借助政策引导，鼓励社会资本经营产业发展。通过引入社会资本的水务投入，鼓励水务投资基金模式，从而促进水产业的快速孵化和壮大。探讨汇水区或地块雨水排放权交易制度，逐步建立雨水排放权交易市场。同时，使用基金融资手段，通过绿色信贷、绿色债券等途径将投融资与海绵创造的长期分散的雨水费盈利挂钩，让海绵变得“有利可图”，实现海绵投资回报的良性循环。

利用雨水费构建多赢利点的海绵产业链。以海绵城市建设为核心，整合规划设计、投融资、工程建设、产品研发、运营维护、智慧“海绵”等上下游产业，打通海绵城市建设上下游领域，形成链状产业协同发展模式。深圳经过长期建设与发展，正在逐步培养一系列海绵城市建设的相关产业，海绵城市建设的技术正在不断地向成熟产业发展，形成了“规划—设计—施工—管理”权责明晰、各司其职的系列产业。从实现雨水净化技术产业化、实现“海绵＋产业”区域化、促进技术交流国际化三管齐下，推进产业链建设与提升。

第五节　构建共治体系

现有的海绵城市建设由政府主导，政府揽过规则制定者、参赛者和评判者一揽子角色，民众主要是“被动”了解和参与。政府主导的模式在初期有其不可替代的优点，但长足的发展必须构建起全民共治体系，让民众更多地参与，用主人翁的态度去维护全社会共同建设的硕果。只有真正地以民为本，创造让民众喜闻乐见的共治形式，才能真正实现从政府主导转向全民自觉的重要转型，推动海绵城市的持续发展。

国外已有一些促进公众参与海绵城市建设的做法。例如，美国采取控制税收、给予补贴资助和优惠贷款、发行义务债权等一系列经济手段，激励企业和居民参与到LID生态城市开发建设中去。纽约环保局推行雨桶赠品计划、公开的交互式绿色基础设施网络地图。新加坡公用事业局推行ABC城市水域景观设计认证计划，被授予ABC认证的开发建设项目将会得到一定的奖金。日本采用减免税收、发放补贴、基金、提供政策性贷款等方式来促进雨水利用工程的实施。澳大利亚墨尔本水务局河流健康激励计划为土地所有者、当地政府、维多利亚公园和社区团体等提供财务和技术援助。深圳市目前主要通过对社会资本（含PPP模式中的社会资本）出资建设的相关海绵设施给予奖励，开展教育、培训普及海绵知识，成立高校、企业、公益组织广泛参与的技术联盟等方式提高公众参与海绵城市建设的主动性和积极性。未来几年深圳将从以下几个方面入手，构建起海绵城市全民自觉共建共治的新管理体系。

明晰政府主导角色，引入社会共治元素。实现社会共同治理，要形成“决策管理＋智库辅助”的决策模式，构建政府、市场、社会等多元主体在环境治理中协同协作、相辅相成的新局面。应建立完善的意见收集反馈机制，鼓励公众积极献言献策，建立政府、学者、企业、非政府组织、市民等多种主体参与海绵城市建设决策过程的机制；发挥社区的组织和管理作用，在考虑居民实际需求的前提下进行海绵项目的实施，项目施工过程中让当地居民参与其中，培养居民的主人翁意识的同时提升项目实施效果等。

实施信息公开保障透明公正，开展系列活动推进社会共治。在信息公开方面，深圳将建立健全海绵信息公开平台。定期将未建海绵项目规划方案、在建海绵项目建设情况、建成海绵设施运行情况发布在政府海绵城市信息公开平台。通过定期进行城市海绵信息公开，实现海绵城市建设信息透明化，从规划到融资到建设到运维，全方位接受来自民众的监督。在宣传教育方面，深圳还可结合自身科技优势，开展“海绵系列”活动，在全新的5G时代，通过线上参与和线下体验相结合的方式，使更多的公众自发且深入地了解海绵城市的内涵与定位。通过海绵校园计划、海绵先行者计划，在学校、政府机构办公场所等易推广人群中率先推广。同时，加强市民的感官体验，采用有偿“海绵百景”评选、新建区全部实现海绵化等有效手段，让市民切身感受海绵带来的好处，建立全社会共同建设海绵城市的意识。

借助激励措施引导全民共建。未来的海绵激励制度可建立在海绵星级认证的基础上。建设全市统一的监测平台，方便建设者进行数据上传，同时保障星级认证的公平性与公开性。结合监测平台数据对已完成建设的海绵设施进行评估，评定海绵设施的功能和运维情况，据此给予投资建设者一定的荣誉及资金奖励。通过评奖的形式，将政府拥有的海绵城市建设资金一定程度回补到海绵城市建设投资者手中。星级评定及奖励不仅可以激励开发商自主建设海绵城市，并对海绵设施运行质量进行维护，还有助于民众更多地参与到城市建设中，更好地推进海绵城市良性发展。

第六节　建设智慧海绵

从零散技术转向系统集成、从传统管理转向智慧管理都离不开智慧海绵平台的建设。智慧海绵平台也是实现源头减排、过程控制和系统治理的新型基础设施建设理念的重要支撑。智慧海绵是海绵城市规划、建设和运维等各个阶段的智能化，有利于提高海绵城市的规划、建设和运维的效率，降低投资成本，也有利于更好地评价海绵城市建设所能发挥的效益。

一些国际发达地区将信息化引入水务系统，建设智慧型海绵城市已初见成效。美国国家洪水预警系统跨越不同模式之间的尺度差异，构建从全球至街区的多尺度洪水预测。欧盟通过智能水网的建设实现了资源效率、智能水管理、决策支持系统多维智慧管理。先进城市的经验告诉我们，智慧水务系统的介入可以为城市的管理运维提供更为有力的数据支撑，极大地提高决策的科学性。

深圳市可结合国家海绵城市建设相关要求，综合应用云计算、“互联网+”和地理信息系统等科学手段，建设深圳市海绵城市规划设计、工程建设、运营管理的智慧化管理平台，为海绵城市建设过程及后期运营考核业务管理提供基础数据和科学管理模式。深圳未来的智慧海绵平台建设应更侧重于完善对城市水系统的高时空分辨率实时感知、预测、预报和多维度智慧调度功能，以支持城市洪涝和水污染的过程控制和系统治理。

更高效的感知体系。由于海绵设施的分布特性与结构特性，数据时效性、反应即时性和监测点位覆盖面等都成为雨洪监测的制约条件。随着海绵城市的逐步建成，以水资源保护、水环境改善、水生态修复、水安全保障等为目标，感知体系对信息感知数据的覆盖面和感知深度、感知时效性、数据质量精度及智能化程度等方面提出了越来越高的要求。针对数据覆盖面、感知时效性、数据质量精度等需求，智慧海绵将充分应用智慧水务系统中已有的卫星定位、空天遥感、地面雷达、物联网及智能感知、移动宽带网等技术，结合地面监测站网，配套物理水网建设，形成空天地水一体，包含雨情、水量、水质的实时海绵感知网络。通过新兴智能感知技术，实现“数字管网+数字流域”的全过程全要素数字感知。为提高感知体系数据的有效性和感知深度，智慧海绵还将加大水务信息化的投资力度，推进新兴信息化技术研发进程，以保障感知体系的智能性与有效性。

更有力的管理支撑。智慧海绵管理平台以“管理智能化、时空统筹化”为目标定位，建设新一代包含大数据、高效分析方法和精确预测能力的信息处理平台。海绵城市建设中后期海绵连片化效应逐步生效，需要对整个城市进行多层次多维度的综合评测，常常面临跨流域跨时段的调配问题，需要建立实地监测动态数据库，并构建精确度高、速度快的模拟优化算法。智慧平台将通过对大数据进行分类、重组分析、再利用等一系列智慧化处理，将成果应用于海绵建设与管理等各个方面。智慧平台将从全市域、多流域、排水分区多种尺度，立体分布、平面布置不同维度，综合分析研究范围内海绵设施的处理效果，并考虑其相互联系与相互影响。基于全方位多角度的海量数据库，智慧平台将重点进行模拟及优化技术的研发，确保智慧平台在雨洪事件中高效响应，并保证结果的精确性。智慧海绵管理平台的发展将在未来发展中不断累积，逐次迭代，为决策提供更科学、更高效、更精准的智慧支撑。

更科学的决策模式。智慧海绵决策体系是基于大数据分析及人工智能（AI）手段的智能信息化系统。其目的在于解决海绵调控中的复杂水资源、水环境、水生态、水安全情景分析，为水问题的预测与研判提供新思路与新方法。基于AI的决策模式分为自动决策与辅助决策：在所有AI能达到的技术能力范围，都可为人类决策提供辅助；在法律和体制许可（包括应急许可）的范围内，AI将自行决策并执行之。决策的本质是基于关联的多维分析，分析结果往往是非确定性的。AI通过数据积累和不断学习，利用最小的计算成本在最大限度上考虑复杂情形下的问题剖析，并将不同排水分区、流域的海绵单元之间的关系纳入计算范畴，减小结果不确定性，极大地减小了决策成本，降低了决策风险。

参考文献

陈丽，宋力，黄民生 . 2012. 河湖底泥资源化研究现状与展望 . 上海化工，37（7）:1-6.

陈梦芸，林广思 . 2019. 基于自然的解决方案 : 利用自然应对可持续发展挑战的综合途径 . 中国园林，35(3): 81-85.

陈硕，王佳琪 . 2016. 海绵城市理论及其在风景园林规划中的应用 . 农业与技术，36（3）: 128-131.

程慧，王思思，刘宇 . 2015. 海绵城市弹性基础设施的建设——以台湾生态滞洪池为例 . 南方建筑，（3）: 54-58.

邓龙 . 2017. 澳大利亚水敏感城市设计研究 . 城乡建设，（1）: 72-74.

高湘，谢庆坤，俞露，等 . 2017. 滨海地区海绵城市规划探索——以深圳坝光地区为例 . 给水排水，53（11）: 28-32.

郭路伟 . 2015. 绿色建筑小区改良型下凹式绿地技术研究 . 重庆 : 重庆大学 .

韩朦紫 . 2019. 海绵城市雨水低影响开发非工程措施研究 . 北京 : 北京建筑大学 .

胡尹超，秦华鹏，林子璇 . 2020. 深圳绿色屋顶雨水滞留效应变化及其影响因素 . 深圳大学学报（理工版），37（4）: 347-354.

冀紫钰 . 2014. 澳大利亚水敏感城市设计及启示研究 . 邯郸 : 河北工程大学 .

蒋沂孜 . 2014. 雨水花园对华南地区城市道路面源污染控制研究 . 北京 : 清华大学 .

黎雪然，王凡，秦华鹏，等 . 2018. 雨前干旱期对生物滞留系统氮素去除的影响 . 环境科学与技术，41（3）: 118-123，140.

李明远，魏杰，张武强，等 . 2017. 深圳市初期雨水特征分析及控制对策研究 . 广东化工，44（10）: 43-46.

李淑筱 . 2018. 影响开发设施调控径流与蒸散的综合效应观测与模拟研究 . 北京：北京大学 .

廖朝轩，高爱国，黄恩浩 . 2016. 国外雨水管理对我国海绵城市建设的启示 . 水资源保护，32（1）:42-45，50.

刘利刚，吴凡 . 2017. 多专业视角下的“海绵城市”规划设计策略探索——基于迁安市海绵城市规划设计课的思考 . 风景园林，（12）:117-124.

罗义，曹永超，王兆宇，等 . 2018. 国内外海绵城市发展现状与前景展望 . 居舍，（10）: 9-10.

穆文阳 . 2016. 澳大利亚“水敏感城市设计”概述及启示 . 现代园艺，（4）: 106-107.

潘晓，何国强，吴耀珊，等 . 2018. 深圳 10 种乡土植物用于下沉式绿地的耐涝性筛选 . 草业科学，35（11）: 2622-2630.

彭跃暖，秦华鹏，王传胜，等 . 2017. 蓄水层设置与植物选择对绿色屋顶蒸散发的影响 . 北京大学学报（自然科学版），53（4）: 758-764.

仇保兴 . 2015. 海绵城市（LID）的内涵、途径与展望 . 建设科技，（1）: 1-7.

任建武，翟玮，王媛媛，等 . 2017. 深圳海绵城市建设生物滞留带植物筛选 . 天津农业科学，23（3）: 97-102.

任南琪 . 2018. 海绵城市建设理念与对策 . 城乡建设，7: 6-11.

汤聪 . 2013. 广州地区草坪式屋顶绿化植物筛选及栽培基质研究 . 广州 : 仲恺农业工程学院 .

王健，尹炜，叶闽，等 . 2011. 可持续排水系统的应用和发展 . 人民长江，42（4）: 64-68.
王墨 . 2013. 城市公园暴雨水最佳管理措施 BMPs 应用研究 . 福州：福建农林大学 .
王茜，姜卫兵 . 2019. 美国西雅图城市绿色雨水基础设施的实践与启示 . 中国城市林业，17（3）: 18-23.
王文亮，李俊奇，车伍，等 . 2014. 城市低影响开发雨水控制利用系统设计方法研究 . 中国给水排水，30(24): 12-17.
吴耀珊，计波，刘卓成 . 2018. 透水砖材料和下垫面对城市雨洪的影响 . 中国给水排水，34（21）: 133-138.
许铭宇，戴伟，胡振阳，等 . 2018. 基于海绵城市视角的生态雨水花园应用研究 . 天津农业科学，24（1）: 83-85，90.
晏永刚，吴雯丽 . 2018. 国内外典型海绵城市建设投融资制度比较及借鉴 . 人民长江，49（14）: 77-83.
于小惠，杨雅君，谭圣林，等 . 2017. 绿色屋顶蒸散发及其降温效果 . 环境工程学报，11（9）: 5333-5340.
俞孔坚 . 2015. 海绵城市的三大关键策略：消纳，减速与适应 . 南方建筑，（3）: 4-7.
俞孔坚 . 2016. 海绵城市——理论与实践 . 北京：中国建筑工业出版社 .
俞孔坚，李迪华 . 2003. 城市景观之路：与市长交流 . 北京：中国建筑工业出版社 .
曾礼祥 . 2016. 深圳市城中村环境卫生治理研究 . 武汉：华中师范大学 .
曾煜朗 . 2010. 缓解城市热岛效应的街道空间景观更新策略——以台北科技大学“生态河流”为例 // 住房和城乡建设部、国际风景园林师联合会 . 和谐共荣——传统的继承与可持续发展：中国风景园林学会 2010 年会论文集（上册）. 北京：住房和城乡建设部，国际风景园林师联合会，中国风景园林学会 : 3.
张静怡 . 2019. 渗透铺装蒸发与热效应的动态观测与模拟研究 . 北京：北京大学 .
张书函 . 2015. 基于城市雨洪资源综合利用的“海绵城市”建设 . 建设科技，（1）: 26-28.
张颖夏 . 2015. 美国低影响开发技术（LID）发展情况概述 . 城市住宅，（9）: 23-26.
章林伟 . 2015. 海绵城市建设概论 . 给水排水，41（6）: 1-7.
章林伟 . 2018. 中国海绵城市建设与实践 . 给水排水，54（11）: 2-6.
钟素娟，刘德明，许静菊，等 . 2014. 国外雨水综合利用先进理念和技术 . 福建建设科技，（2）: 77-79.
郑兴，周孝德，计冰昕 . 2005. 德国的雨水管理及其技术措施 . 中国给水排水，（2）:104-106.
周艳妮，尹海伟 . 2010. 国外绿色基础设施规划的理论与实践 . 城市发展研究，17（8）:87-93.
Argent N，Rolley F，Walmsley J. 2008. The sponge city hypothesis: Does it hold water? Australian Geographer，39（2）:109-130.
Beecham S. 2002. Water sensitive urban design and the role of computer modeling International. KualaLumpur: Conference on Urban Hydrology for the 21st Century.
Benedict M A，McMahon E T. 2000. Green Infrastructure: Smart Conservation for the 21st Century. Washington DC: Sprawl Watch Clearinghouse.
Braune M J，Wood A. 1999. Best management practices applied to urban runoff quantity and quality control. Water Science and Technology，39（12）: 117-121.
Bunster-Ossa，Ignacio F. 2013. Sponge City. Resilience in Ecology and Urban Design. Dordrecht: Springer: 301-306.
County P G. 1999. Low-impact Development Design Strategies: An Integrated Design Approach. Prince George's County，USA: Department of Environmental Resources，Programs and Planning Division.
Ellis J，Shutes R，Revitt M. 2003. Constructed Wetlands and Links with Sustainable Drainage Systems. London: Urban Pollution Research Centre，Middlesex University.
European Commission. 2015. Towards an EU Research and Innovation Policy Agenda for Nature-based Solutions&re-naturing Cities. Brussels: European Commission.

Liu C M，Chen J W，Hsieh Y S，et al. 2015. Build sponge eco-cities to adapt hydroclimatic hazards//Walter L F. Handbook of Climate Change Adaptation. Berlin: Springer，1-12.

Lowrance R R，Leonard R A，Sheridan J M. 1985. Managing riparian ecosystems to control nonpoint pollution. Journal of Soil & Water Conservation，40（1）: 87-91.

Maritz M. 1990. Water sensitive urban design. Australian Journal of Soil and Water Conservation，3（3）: 19-22.

Melbourne Water. 2010. City of MelbourneWSUD Guidelines: Applying the Model WSUD Guidelines. Melbourne: Melbourne Water，18-24.

National Water Commission. 2004. Intergovernmental Agreement on a National Water Initiative. Victoria，Australia: The Australian Capital Territory and the Northern Territory.

Qiu G Y，Momii K，Yano T，et al. 1999. Experiment verification of a mechanistic model to partition evaporation into soil water and plant evaporation. Agricultural and Forest Meteorology，93: 79-93.

Wang C S，Wang F，Qin H P，et al. 2018. Effect of saturated zone on nitrogen removal processes in stormwater bioretention systems. Water，10（2）: 162.

附录一　建设者说

深圳海绵城市建设取得的成绩离不开学者、政府、企业和公众等各种“建设者”的同心协力，“建设者说”记录了建设者们对深圳海绵城市建设的感想、评价、建议和希冀，并为深圳持续推进海绵城市建设提供了借鉴。

贾海峰，清华大学环境学院教授，城市径流控制与河流修复研究中心主任。从事水环境规划管理、城市径流控制与海绵城市、城市水环境修复、环境模拟等方面的科研和教学工作。担任国家水体污染控制与治理科技重大专项（简称水专项）标志性成果责任专家、住房和城乡建设部海绵城市建设技术指导专家委员会委员、中国城镇供水排水协会海绵城市建设专业委员会副主任委员、城市排水 IWA/IAHR 联合专家委员会委员等。

给 深 圳

——海绵城市理念、建设与可持续推进随笔

我国经过 40 年的快速经济发展和城市化进程，取得了举世瞩目的成就，已经成为仅次于美国的世界第二大经济体。不过在快速城市化、快速经济发展的同时，我国也开始面对资源约束趋紧、环境污染严重、生态系统退化的严峻形势。在这种背景下，如何借鉴西方发达国家在环境保护与社会发展进程中取得的经验和教训，传承我国古代师法自然的智慧，推动生态文明建设就成为我国社会发展的必然选择。而生态文明建设的核心就是必须树立尊重自然、顺应自然、保护自然的生态文明理念，不给后人留下遗憾而是留下更多的生态资产。

深圳作为我国建设中国特色社会主义先行示范区，用短短 40 多年的时间就发展成为国际性特大城市，并且截至 2018 年年末，城镇化率 100%，是中国第一个全部城镇化的城市，在中国及世界城市发展史上都是一个奇迹。伴随着快速的城市化，深圳也深刻体会到协调社会发展和环境保护的关系，推动生态文明建设的重要性和急迫性。

海绵城市是新型城市建设和管理的理念，要通过加强城市规划建设管理，充分发挥城市中包括建筑、道路、绿地、河湖水系等各种城市元素对降雨径流的吸纳、蓄渗、净化和缓释作用，实现降雨径流的自然积存、自然渗透、自然净化。深圳在推进海绵城市建设、践行生态文明建设方面也走在我国的前列。在十多年前，虽然那时候还没有海绵城市这种说法，深圳市就开始并持续借鉴美国的理念和技术，邀请美国弗吉尼亚大学余啸雷教授等众多国际专家交流探讨，在城市低影响开发（最初称低冲击开发）LID 的研究和实践方面开展了大量工作，还在国内最早形成了一些低影响开发方面的技术文件。尤其是 2016 年正式入选国家第二批海

绵城市建设试点城市后，在海绵城市实践方面的成绩斐然，还专门面向深圳海绵城市建设需求和特点，开展了一系列应用性基础研究课题，有力支撑了深圳海绵城市全域系统推广，也为全国其他城市的海绵城市建设提供了宝贵的经验和模式。

实际上，海绵城市虽在我国近年来才被提出并发展壮大，但它既继承了我国古代城镇建设的人－水－城和谐统一的精髓和智慧，也借鉴了欧美发达国家现代城市雨水管理的理念和方法。本人在清华大学从教以来，一直以城市水环境系统模拟与优化作为教学和科研的主攻方向。在教学和科研中也非常注重与国内外专家学者的合作，学习各方面先进的经验和失败的教训。在早期我们对城市水环境的研究还是偏重河流水体及城市、工业污水排放控制，那时候城市降雨径流控制还不是主要矛盾。2000年以后，随着我国快速的城市化进程，缺水、内涝、污染、生态退化等各种各样的“城市病”逐渐显现，再加上城市污水处理厂等点源控制的逐步普及，降雨径流控制的重要性逐渐显现出来，我们也逐渐开始研究城市降雨径流控制方面的技术和管理问题。我们于2005年合作翻译出版了日本学者的著作《把雨水带回家——雨水收集利用技术和实例》，是我国比较早的关于雨水收集利用的图书。现在城市降雨径流控制与河流修复逐步成为我研究组的核心研究方向之一，在国家科研基金、水专项及北京、深圳、佛山、苏州等地方政府的支持下，开展了适用LID-BMPs技术的多目标筛选、LID-BMPs优化布局规划、海绵源头设施建设示范和绩效评估、海绵城市设施数据库开发、城市水环境系统模拟与优化、城市河流水环境修复等方面的研究工作。尤其2015年入选住房和城乡建设部海绵城市建设技术指导专家委员会委员后，我多次到深圳参加由住房和城乡建设部组织的现场检查督导、海绵城市相关技术方案的评审、科研项目的审查和技术交流等，一方面学习了很多一线的知识，另一方面也结交了好多志同道合的好朋友、好伙伴！

现在我国国家海绵城市试点建设验收已经完成，从我的角度而言，海绵城市建设试点工作在我国已经取得了重大成效，主要体现在：①通过多层次的宣传教育和现场效果的体现，海绵城市作为一种城市建设和管理的理念，已经深入人心；②我国不同的试点城市根据各自的社会经济和自然特点，摸索了一条各自侧重点有所不同的海绵城市建设和管理的模式；③基于各地实践的成果，我们系统梳理了城市建设和管理中相关的国家和地方的规划、设计、施工、运行维护的标准、规范、图集和导则，找出了其中与海绵城市理念不一致的相关内容，并最后出台和更新了一批相关标准、规范、图集和导则，为规范我国今后的海绵城市建设奠定了基础。当然在试点建设中也发现了不少问题，包括规划设计的问题、设施选用的问题、施工的问题、管理的问题等，这些问题也为下一步的研究工作提供了方向。

我国海绵城市建设大规模、大尺度的实践也得到了国际上的广泛关注和赞誉，包括联合国教育、科学及文化组织（UNESCO）、国际水协会（IWA）、国际水环境联盟（WEF）等国际学术组织均在其出版物中进行了信息的介绍。近年来与海绵城市相关的高水平英文SCI论文在国际上大量发表和高频次引用。相关的国际学术交流会议参会人数众多，交流热烈，如2016年9月我本人主导的“2016国际城市低影响开发（LID）学术大会”在国家会议中心召开，有来自20多个国家和地区1200名专家学者参加；北京会后部分国际专家还专程到深圳召开了“2016国际城市低影响开发（LID）学术大会深圳分会”，取得了良好的效果；2018年9月我参与组织的“2018海绵城市建设国际研讨会”在西安召开，参会人数超过2000人，人民网对开幕式的直播有80多万人次网上观看。这些都从侧面印证了我国海绵城市建设的国际影响力。

我国经过30个国家试点、100余个省市级试点海绵城市建设实践后，积累了很多实际规划、设计、建设、运行管理的案例，也遇到或发现了不少不成功的做法和失败的案例。下一步要重点系统梳理和总结各试点城市的经验和教训，找出不同区域、不同自然社会特征下海绵城市建设的模式，提炼一批可推广、可复制的示范项目。尤其各地均取得了很多实际建设工程的监测数据，要探索和完善基于监测和模拟的绩效评估方法，从全生命周期角度分析海绵城市建设的成本效益，提出海绵城市建设中源头－过程－收纳水体的全系统绿－灰－蓝优化耦合模式，进而再系统梳理我国现行的城市建设和管理相关标准、规范、导则，修编或新编一批海绵城市建设的标准、规范、图集和导则，保障将海绵城市建设纳入常规城市建设和管理程序的基础，为城市的绿色可持续发展奠定基础。当然随着海绵城市建设的逐渐深入，还有很多现有的和新出现的技术和管理问题需要研究、需要解决，我相信只要大家共同努力，持续攻关，这些前进道路中的问题和难点会逐一解决的。

贾海峰
清华大学环境学院教授
2020年4月

谢映霞，教授级高级工程师，中国城镇供水排水协会副秘书长，中国城市规划设计研究院城镇水务与工程研究院原副院长，住房和城乡建设部海绵城市建设技术指导专家委员会委员，住房和城乡建设部城市建设防灾减灾专家委员会委员，中国城市规划学会城市安全与防灾规划学术委员会副主任委员。谢映霞教授多年来深耕城市排水防涝、海绵城市建设等领域，参加住房和城乡建设部《海绵城市建设技术指南——低影响开发雨水系统构建（试行）》等重要文件的起草，参加多项相关领域国际合作项目。

敢为人先，勇于创新

——深圳市海绵城市建设随笔

2013 年习近平总书记在中央城镇化工作会议上提出了建设“自然渗透、自然积存、自然净化的‘海绵城市’”，2015 年又出台了《国务院办公厅关于推进海绵城市建设的指导意见》（国办发〔2015〕75 号）（简称《指导意见》），同时，住房和城乡建设部、财政部、水利部联合开展了海绵城市建设试点工作。经过竞争性评选，深圳市脱颖而出，成为国家第二批海绵城市建设试点城市。几年来，深圳市的海绵城市建设取得了很大的成绩，这里仅列两三例给我印象最深的事情。

海绵城市是新的城市建设理念，在这一新的理念下很多新技术、新做法与传统的不一样。海绵城市提出之始，很多城市面临着不知道怎么建的问题，深圳也不例外。一次偶然的机会我曾听到深圳市负责海绵城市建设的部门负责人说过，干了 20 多年的城市建设，从没有像现在这样不知怎么干。但给我印象颇深的是，尽管有这样那样的困惑，深圳市建设海绵城市的脚步却始终没有停过，他们没有等、没有看，而是特别努力地去学习、勤思考，上上下下齐动员，进行了多样化的尝试。从规划编制、机制建立、标准导则出台、工程示范建设等多个维度进行了有益的探索。最终，深圳市创出一条系统治水的思路，结合黑臭水体整治，实施全过程控制。从雨污水源头做起，源头削减、正本清源、雨污分流、控源截污、内源治理、生态修复、活水保质等，实现水体长治久清，把海绵城市理念融入老旧小区改造、新区建设、景观设计等城市建设的方方面面，使海绵城市建设有声有色，成绩斐然。充分体现了深圳作为经济特区、改革开放先锋城市的特点和敢为人先、勇于探索的城市品质。

深圳市的海绵城市规划也走在了全国的前列，充分体现了规划引领的思路。深圳从规划入手，编制了一套分层次、分区的海绵城市专项规划，形成了一套完整的规划体系。全市有综合性的总体层面的市一级的海绵城市规划，各区情况不同，自然条件、社会、经济水平存在差异，所以又有针对性地编制了各区的详细规划，规划做到了全覆盖，笔者有幸参加了其中大部分规划的评审，看到了可以具体指导各区海绵化建设的规划设计，使海绵城市的理念得以落地。

深圳的另外一个特点是海绵城市建设全方位、全覆盖。深圳市的海绵工程不仅在试点区——光明区建，也在全市建；基于智慧管理的海绵城市管控平台不仅在试点区——光明区有，全市也有。为了实现《指导意见》要求的2020年建成区20%面积达到年径流总量控制率的目标，深圳率先将这一目标分解到每个区，为全国做出了表率，之后很多城市都效仿深圳的做法，解决了建成区集中达标困难的难题。

2020年5月，深圳市水务局、深圳市海绵城市建设工作领导小组举办了深圳市海绵城市建设2019年度优秀项目经验分享和研讨直播活动，本人作为2019年获奖项目的点评专家线上参加了这次活动，亲身感受了这次活动的魅力。据统计，当天视频的点击量就超过50万人次，效果极好。这次活动很有创意，集评奖、宣传、教育于一体，形式多样，喜闻乐见，是试点城市验收后深圳创造的又一大亮点，可圈可点。

尽管深圳市在海绵城市建设方面取得了很多的成绩，但海绵城市建设永远在路上！

祝深圳的明天更美好！

谢映霞

住房和城乡建设部海绵城市建设技术指导专家委员会委员

中国城镇供水排水协会副秘书长

中国城市规划设计研究院 教授级高级工程师

2020年5月

黄海涛，中共党员、高级工程师，1993年毕业于清华大学水利系，先后在深圳市航运总公司、深圳市水务规划设计院有限公司、深圳市水污染治理指挥部办公室、深圳市水务局、光明区环境保护和水务局、光明区水务局从事水务规划设计、建设管理和行政管理等工作，积极践行流域统筹、系统治理、全要素管理理念。

为光明建海绵，让海绵更光明

不知不觉中，我参加光明区的海绵城市建设已是三年有余。2016年年底我到光明区环境保护和水务局工作，开始和海绵城市的理念、指标、技术与管理要求打起交道，从最初的陌生到如今的娴熟，海绵城市仿佛已经长在我的脑海，刻在我的心里，一提起光明的“海绵品牌”，就有一种油然而生的自豪涌上心头。

海绵城市是什么？这个自10年前便被引入光明区开展示范研究，并逐步融入光明基因的词，它的内涵和外延在日复一日的实践中逐渐清晰。我和“小伙伴们”深刻认识到，海绵城市是一种发展理念，我们要将其融入城市规划、建设、管理等各个层面，用于解决快速城镇化过程带来的城市水体黑臭、内涝、生态受损等问题。在宏观尺度上，海绵城市涉及山、水、林、田、湖、草等生命共同体的保护，需要对国土生态空间格局进行优化，通过生态红线的有效管控保护蓝绿本底。在中观尺度上，构建和完善城市防洪排涝、水污染治理、水生态修复等骨干工程。在微观尺度上，通过雨水花园、下沉式绿地、透水铺装等绿色源头设施，调整径流组织模式，从而实现海绵城市的“源头减量、过程控制、系统治理”全过程和“渗、滞、蓄、净、用、排”复合功能管控。

三年的试点期末，面临国家“大考”，我们总结了光明区的“十大坚持”。

坚持理念先行，从构建政府工作机制和工作平台，到送“海绵”进企业、社区和学校，通过全方位、立体式长期宣贯，让海绵城市建设理念深入人心，成为政府、社会和个人的自觉行动。

坚持规划引领，创新城市建设模式，把土地整备、城市更新、城中村综合治理、市政基础设施建设纳入规划范畴，形成覆盖总体、专项、详细规划的规划传导体系，实现海绵城市建设有据可依、有理可循，按照“先梳山理水、后造地营城”的思路，保护生态格局“大”海绵基底，完善排水系统“中”海绵骨架，管控土地开发落实“小”海绵源头，保护、建设、修复分类施策，实施流域统筹、多级互联、系统治理。

坚持问题导向，针对试点区域水体黑臭、城市内涝等问题，以“小微全整治、清污全分流、管网全接通、尾水全利用、河道全达标”为目标，践行涵盖源头类、管网类和河道类的全要素全系统治水提质新路线和“上中下、前中后”的防洪排涝建设思路，在实践中积累了丰富的治水经验，形成了可复制、可推广的治水“光明”模式。

坚持最严管控，首创“两证一书”和技术审查前期管控机制，完善巡查、整改督办、月报通报等管控机制和专项验收机制，实现海绵城市建设从项目管控向行为管控延伸，并通过多种创新手段，力求做到海绵城市管控从“流程”到“行为”，化“被动”为“主动”。

坚持建管并重，强化“1+3+N”高效水污染治理指挥体系，创新“一个意见”“两个延伸”“七大行动”排水管理和管养机制，提升部门协作水平，以长效改善和提升水环境质量为核心，从“投资建设为主”向“投资建设与运维管理并重”转变，夯实海绵城市建设成效。

坚持流域统筹，以海绵城市片区绩效达标、同步解决茅洲河流域水环境问题、污水系统提质增效为综合目标，结合海绵城市试点契机，试点探索“厂网一体”的 PPP 建设运营模式，通过引入优质社会资本、创新公共管理模式，提高排水设施的管理水平。

坚持成效衡量，建立从自然本底—典型下垫面—典型设施—典型地块—排水分区—河流水系的全流程的监测体系，全面系统监测各类指标，探索构建了一套包含预警处理、周期运维、重点运维、常规巡查 4 个层级的运维机制，并采用“项目—排水分区—流域”三级监测跟踪评估深圳光明区海绵城市建设管控实施效果，让海绵城市建设的结果反映在数据中，让海绵城市建设的成效体现在平台上。

坚持海绵惠民，建立以居民需求为导向的工作机制，攻克高密度难改造片区的城中村海绵建设难题，强化最贴近民众生活的海绵绩效，优化公共空间品质和社区居住环境，极大地提升了居民的幸福感，通过实施并解决与社区最贴近的问题，让居民认识海绵、了解海绵、支持海绵，感受到实实在在的海绵综合效益。

坚持务实节奏，因地制宜、追本溯源、行之有效、量力而为，海绵城市建设并非“治水”“堵水”，而是要与水为友，以水养人。光明区的海绵建设坚持“不为了海绵而海绵”。避免开启新一轮诸如挖湖堆山之类的“破坏性建设”及陷入“唯工程”论的工程依赖中，而是使海绵建设与本底特征匹配、与问题成因对应、工程预期绩效明确、与片区开发节奏协同。

坚持综合见效，将海绵城市与涉水污染源整治、蓝天保卫战、国家绿色生态示范城区创建、滨水蓝绿生态空间监察等生态环境相关行动结合，保障海绵城市理念融入生态文明建设的大框架、大系统中。

而如今，试点阶段已正式结束，新的时代已经到来，光明区的海绵将又一次重新出发。下一步，我们的工作重点需要结合更高的要求、更远的目标进行转化：在管控方面，从“定向”转为“常态”，压实责任、落实奖惩，坚定底线思维。在模式方面，从“海绵+”转为“+海绵”，三水分离、表里有序，打造海绵2.0。在亮点方面，从“凤凰城”试点转为“科学城”示范，蓝绿双融，碧道协同，坚持民生普惠。在标准方面，从“对标”转到“精准”，强化刚性、拓展弹性，彰显光明特色。

40年前，深圳经济特区为改革开放的试验田而生，果敢、拼搏、务实，也是光明（区）的性格。对自然的尊重和敬畏，对绿色的憧憬和耕耘，是光明人始终如一的坚持和传承。我相信，我们光明水务人还将继续热爱海绵、建设海绵、品读海绵，让海绵事业在光明薪火相传，生生不息。

黄海涛

深圳市光明区水务局局长

2020年5月

虞鑫，大自然保护协会（TNC）深圳保护项目总监、教育事务总监。虞鑫所带领的TNC团队将基于自然的海绵城市设施理念在写字楼、城中村、学校及居民社区进行试点落地，开启社会参与海绵城市建设的尝试；同时将海绵城市主题的科学、技术、工程和数学特色教育课程（STEAM）①引入中国，开展创新、有趣的青少年生态环境教育。他先后在企业、本土与国际组织从事专业公益项目管理与战略发展经验，拥有伦敦大学学院环境与可持续发展专业硕士学位。

面向未来，关系每个人

——社会参与深圳海绵城市工作的一点思考与建议

2016年年底，深圳市政府邀请大自然保护协会（TNC）与桃花源生态保护基金会两家专业性公益机构成为深圳海绵城市建设的社会组织合作伙伴。这是一个颇具创新意义的举动，因为通常印象中由政府大包大揽的城建工作，社会公益组织很少有意愿参与其中，并且也缺少相关工作经验。深圳市政府以尊重专业、开放创新的姿态与这两家机构合作，目的很明确，一是借助国际与本地的第三方专业能力，开启适合深圳的现代都市建设探索，二是打破自上而下的工作范式，激励城市发展的社会参与。

本人有幸自2017年开始负责这份助力深圳海绵城市建设的公益性工作，短短三年内参与了海绵城市相关的政策研究、项目试点、大众传播与学校教育等工作。在这样一个放眼全国都算得上独具特色的政社合作机会中，我个人受益匪浅，也有一些粗糙的思考与建议。

首先，海绵城市是一个面向未来、综合型的建设课题，需要兼容性与拓展性高的指导思路与工作布局。深圳的海绵城市建设在市水务局的统筹之下，将雨洪管理、水污染治理及节水工作进行了整合，通过一个团队调用水务内部的多元化能力和资源，与深圳市城市规划设计研究院的合作则高质量地保障了工作的专业性。深圳市的海绵建设工作在跨部门协调及相关工作考核机制上进行了制度创新，经过三年的试炼，很值得全国的同行进行借鉴复制。

在拓展性方面，海绵城市与自然保护这两个看似有距离的概念，因水务工作

① STEAM代表科学（science）、技术（technology）、工程（engineering）、艺术（arts）、数学（mathematics），STEAM教育就是集科学、技术、工程、艺术、数学多领域融合的综合教育。

而结合，可对生态文明产生更大的贡献。习近平总书记在2013年的中央城镇化工作会议上即强调了“建设自然积存、自然渗透、自然净化的‘海绵城市’”这一工作要求。根据我们在全球多地的工作经验，基于自然的解决方案能够为城市产生更持续、更深远的价值。借由海绵城市中的绿色基础设施、生态修复等新一代建设方式，城市将变得更加宜居舒适、具有自然审美、生物多样性恢复及帮助提升市民的身心健康。这些海绵城市的系列产出，无疑亦将提升水务工作原先的价值边界，也进一步需要与诸多平行部门进行通力合作。在工作考核之余，下一步可以考虑与城市管理局、生态环境局及规划与自然资源局等部门开展深入的交叉合作，针对海绵城市进一步与生态文明结合的研究课题联合定向招标，调动不同部门的专业与资源，综合提升现代城市发展的理论与实践能力。

其次，海绵城市建设工作应当对社会组织开启大门，并进一步“设立路牌”。专业型社会组织具有较强的行动力与灵活的工作方式。以我所在机构的工作为例，在深圳岗厦城中村的老房海绵屋顶改造试点项目中，团队以专业性公益合作平台的定位整合了业主、设计方及居民的深度参与，虽然一开始缺少落地经验，中途还因无法提供海绵城市改造“批文”（手续尚不存在）而遭遇被停工等状况，然而得益于深圳城市建设的各部门对新事物的开放与实事求是的态度，最终让一片充满生机的绿色海绵屋顶诞生在密集的城中村里。由此可见，社会组织完全有可能将未有先例之事先行先试，并转化为案例进行经验分享。

社会组织从社会公众的视角出发开拓工作，将更好地助力海绵城市建设的发展与创新。目前社会组织群体中，建筑设计、景观园艺、生态保护、自然教育及社区环境与服务等专业背景的机构均对海绵城市抱有兴趣，但往往因为缺少最后一公里的专业对接将其引入具体的工作，而不得不停滞在想法层面。建议未来为社会组织搭建海绵城市的系统性参与路径，方便丰富多样的社会机构有机会得到必要的培训和引导，继而成为推动海绵城市的新生力量。

此外，还值得一提的是面向社会各界与公众的海绵城市宣传教育，我们可以结合当下各种新型业态来进行。海绵城市如同横空出世的纯电动汽车，带着全新的概念与体验来到用户身边，若没有高调有力的宣传，它将隐于车流中不被发现，难以被主流消费者青睐。海绵城市能帮助市民的生活变得更舒适、从容与高品质，这种亲自然的城市理念理应成为现代都市生活方式的话题，吸引社区、学校的深入接触，为城市居民提供亲身参与实践的机会。

如今是信息爆炸与碎片化的新媒体时代，注重线上互联与线下体验。海绵城市的公益宣传一样也要强调个性、互动及品牌形象。在深圳这样的年轻大都市，市民渴望了解新鲜事物，并且乐意在生活中进行尝试，而海绵城市需要以十二分的用户友好将本身丰富的内涵传递得清晰易懂、有料有趣，把高大上的理念转化为对未来生活的心向往之。顺着这个思路，我与同事们也在开始新一轮的探索，与学校一起实践海绵城市主题的STEAM创新教育，与街道社区、城管园林部门及设计达人合作推动居民共建有海绵特性的社区花园等。这些面向普通大众、鼓励参与的项目应该得到更多的传播，同时也需要更多的同行者一起参与和推广。

最后，期待在不久的将来，海绵城市不再被视为一个专业的市政工程术语。如其名字一般，海绵城市用柔软与自然，呵护我们的城市，而市民则从中体会自然的价值、学会与大自然和谐相处，成长为有责任担当的生态公民。

虞　鑫

大自然保护协会（TNC）深圳保护项目总监

2020年5月

杨健，就职于泰华房地产（中国）有限公司。公司团队以“让自然回到城市，让人回到自然”为核心理念，致力于生态社区、绿色建筑、海绵城市、人文居所的研究和实践。建成有泰华梧桐岛生态产业园，在建有80万平方米的生态人文社区。期望通过对社区的建设和运营，实现“人天共好”的人居环境。

泰华梧桐岛生态产业园海绵城市建设漫谈

2011年，在梧桐岛生态产业园项目设计工作会议上，应对我司提出的“让自然回到城市，让人回到自然”的核心价值，设计单位的建筑师提出建设“山水之间，人文聚落”的生态人文园区。以“永续性的基地规划”，通过对栖息地保护和恢复、暴雨径流控制、生态湖及人工湿地、雨水收集利用等方式，降低城市热岛效应，打造一座“都市冷岛”。

结合“栽梧桐，引凤凰”的品质导向理念，“梧桐岛”自此得名。

彼时，对于“热岛效应”“冷岛”等概念，团队对此认识并不深刻，还远没有现如今“海绵城市”的概念深入人心。建设者们怀着一颗“让自然回到城市”的初心，和对这片土地的尊敬和感恩，向着对未来美好愿景的憧憬，踏上了梧桐岛的建设运营之路。

2013年12月12日，习近平总书记在中央城镇化工作会议的讲话中强调：“在提升城市排水系统时要优先考虑把有限的雨水留下来，优先考虑更多利用自然力量排水，建设自然积存、自然渗透、自然净化的‘海绵城市’”。从此，国家对海绵城市的建设提出了具体的规划建设目标，陆续深化完善了海绵城市建设的技术体系，也给我们建设者提供了系统专业的指导规范。

梧桐岛生态产业园竣工至如今，设计阶段想象的美好画面正在逐步实现。园区环境自然优美，生态湖和雨水收集系统运行良好，屋顶农场生机勃勃。在坚持不使用农药、杀虫剂和化肥的情况下，园区生态得到了良好的修复，野生动物越来越多，生物多样性初步呈现。在海绵城市建设方面，园区通过生态湖，透水铺贴，下凹绿地，采用“渗、滞、蓄、净、用、排”等措施，就地消纳和利用75%左右的雨水。经过数次台风和暴雨的考验，基本实现了小雨不积水、大雨不内涝、水体不黑臭，热岛效应有所缓解的建设目标。

在海绵城市的建设和运营上，从建设者角度出发，经过实践，我们认为无论从建设投入和建成效果，都是非常值得去推行的。建设阶段，海绵城市相关的技术措施，总体投入不算巨大。重点在用心坚持生态建设的理念，用心地把每个细节实施到位。前期对每一道工序严格执行，反复试验，后期使用阶段的效果就会逐步地呈现出来。梧桐岛生态产业园经过 5 年的运营，海绵城市建设取得的效果越发地明显起来。

其一，深圳夏季高温，都市热岛效应非常明显，异常闷热。而进到园区之后，体感会明显舒适许多。这源于 2 万 m^2 的生态湖，形塑温差；有温差，就会有风。建筑布局经过计算机风模拟的计算，首层架空，形成良好的风场环境。风吹过湖面，带来良好的气候微循环。因此，园区内较外部的体感温度显著降低，舒适宜人。

其二，深圳多雨。由于城市大面积的硬铺贴，给市政管网排水带来巨大压力，时常出现城市积水情况。梧桐岛生态产业园建成后，由于有生态湖的调剂和地面透水铺装的效果，大降雨反而成为园区滋润土地、蓄积雨水的福音。园区地面，屋顶所接收的雨水，都将经过砂石自然过滤，收集于蓄水池中，成为湖水和绿化用水的主要补充。遇到有超大型降雨，超过蓄水池容量的情形时，也具备错峰排水的作用，不会给市政管网带来压力。园区真正实现了“渗、滞、蓄、净、用、排”的海绵城市功能，实现了小雨不积水、大雨不内涝、水体不黑臭，周边市政排水也因此受益。

其三，海绵城市对植物的生长有巨大好处。园区大面积的透水地面，土壤湿润度高，植物根系扎根较深。2018 年台风“山竹”侵袭深圳，大量的树木遭到连根拔起的损害。但梧桐岛生态产业园仅有在风道口的共计 11 棵树木被吹倒，效果良好。

其四，后期运营成本不高。由于采用雨水收集和自然生态的园林养护方式，用水成本和人力成本较传统模式有较大的降低，对园区可持续发展好处多多。

其五，园区优美的环境和良好的产业载体，吸引了 120 家优秀的企业入驻，真正“引得凤凰来”，成为深圳市产业转型升级战略的一种优秀载体。验证了“绿水青山就是金山银山”，带来了良好的经济效益和社会效益。

综上，梧桐岛生态产业园海绵城市建设的实践，让我们对海绵城市的理念倍加尊崇。对于国家和深圳市大力推行海绵城市建设倍感欣喜。梧桐岛生态产业园运营以来，我们以非常开放的心态，迎接了政府、媒体、同行、设计机构、院校，甚至是中小学幼儿园的同学们到访交流。5 年间共计接待参观交流人员 200 余批次。园区以开放式社区模式运营，也成为周边市民休闲的共享城市公园。

深圳市自 2016 年成功申报第二批国家海绵城市建设试点以来，全面贯彻落实习近平生态文明思想，创新做法，先行先试。深圳市政府制定鼓励政策，市水务局深入考察，细致指导；地方政府和各职能部门精心扶持，切实解决企业实际困难，为园区的成长和海绵城市的宣传推广做出了巨大的成效。

我们认为，海绵城市的建设就好像一串“珍珠项链”。梧桐岛、香蜜公园、万科云城等优秀项目就是一个个“珍珠”；而城市道路就是项链的“绳子”。一个两个好的海绵社区，终究影响力有限，不足以改变热岛效应。相信在市政府的正确领导下，不断加强宣传和建设，政府和社会各界真正理解海绵城市的价值，一起主动改变环境，建设海绵城市。“珍珠”就会越来越多，海绵化后的城市脉络把这些“珍珠”连接起来。那么，这“珍珠项链”将会变得完整，我们所生活所热爱的城市，将真正变成天蓝水绿、环境优美、生态宜居的海绵城市。

杨　健

泰华梧桐岛生态产业园工程师

2020年5月10日

季节，江西南昌人，2005年毕业于南昌大学。现就职于腾讯科技（深圳）有限公司，担任数据中心设计经理，给排水工程师。近年来，主导公司级别数据中心标准化设计，公司各区域自用办公大楼设计工作，推动腾讯公司各项目的海绵设计落地工作，结合腾讯数字产业优势，推动智慧海绵大数据分析、可视运维发展。

腾讯滨海大厦海绵城市建设随笔

腾讯滨海大厦位于深圳市南山区滨海大道，在2010年设计初始阶段，滨海大厦便定下绿色建筑三星和美国LEED金级的绿色建筑设计目标。2016年深圳列为国家第二批海绵城市建设试点城市，腾讯滨海大厦也作为第一批市级重点海绵城市建设项目，在大自然保护协会（TNC）团队、深圳市城市规划设计研究院（简称深规院）团队和市海绵办各级同仁的帮助下，顺利完成了海绵建设改造方案设计—海绵建设改造施工图设计—海绵建设改造落地三个阶段。

滨海大厦占地18650m^2，总建筑面积约35万m^2，容积率高达14.28，包括一座248m高50层楼的南塔楼，一座194m高39层楼的北塔楼和三条连接两座塔楼并在内部设置共享配套设施的“连接层”。占地面积小、高容积率且正在施工的滨海大厦需要进行海绵体改造，整体设计思路考虑需要细致周道，在TNC团队的帮助下，与深规院海绵团队研究详细的设计方案，首先在南北塔楼屋顶营造蓝色屋顶的环境，利用蓝色措施设置在屋顶的优势，在屋面对雨水进行蓄积，有效缓解峰值降雨对市政管网的压力；其次在三个连接层屋顶设置蓝色和绿色海绵设施，尽可能多留住降雨；最后在地面，设置“海绵体”，高效吸纳雨水。整体设计思路遵循“调、蓄、滞”的原则，如图A-1所示。

设计方案过程中，深规院团队对改造后的滨海大厦进行了径流量分析计算，在SWMM中搭建数字模型，输入方案阶段各海绵设施设计参数，初步估算年控制径流率，得到模型计算结果能够达到66.7%，团队非常兴奋，在得到领导的大力支持后，我们马上与施工图落地单位深圳市同济人建筑设计有限公司（简称同济人）沟通，希望可以将方案成果转化为可执行的施工图。

同济人在接到变更设计任务后，也积极配合了解详细的施工做法。尤其针对透水铺装部分，改造团队花了很多心思和考量。原设计在首层地面区域考虑的是60cm×25cm的花岗岩铺装，设计考量主要是两个方面，即匹配商务写字楼的设计风格和满足迅速排水的使用需求。而市面上的透水铺装的大部分材质是水泥或硅

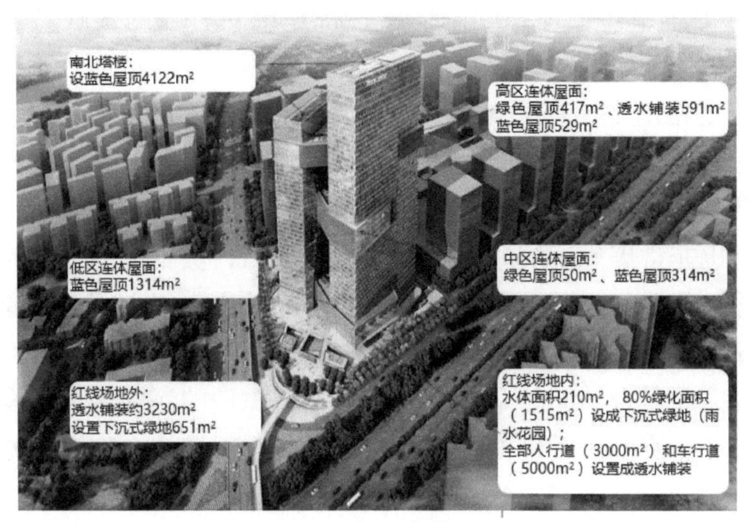

图 A-1　深圳腾讯滨海大厦海绵结构示意图

藻土材质，从外观、使用需求角度都无法匹配。为选择材料费神之时，深规院团队建议采用市面上的新产品——生态陶瓷透水砖。陶瓷透水砖外观样品基本可以满足设计需求，我们准备将滨海的隐形消防车道做同样的改造，此部分对材料的抗压性能有很高的要求。深圳的消防车国内较为先进，满载重量约为 40t，腾讯每年会与南山消防大队配合，在大楼周边进行全员消防演练。与材料供应商进行技术交流后，发现对于 60cm × 25cm 的大块透水砖，承载力基本没有相关数据支持可以达到 40t。在公司内部多部门协调后，我们通知三家对产品有把握的供应商，优化透水砖制作工艺，并在滨海大厦工地现场，选取三块 7m × 9m 的场地进行现场承载力试验。三家单位的产品都可满足要求。

海绵设施改造施工图确定后，深规院团队建议对海绵体进行监测。将数字设备与数字技术结合，恰好可以发挥公司程序员们的特长。设置监测设备，建立数学模型，同时将成果进行可视化，完成了海绵体运行可视化视频监测平台（图 A-2）。

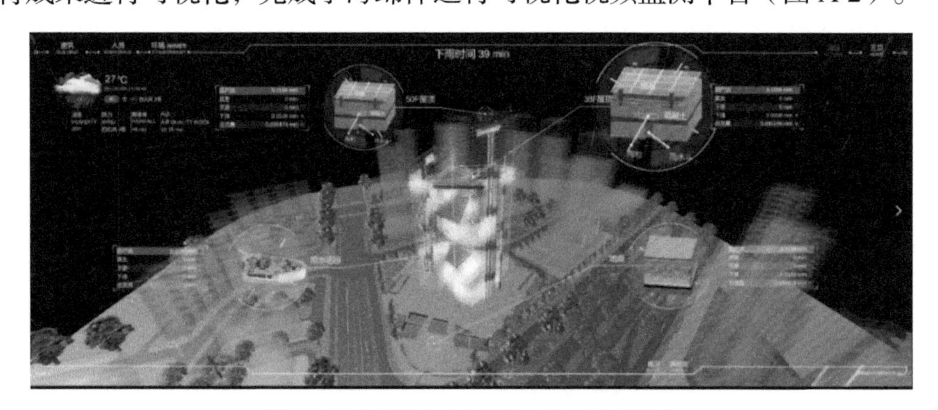

图 A-2　海绵体运行可视化视频监测平台

2016 年海绵城市建设理念刚刚提出，将理论与有限的实践经验结合，完成蓝色屋顶、绿色屋顶、透水铺装、雨水花园等海绵体的改造面临不少困难。但在 TNC 公益组织的协助下，有深规院专业团队的规划方案指导，在设计单位、施工单位的积极配合下，工作完成非常顺利，对于建设单位的设计管理者而言是非常幸运的。腾讯滨海大厦的海绵工作一直得到各级主管部门和建设行业同仁的支持与关注，我们也非常感恩。滨海大厦海绵体完成后，员工的用户体验非常好，下雨经过透水铺装的路面不湿鞋；大厦周边的热岛效应有很大缓解，绿色屋顶兼顾美观。对于高容积率、高强度的单体建筑开发，在城市建设中只是小小的一个点，但海绵体建设需要以点到面的全范围覆盖。希望深圳的海绵城市建设能够顺利开展，广大市民在点滴生活质量提升上有踏实感受，真切体会到海绵城市建设发展红利。

季　节

深圳市腾讯计算机系统有限公司

2020 年 5 月

苏志刚，深圳万都时代绿色建筑技术有限公司董事长、绿色建筑正高级工程师、国家一级注册建筑师，住建部/广东省/深圳市绿色建筑专家咨询委员会委员、深圳市绿色建筑协会副会长、深圳市绿色建筑发展先锋人物（2008～2018年），国内绿色建筑、低影响开发、生态水环境、海绵城市领域创新实践的探索者。代表项目包括天津东丽湖万科城、深圳万科城四期、深圳万科中心、深圳万科壹海城、成都万科五龙山、深圳万科云城等。

车迪，北京大学风景园林硕士，深圳市万科发展有限公司设计管理中心景观总监，中国城市科学研究会景观学与美丽中国建设专业委员会委员。代表项目包括万科云城、前海企业公馆、深湾公园等；负责“海绵城市景观化设计及研究应用”，该成果通过深圳市科学技术成果鉴定，并获得2019年深圳市海绵城市建设优秀研究成果奖。

万科云城海绵城市探索与实践感悟

深圳万科云城，总占地面积近50万m^2，建筑面积约145万m^2，包含写字楼、产业用房、酒店、商业、商务公寓等业态。2015年深圳万都时代绿色建筑技术有限公司受深圳市万科发展有限公司委托，开展万科云城海绵城市研发与设计合作——创新探索高强度场地开发中如何实现海绵城市理念，将其高品质落地实现，同时满足人们的使用需求。6年探索获得了行业认可：“海绵城市景观化设计及应用研究”通过深圳市科学技术成果鉴定，并获得2019年海绵城市建设优秀研究成果奖；万科云城5个地块获得深圳市海绵城市建设资金奖励。

在快节奏、高强度开发中，有4个海绵城市实践亮点及感悟：深万海绵城市1.0标准化产品体系、海绵场景化、海绵后评估及人文海绵，推动海绵城市可推广、可实现、可持续及可参与。

1. 深万海绵城市1.0标准化产品体系——可推广

开发商做示范项目的目的之一是希望形成可推广的标准化产品体系。通常的做法是在一个项目示范成功后，再到不同类型的项目落地实践，之后总结形成标准化体系。有深圳万科东海岸、天津东丽湖万科城、成都万科五龙山及深圳万科城等项目低影响开发的成功实践经验，有万科云城大城体量、综合业态下给予的充分海绵实践空间，最终在万科云城研发实践基础上形成了海绵城市标准化产品体系。

海绵城市景观化设计及应用研究贯穿云城项目开发全过程，在此基础上形成的海绵城市标准化产品体系，是一种全过程指导海绵城市实施与落地的可复制、可推广的模式，由场景系统、工法图集、材料库、植物库及管理动作等构成；其中，创新研发的多种景观＋海绵一体化场景，为高颜值海绵城市的落地提供系统解决方案；经过实践检验的工法图集、材料库、植物库为海绵施工树立了严谨的指导规范；全流程精细化管控，实现了海绵建设的全程指导、监督及效果监控、工法实验、实地检测管理保障海绵的迭代实施。目前已开始广泛用于深圳万科新项目的海绵城市实践。

2. 海绵场景化——可实现

建筑、景观重颜值、讲艺术，海绵城市亦不能例外，场景系统是深万海绵城市 1.0 标准化产品体系的重要构成。海绵场景，是一个汇水分区的海绵方案设计，是基于对场地系统分析的整体设计，体现建筑功能、丰富景观颜值与海绵技术的融合。

在开发型项目中，海绵城市通常建设在高密度、薄覆土、地下为顶板的基础上，满足场地不同人群多种生活场景的需求；海绵场景化通过与美感结合的形态设计策略，将美感与生态功能相结合，不仅具有了生态价值，也具有美学价值。目前形成了包括：平面屋顶、坡面屋面、堆坡绿地、儿童活动场地、街道、人行道、车行道、下沉草地、湖体等在内的近 20 个场景。

3. 海绵后评估——可持续

云城海绵城市：做真正的海绵城市——落地并持续实现政府要求的径流总量控制率及面源污染海绵控制指标；在实践中，我们从观察、检测、实验三个维度来进行评估。

观察：项目运行后，对主要海绵场景雨水下渗速度、土壤渗透率进行监测：西里下沉绿地 2018 年、2019 年各一场大雨监控对比，雨水 24h 内可以渗空（图 A-3）。

(a) 雨水汇水(2018年)

(b) 雨水渗空(2019年)

图 A-3　海绵设施效果观察

检测：真正地了解海绵及评估海绵，还需要对土壤下渗、植物种类、土壤配比等因素对雨水下渗的影响效果，同时也要对下沉式绿地和雨水花园的生态特性进行检测试验，包括：不同海绵设施下渗速率研究、植物根系对土壤下渗速度的影响、土壤配比对下渗速度的影响及土壤肥力、pH 及渗透效果指标的持续跟踪（图 A-4）。

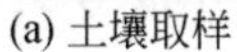

(a) 土壤取样

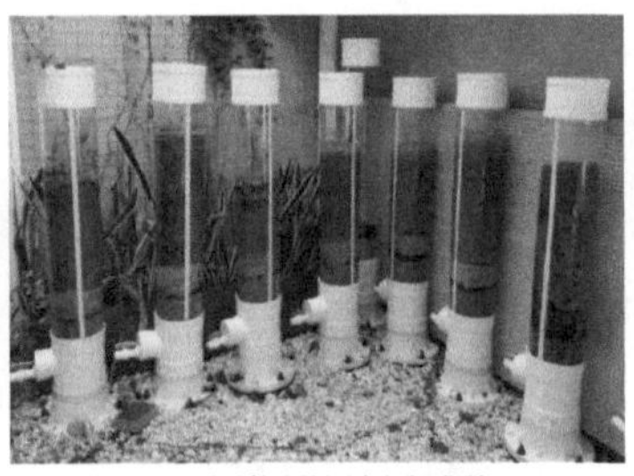

(b) 土壤配比渗透试验

(c) 土壤温湿度测试

图 A-4　海绵设施特性检测

实验：以绿合庭院作为基地做两个版本（图 A-5）的海绵城市系统实验探索海绵的可能：第一版海绵庭院设计理念是以水为脉络，以场地雨水径流流线，结合庭院景观构成形式，采用断接、砾石地面、下沉绿地、生态水系、雨水利用等工法、工艺来实现海绵汇集、分散、下渗、净化及利用的全过程场景；经过近一年观测，年径流总量控制率可达到 85% 以上，并且结合空调冷凝水及饮水机反冲洗废水收集完全实现庭院的绿化浇灌。第二版海绵庭院主要是通过改造原有下沉绿地，不局限于粗放自然常规的海绵种植品种策略，结合改良的土壤配比及工法结构，提高雨水花园的渗透效果的同时实现海绵景观形式的突破，打造一个能满足高端住宅定位的花境海绵场景（图 A-5）；同时通过利用生态水系汇集的非传统水源的节水灌溉系统改造，实现能感知降雨的节水灌溉。

(a) 第一版海绵庭院

(b) 第二版海绵庭院

图 A-5　海绵庭院场景图

4. 人文海绵——可参与

新颖的开放式海绵场景，为社区人群扩充了体验空间，让人与人、人与自然产生联系；西里的大草地，摇身一变举办音乐节零距离接触海绵，是意料之外的收获。

环境是最好的审美教育，承载着更多的街区与城市公区的生活，海绵城市应该走进公众视野，通过更为简易、科普化的方式解读环境。除了政府、专家、科研院校等参与之外，我们还在意与儿童教育相结合；希望海绵城市走进人们的心中，将自然教育融入公共环境，让人们更好地了解海绵、了解水环境。

解说系统与活动相结合，各个海绵场景贴心设置场地解说系统，将海绵带入市民的日常生活，让更多人认识、熟悉海绵，也让海绵城市建设工作得到更多的认可。

从 2017 年至今，云城已接待了上百批次的国家及省市政府主管部门、专家、学者、行业专业人士考察、交流、评审、评估万科云城海绵城市研发与实践（图 A-6）。

(a)下沉绿地——举办音乐会

(b) 海绵教育

(c) 行业考察

图 A-6　海绵教育与宣传

深圳万科海绵城市标准化产品体系成果已应用到居住、商办、街道及公园类项目，并且还在不断创新提升；我们希望：不仅践行政府的海绵城市要求，而且将持续挖掘各种类型海绵场景及海绵城市对于人的舒适体验、对于环境的生态调节等的价值。

苏志刚　郑俊淋

深圳万都时代绿色建筑技术有限公司

车　迪　徐传语

深圳市万科发展有限公司

2020 年 4 月

附录二　典型案例集

为更好地展现深圳海绵城市建设的成绩，本附录从片区、项目两个尺度介绍深圳海绵城市建设典型案例，其中片区尺度以鹅颈水流域为例，项目尺度按综合整治、水务、公园绿地、建筑与小区、道路与广场五大类展开，其中不乏深受市民喜爱的海绵城市建设项目如香蜜公园、大沙河生态走廊、万科云城等。

第一节　典型片区——鹅颈水流域

一、片区概况

（一）区位及现状

鹅颈水属于茅洲河一级支流，源头位于鹅颈水库发源地雷公峰，由东南向西北，于塘尾桥上游汇入茅洲河，属于雨源型河流，河道主支长 9.5km，平均比降 6.29‰，水系分布如图 B-1 所示。鹅颈水片区总面积 16.51km^2，其中，生态控制

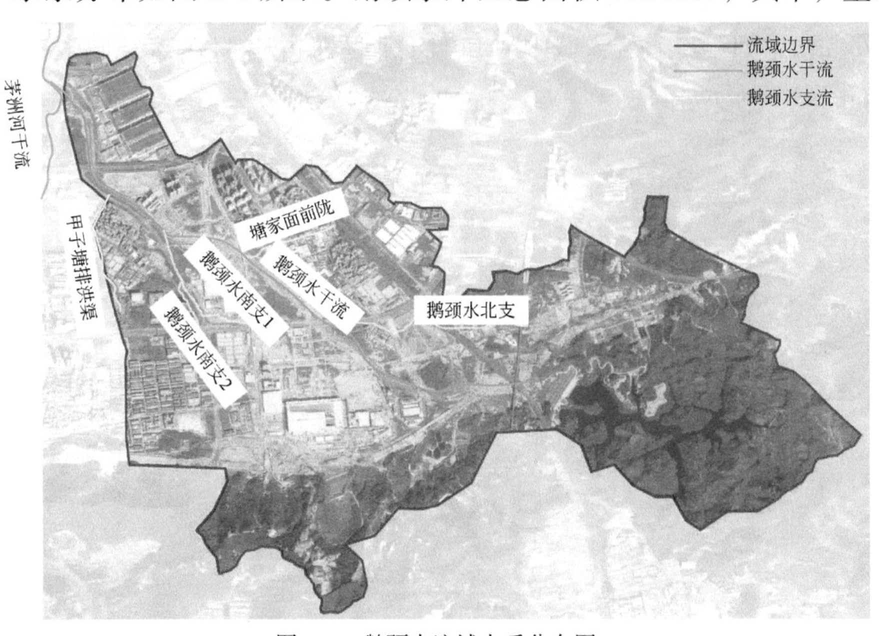

图 B-1　鹅颈水流域水系分布图

区面积 6.48km^2，城市建设区面积 7.94km^2，河道水系面积 2.09km^2。

（二）试点建设前问题分析

1. 水环境质量差

鹅颈水水系包括鹅颈水干流和 6 条支流，其中鹅颈水干流（光侨路—河口段）是住房和城乡建设部挂牌督办的黑臭水体，除鹅颈水南支外，其他支流排洪渠水体水质均为劣Ⅴ类（图 B-2），均穿过鹅颈水片区的旧工业区和城中村，已成为流经区域的主要排水和纳污通道。

图 B-2　支流排洪渠水体

2. 建设区集中、密度高，且多为老旧片区

鹅颈水流域建成区 7.94km^2，流域内主要以城中村、旧工业区为主，居住人口众多，达到 10 万人，其中 4 个城中村用地 1.52km^2，占比 19.15%；51 个旧工业区用地 1.76km^2，占比 22.16%，城中村和旧工业区总占比 41.31%，城中村和旧工业区分布如图 B-3 所示。

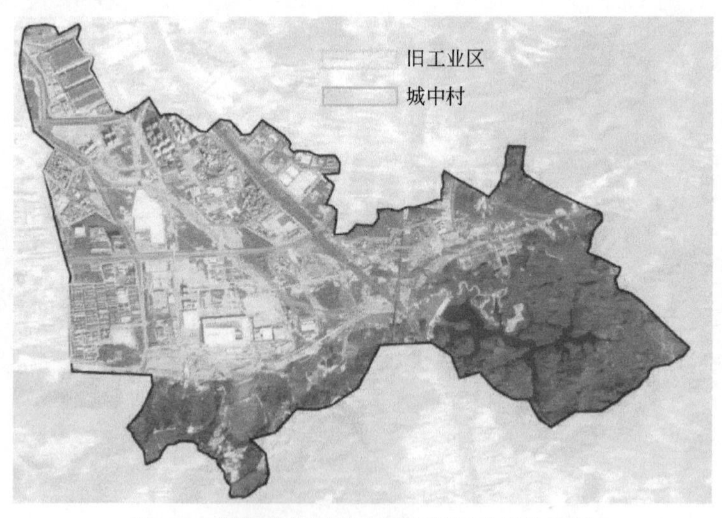

图 B-3　鹅颈水片区城中村和旧工业区分布图

3. 排水系统建设滞后

鹅颈水流域内塘家旧村部分片区及凤凰村仍为合流制片区。其中，塘家旧村虽已基本建成雨水、污水两套管网系统，但片区西南侧仍有约 2.7hm^2 范围仅建设了一套雨污合流系统，片区内雨污水管线就近排往塘家面前陇。凤凰村面积约 6.9hm^2，由于建设年限较早，仅建设合流制管网系统，区域内的污水及雨水通过合流管网直排至鹅颈水北支。鹅颈水片区内长圳片区、塘家旧村、甲子塘片区仍为雨污混流制片区。上述三个片区均已基本建成雨水、污水两套管网系统，但地块内部雨污水管线错乱接情况严重。长圳片区内雨水管渠接入光侨路箱涵后，最终排入茅洲河干流；塘家片区内雨水管线就近排往塘家面前陇；甲子塘片区内雨水管线就近排往甲子塘排洪渠，排洪渠下游西侧已实施沿河截污，并在河口实施总口截污（图 B-4、表 B-1）。

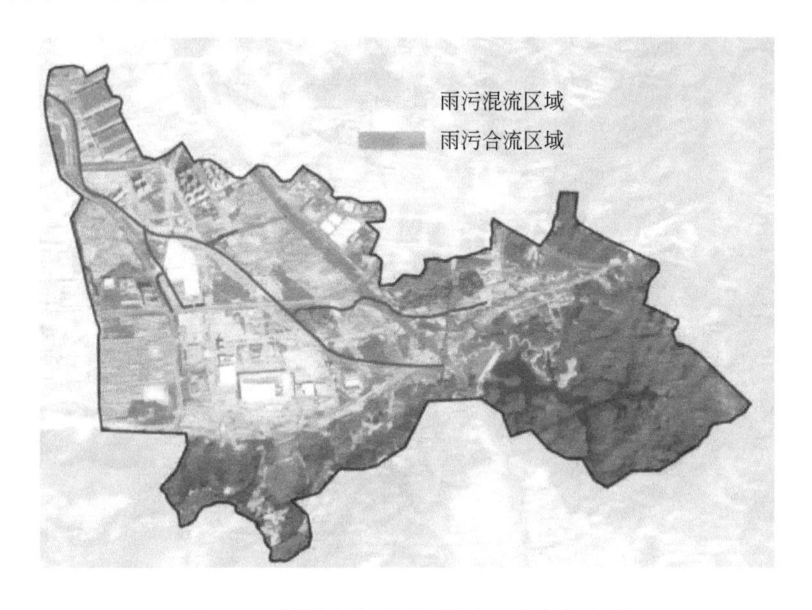

图 B-4 鹅颈水片区雨污混流、合流分布图

表 B-1 鹅颈水片区雨污合流、雨污混流统计表

片区名称	排水体制	面积 /hm^2	排水出路
塘家旧村西南侧	雨污合流	2.7	塘家面前陇
凤凰村		6.9	鹅颈水北支
长圳片区	雨污混流	75.2	茅洲河干流
塘家旧村		48.5	塘家面前垄
甲子塘片区		65.8	甲子塘排洪渠

二、海绵城市建设系统化方案

以三大问题“生态条件较差，亟需修复和保护”“基础设施薄弱，亟需提质增效”“综合环境品质差，亟需提升综合环境”为导向，建立了以水环境改善、生态修复为核心的海绵城市系统化建设方案。

（一）自然本底保护方案

分析自然地貌下的汇流路径，避免填充占用，保障河、渠、坑、塘、低洼湿地等重要汇水通道畅通，增强易涝地区的滞水、排水能力，维护城市水安全（图B-5）。

图 B-5　鹅颈水片区汇流路径与道路竖向的拟合

利用 GIS 平台提取鹅颈水片区的自然低洼地块，鹅颈水片区低洼地主要分布在沿河两侧居住区与工业区，其中华星光电工业区低洼地（鹅颈水以北）、塘家北路居住区低洼地、甲子塘社区低洼地、东江科技工业区低洼地、凤凰村低洼地、长兴科技工业区低洼地已完成建设，同业路周边低洼地、凤凰村周边低洼地、华星光电工业区低洼地（鹅颈水以南）、向科路周边低洼地未完成建设。城市建设用地选择应避让低洼地块，保留天然滞水空间，增强易涝地区的滞水、排水能力，维护城市水安全（图 B-6）。

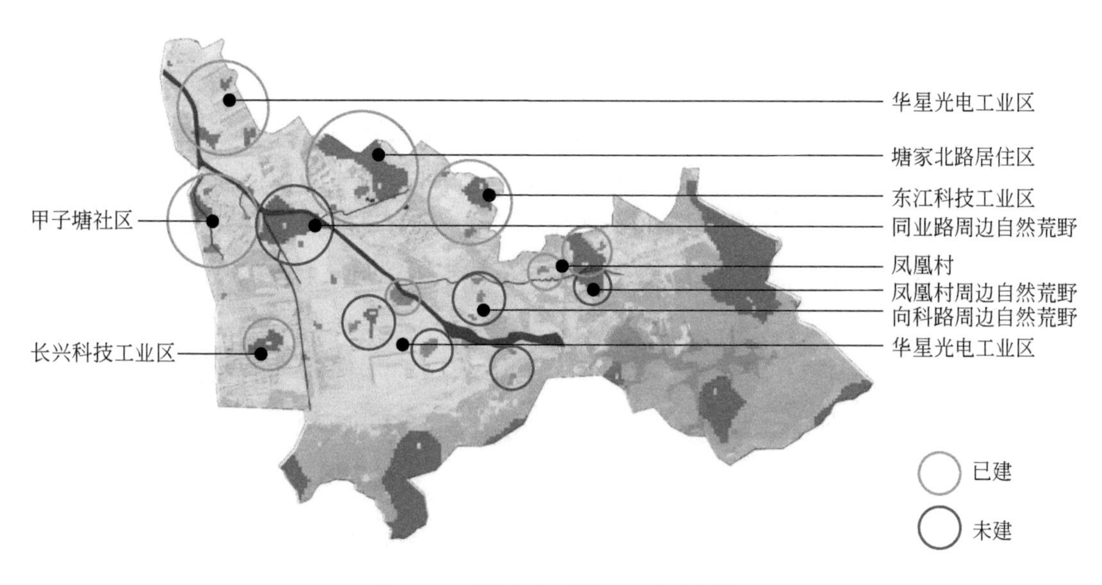

图 B-6　鹅颈水片区低洼地建设情况

对河、湖、水库、渠、人工湿地、滞洪区等城市河流水系实现地域界线的保护与控制，划定蓝绿线（图 B-7），明确界定核心保护范围。

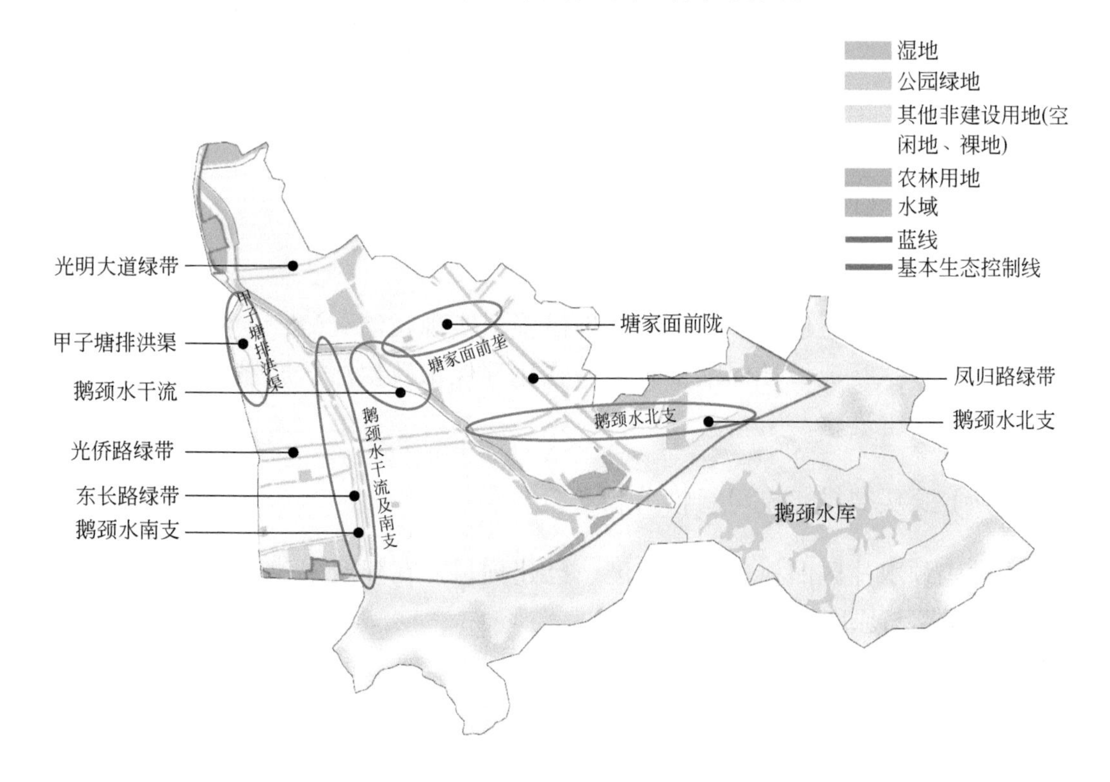

图 B-7　河道蓝绿线保护

（二）水环境提升方案

鹅颈水流域水环境治理，在正本清源、雨污分流、河道综合治理中深度融合海绵城市，并打包实施“光明水质净化厂厂网一体化项目”。从“截污控源、内源治理、生态修复、活水保质”技术路线出发，融合海绵城市同步推进，主要的技术手段包括源头雨污分流改造、入河排污口整治、雨水径流源头减排、河道底泥疏浚、生态岸线建设、湿地水质净化和生态补水等措施（图 B-8）。

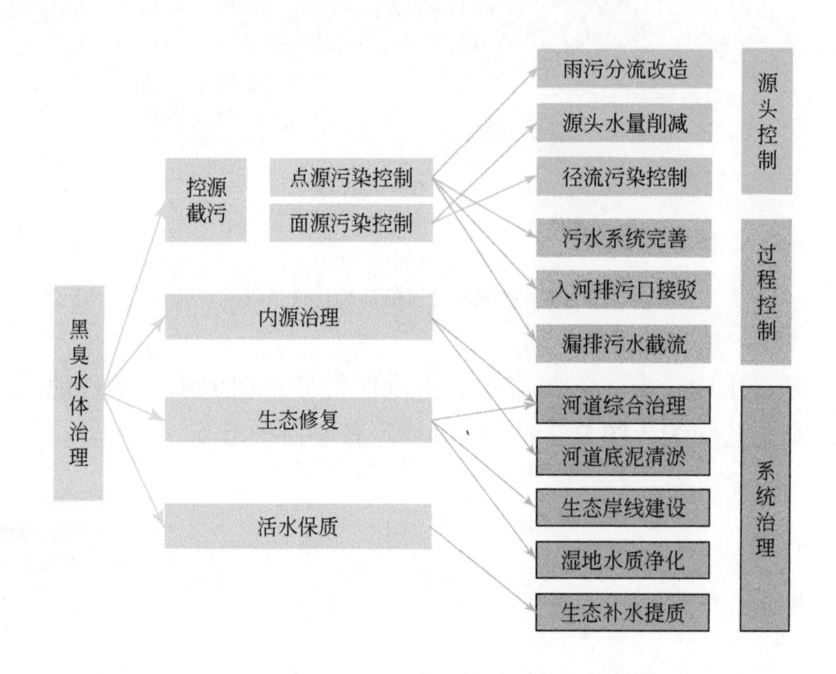

图 B-8　鹅颈水黑臭水体系统治理技术思路图

除工程措施，还建立了长效的管理措施，实现长治久清，主要包括建立三级河长制、严格执行流域环保限批政策、强化环保水政执法、加强日常管理管养和清除涉河违法建筑等。

（三）源头减排实施可行性分析

针对鹅颈水片区旧村、旧工业区、已建项目、在建及未建项目，分别提出源头减排的思路与原则，如图 B-9 所示。

1. 旧村、旧工业区

鹅颈水片区旧村、旧工业区雨污混接、错接现象比较严重，甚至还存在部分雨污合流制片区，需结合旧村、旧工业区雨污混接、合流区域的正本清源改造，

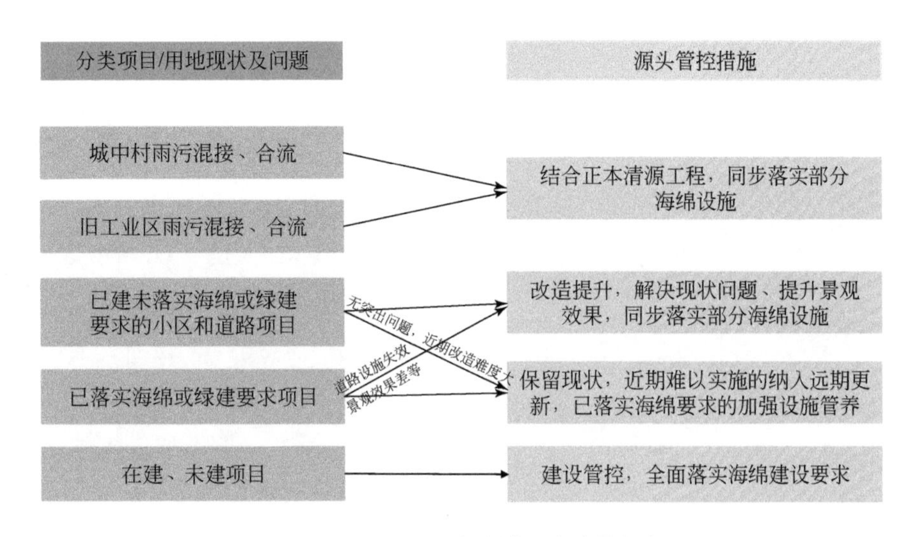

图 B-9　鹅颈水流域源头减排方案

同步落实海绵城市设施。

2. 已建项目

片区内已建项目源头减排遵循以下原则。

（1）已建未落实海绵要求、本底条件较好的项目，应改尽改。

（2）已建海绵小区或道路，存在设施无效、景观效果差等问题的，应进行改造提升。

（3）已落实海绵或绿建要求的近期建成项目，不建议进行改造。

（4）居民无诉求、问题不突出、本底条件差的项目，不建议进行改造。

3. 在建、未建项目

在建项目未竣工验收的，应视项目具体条件以变更形式落实部分海绵城市建设要求；未建项目须严格落实相关规划指标，全面落实海绵城市建设管控要求（图 B-10）。

（四）项目安排

根据雨水管网及竖向分析，鹅颈水流域可分为 11 个排水分区，各排水分区分布及每个排水分区的工程项目情况如表 B-2 及图 B-11 所示。除 14# 排水分区为水库片区仅有系统治理项目外，其他片区均包括有源头减排（建筑小区、道路广场、公园绿地）、过程控制（雨污水管网、调蓄处理设施等）、系统治理（河湖水系

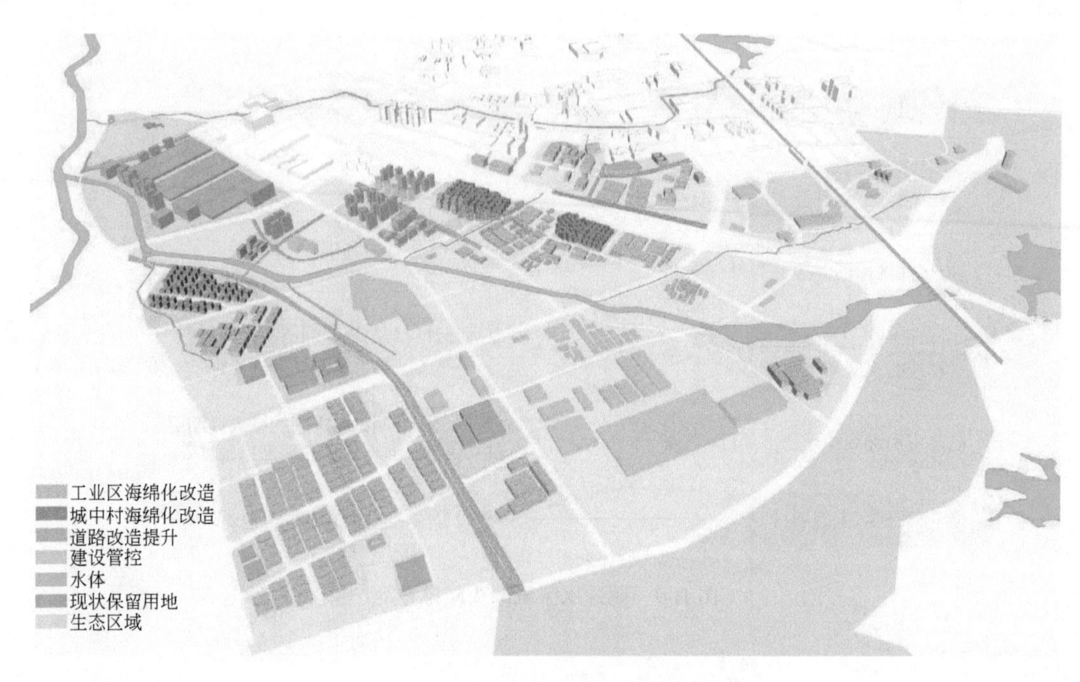

图 B-10　鹅颈水流域源头减排项目分布图

综合整治、灰色和绿色基础设施结合）三类项目。鹅颈水流域整体包括源头减排项目 22 项、过程控制项目 24 项、系统治理项目 23 项。

表 B-2　鹅颈水排水分区项目统计

排水分区	项目数量	源头减排	过程控制	系统治理	备注
8#	4	2	1	1	
9#	3	1	1	1	
10#	7	3	3	1	
11#	9	2	2	5	
12#	7	1	5	1	
13#	10	2	6	2	
14#	2			2	水库片区
15#	12	6	2	4	
16#	4	2	1	1	
17#	8	2	2	4	
18#	3	1	1	1	
总计	69	22	24	23	

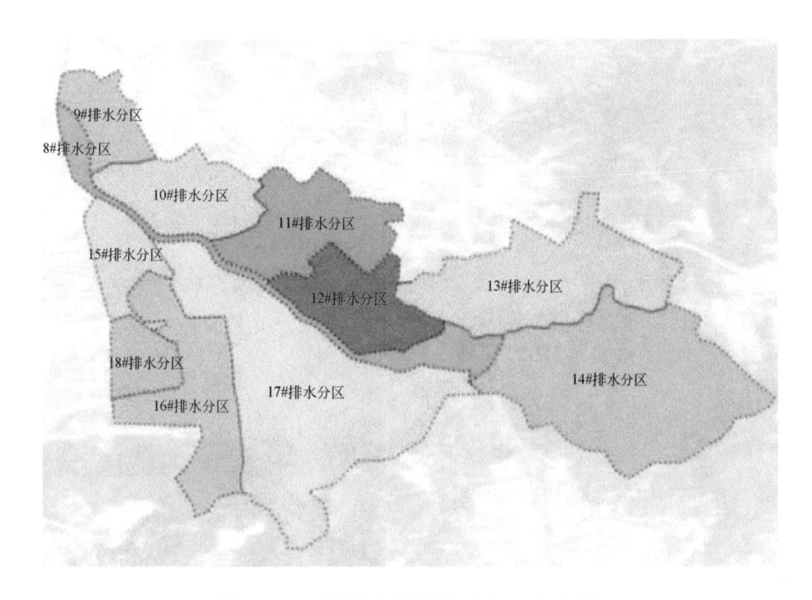

图 B-11　鹅颈水流域排水分区分布图

三、分区实施绩效评估

以 15# 排水分区为例，进行项目实施成效评估。

（一）项目实施情况及绩效贡献

为达到分区绩效目标，结合分区内试点前问题及项目建设时序，安排了项目 12 项（图 B-12），目前已实施完毕。

依托海绵城市监测及模型评估结果，理清项目对排水分区绩效的贡献（表 B-3）。

（二）分区绩效监测及模型评价

根据 15# 排水分区监测及模型评价结果，年径流总量控制、直排污水控制等 6 项建设目标的建设成效如下。

年径流总量控制率建设目标为 50%，根据模型利用 2008 ~ 2017 年连续降雨模拟的结果，15# 排水分区的年径流总量控制率为 58%，达到目标要求。

地表水环境质量建设目标为“不低于试点前且不黑不臭”，试点前甲子塘排洪渠水体黑臭，通过正本清源、管网接驳完善、河道综合整治等工程，目前甲子塘排洪渠已全面消除黑臭，水质优于试点前。

直排污水控制建设目标为“旱天污水无直排”，根据 2018 ~ 2019 年的监测结果，

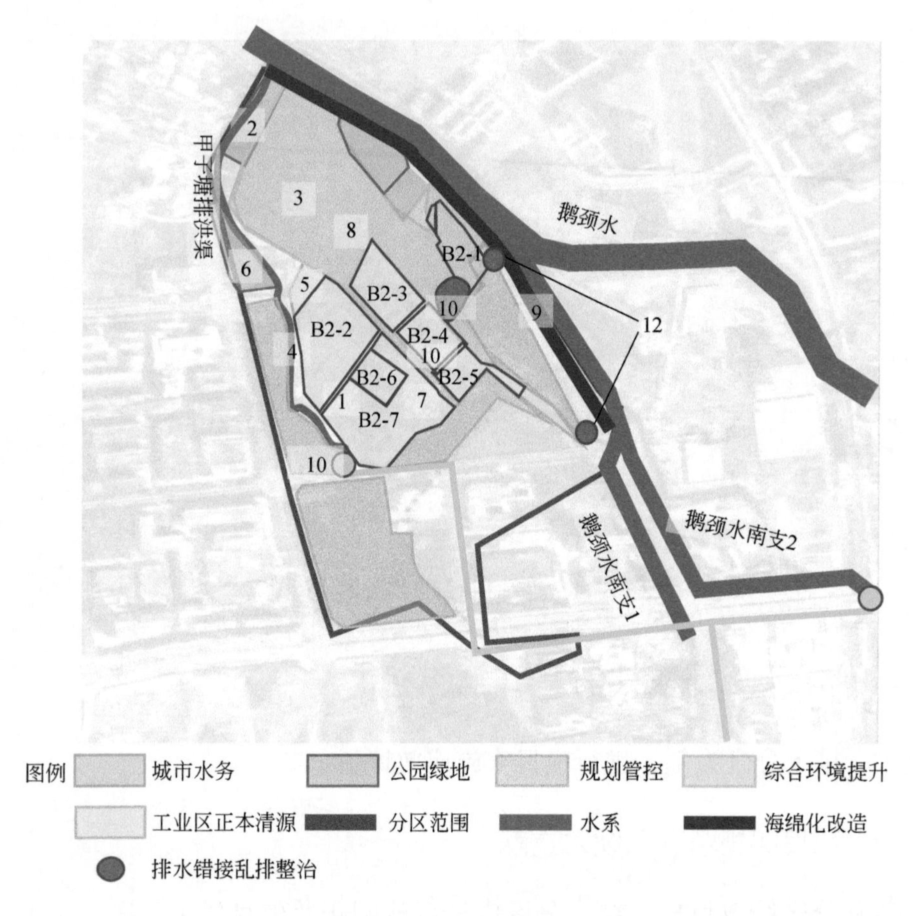

图 B-12　15# 排水分区绩效项目分布图

未发现 15# 排水分区存在污水直排，直排污水控制已达到建设目标。

天然水域保持程度目标为 100%，排洪渠整治过程中保留了原有的排洪渠行泄空间，试点前天然水域面积为 0.74hm^2，目前水域面积为 0.93hm^2，天然水域保持达到了 100% 的目标。

雨污管网分流比例目标为 100%，试点前甲子塘旧村及周边旧工业区存在严重的雨污混接甚至合流现象，试点期间通过城中村及工业区正本清源、污水支管网工程、污水接驳完善等工程，目前已实现 100% 雨污分流目标。

新建雨水管渠设计排水标准建设目标为 5 年一遇，根据管网排水模型对排水能力评估的结果，新建雨水管渠已达到该目标要求。该分区绩效指标完成情况如表 B-4 所示。

表 B-3　15# 排水分区绩效项目及贡献

序号	项目名称	分类	面积	面积占排水分区比例 /%	径流总量		径流峰值	径流污染	
					滞蓄容积 /m³	削减贡献率 /%	削减贡献率 /%	点源污染削减贡献率 /%	雨水污染总量削减贡献率（SS 计）/%
1	光明区污水支管网（二期）建设工程（甲子塘社区）	过程控制	12hm²	17.1	—	—	—	49.80	—
2	甲子塘社区公园改造项目工程	源头减排	0.98hm²	1.4	300	6.8	7.20	—	6.8
3	甲子塘社区综合环境提升试点项目	系统治理	12hm²	17.1	3750	69.9	70.50	—	73.0
4	甲子塘排洪渠景观提升工程	系统治理	0.72hm²	—	—	—	—	10.70	10.7
5	甲子塘社区污水接驳完善工程	过程控制	12hm²	17.1	—	—	—	23.40	—
6	甲子塘 8 号路公园建设工程	源头减排	0.98hm²	1.4	300	—	—	—	—
7	工业区正本清源（甲子塘片区 B2-1、B2-2、B2-3、B2-4、B2-5、B2-6、B2-7）	源头减排	13.3hm²	19.0	—	—	—	14.10	—
8	甲子塘幼儿园周边环境提升工程	系统治理	0.5hm²	0.7	150	3.0	2.80	—	3.5
9	东长路	源头减排	—	—	350	14.5	19.50	—	6.1
10	甲子塘排洪渠生态补水工程	系统治理	2700 m³/d	—	—	—	—	—	—
11	凤凰街道错接乱排整治	过程控制	—	—	—	—	—	1.90	—

表 B-4　15# 排水分区绩效指标完成情况一览表

分区绩效	试点前	目标	目标完成情况	评价
年径流总量控制率	48%	50%	58%	达标
水环境质量标准	水质较差	不低于试点前且不黑不臭	不黑不臭	达标
直排污水控制	漏排污水量 4320m³/d	100%	100%	达标
天然水域面积保持程度	试点前水域面积 0.74hm²	100%（0.74hm²）	125.7%（0.93hm²）	达标
雨污管网分流比例	甲子塘村及旧工业区雨污混接严重	100%	100%	达标
新建雨水管渠设计标准	1 ~ 3 年一遇	5 年一遇	5 年一遇	达标

四、片区绩效评价

（一）源头控制效果评估

使用 SWMM5.1.13 进行年径流总量控制率模拟，主要依据试点区已实施的海绵项目及规划目标等进行评估。经评估，年总降雨量 1794.90mm，年总蒸发量 139.61mm，年总入渗量 1035.12mm，年总径流量 608.46mm，径流总量控制率为 66.1%，区域推测对应的降雨量是 27.83mm。

（二）水环境整治效果评估

1. 效果评估

使用 SWMM5.1 进行合流制溢流污染模拟，评估了在典型降雨年下的污染及溢流情况。水环境模型界面图如图 B-13 所示。

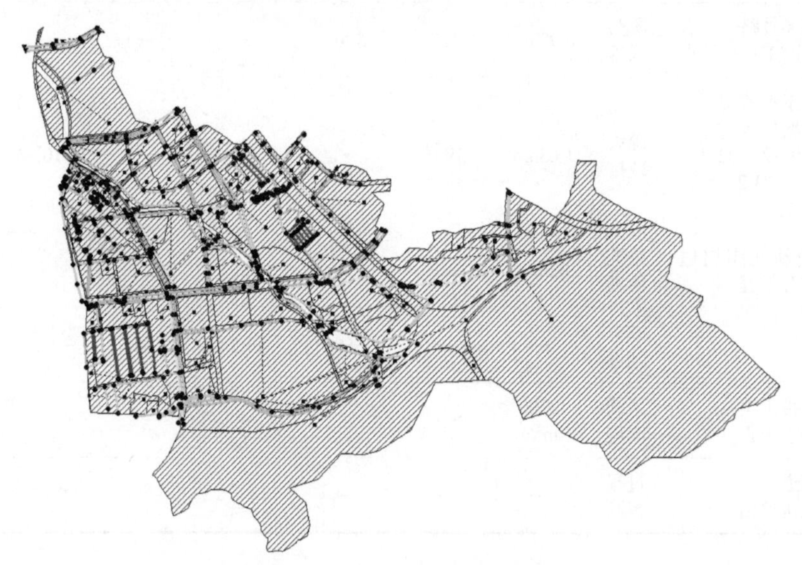

图 B-13　水环境模型界面图

经测算，整治后污染物排放量为整治后水环境容量的 88% 左右（以 COD_{cr} 计），可支撑黑臭水体治理目标的实现。可见，通过采取控源截污、内源治理、生态修复、活水保质等措施，全面推进海绵城市建设，鹅颈水流域不仅可消除黑臭水体，还能保证河流水质长期向好，实现长治久清。

2. 监测评估

鹅颈水于 2017 年 12 月底基本消除黑臭，于 2018 年 1 ～ 7 月开展了水质监测，结果表明，黑臭水体水质检测透明度、DO、ORP、NH_3-N 4 项指标平均值已连续 7 个月达到不黑不臭的标准，整治前后情况如图 B-14 所示。

(a) 整治前

(b) 整治后

图 B-14 整治前后的鹅颈水对比照片

（三）污水收集处理提质增效效果评估

所在区域水质净化厂实施“厂网一体化”联动运营模式，有效解决了原来水质净化厂运行调度低效、进水量不足、进水水质不稳定、管网高水位运行等弊端。随着流域内污水管网系统日渐完善，雨污分流工程基本完工，光明水质净化厂进水水量、水质都得到了一定程度的提升。进水水量和水质监测数据显示，2019 年光明水质净化厂平均进水水量、进水 COD_{cr} 浓度同比增长分别达到 94.1% 和 145.6%（图 B-15）。光明水质净化厂补水规模由 15 万 m^3/d 提升至 30 万 m^3/d，并向茅洲河干流中游、公明排洪渠、上下村排洪渠、新陂头河、楼村水、木墩河、东坑水实施补水工程，实现生态补水，河道水质得到明显提升，周边水环境得到大幅度改善。

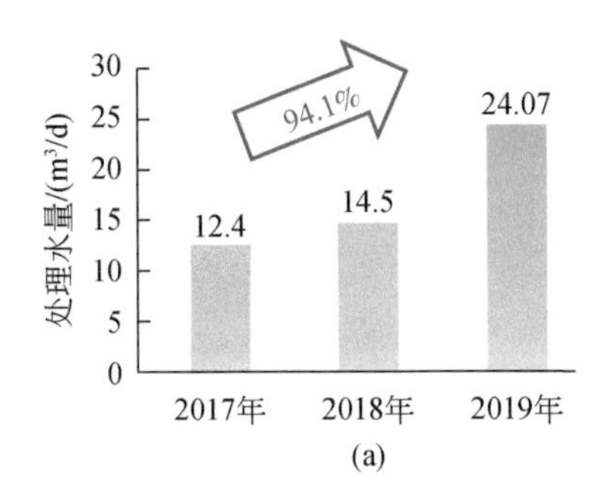

(a)

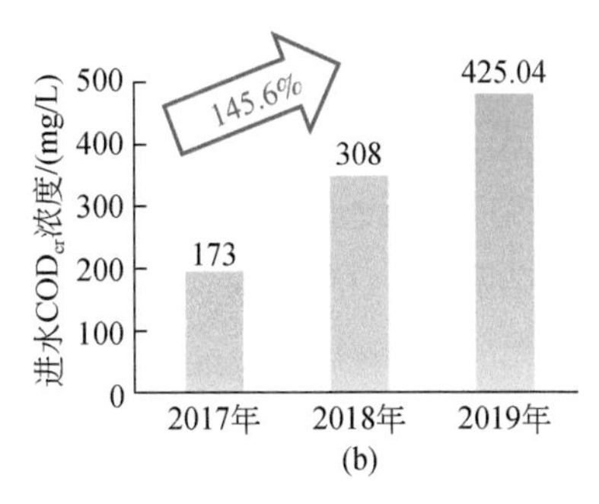

(b)

图 B-15 厂网一体化实施效果

第二节　典型项目

一、项目整体概述

海绵城市建设项目涵盖综合整治、公园绿地、建筑与小区、道路与广场、水务五大类，为更好地了解深圳海绵城市建设情况，本节分类型遴选了15个典型项目从项目概况、技术路线和项目效果三方面对典型项目进行了详细介绍，并提供了21个典型项目案例简介，供各位读者参考。

（一）综合整治类（存量改造项目）

综合整治类项目以解决问题为原则，以需求化为导向，在高密度建成区、城中村中见缝插针式地因地制宜开展海绵城市建设，落实海绵理念，让海绵理念悄无声息地融入市民生活之中，给紧凑的生活环境增添绿意。

在我国城市建设用地中，建筑小区用地一般占总用地的40%，其产生的雨水径流约占城市径流总量的50%。2015 ~ 2016年住房和城乡建设部启动的30个海绵城市建设试点城市的试点区中大部分（约70%）为城市建成区，约30%用地为已建小区。深圳市经过几十年的快速发展，老旧小区、城中村众多，2017年统计结果显示：深圳市共计4655个住宅商品房小区，其中2000年前建设的居住小区总计约1852个，占比约39.8%。

老旧小区、城中村覆盖面积广，人居环境提升空间大。在老旧小区、城中村的改造中同步落实海绵城市理念，能够起到削减面源污染，提高小区排水安全，促进区域生态系统的良性循环。但老旧小区、城中村的海绵化改造受地上、地下空间制约，其绿地率普遍较低或挪作他用，地下管线复杂，自行敷设的管道系统和无名管较多，导致改造难度较大。因此应以问题为导向，设计时应统筹考虑场地竖向及其与周边场地衔接关系、排水管网现状排水能力及空间布局、建筑屋面类型及排水形式、是否有车库及车库顶板排水方式、是否有景观水体等，还需要和老旧小区各类基础设施改造等统筹推进。因此，已建老旧小区改造是海绵城市建设中相对复杂和艰巨的任务。

（二）水务类

海绵城市建设，是统筹城市规划建设和管理中与水相关的方方面面，是系统解决城市水问题的一项综合举措，涉及水生态、水环境、水资源和水安全等诸多方面。海绵城市以水为主线，意在构建良性水循环系统，增强城市水安全保障能力和水资源水环境承载能力，因此，水务项目是海绵城市建设中的重要组成。

深圳市在水务工程建设工作中全面落实海绵城市建设理念，并与其他海绵城市建设项目和措施统筹衔接，以共同构建自净自蓄、泄蓄得当、排用结合的城市良性水循环系统为目的，通过海绵城市建设最大限度地减少了水务工程建设对生态环境的影响。《深圳市海绵城市规划要点和审查细则》中对城市水体的海绵城市提出了两大主要目标：①调蓄洪峰，增强河流综合防洪能力；②净化水体水质，增强河道生态降解功能。因此，对于水务类项目，应严格实行河湖、水库、湿地、沟渠、蓄洪区等城市现有“海绵体”的空间管控。推进城市蓝线划定，维持城市水循环所必要的生态空间。充分发挥水库雨洪利用和防洪排涝作用，改善城市水循环条件。

处理好城市防洪排涝体系与海绵城市建设各项措施的衔接关系，在满足防洪排涝安全的前提下，在城市河湖水系沿岸适当位置，因地制宜布设旁侧湖、滞水塘、调蓄池、蓄水池等雨水径流调蓄设施，有条件的可建设地下蓄水储水设施、排洪通道，增加对雨洪径流的滞蓄和承泄能力。

推进城市河湖岸线生态化治理，尽量维持河道自然形态，修复河滩及滨水带生态功能，合理设置人工湿地、生态浮岛等生态修复措施，发挥其自然渗透、涵养水源、净化水体的作用。采取控源截污、垃圾清理、清淤疏浚、生态修复等措施，加大城市黑臭水体治理力度，提高地表水体水质达标率。

加强应急备用水源建设，完善水源配置系统，增强城市供水保障能力和应急能力。加强雨洪、再生水等水源利用，纳入城市水资源统一配置。充分利用河道、沟渠、湿地、洼地、小山塘、水库等蓄水功能，完善雨水收集、调蓄、利用设施，推进雨洪资源化。

推动开发建设项目落实透水铺装、雨水收集利用、下凹绿地、屋顶绿化等低影响开发技术措施，通过雨水蓄渗、生物滞留、沟道治理、崩岗治理、边坡生态修复等综合治理措施，全面控制水土流失，减轻面源污染，修复土壤污染。

（三）公园绿地类

公园绿地类项目结合原有地形，微地形塑造，在满足绿地生态、景观、游憩及其他基本功能的同时，合理选取和预留空间，进行海绵城市建设，为场地及周边的雨水径流提供蓄滞空间，并起到净化、下渗等功效，构建优质人居环境和生态环境。公园绿地作为城市生态系统的重要组成部分，也是海绵城市建设的重要载体，在满足绿地生态、景观、游憩及其他基本功能的前提下，应该合理地选取和预留空间，建设低影响开发设施，为场地及周边的雨水径流提供蓄滞空间，并起到净化、下渗等功效。

《深圳市海绵城市规划要点和审查细则》中对公园绿地类海绵城市建设提出了两大主要目标要求：①径流量控制率根据项目类型、所处地雨型和土壤类型的不同达到70% ~ 85%；②污染物（以SS计）削减90%。因此，海绵型公园规划、设计与建设应遵循“规划引领、生态优先、因地制宜、经济高效、雨水管理景观化”等原则，充分利用公园绿地建立均衡布局、合理分区的低影响开发设施。

雨水滞蓄方面，公园绿地及周边区域径流雨水宜通过有组织的汇流与传输，经截污等预处理后，引入公园绿地内的低影响开发设施，并衔接区域内的下游水系、雨水管渠系统和超标雨水径流排放系统，提高区域内涝防治能力。

水生态方面，公园绿地规划设计应结合海绵城市建设要求，加强对水系廊道的衔接、保护与控制。在城市内部河流沿线的开敞空间设置类型丰富、具有雨洪滞蓄净化功能的滨水绿化带、滨水公园，并与涉水工程、公共景观相协调，营造水生态空间。

目前，深圳市为良好落实园林绿化海绵城市建设工作，已建立园林部门工作专责联席会议制度，负责统筹协调园林绿化海绵技术建设等工作中遇到的重大问题，确保各项任务落实到位。市城市管理和综合执法局分管副局长为联席会议召集人，联席会议成员单位分别为市城市管理和综合执法局园林与林业处和市容管理处、市公园管理中心、市绿化管理处，各区（新区）城管局。

联席会议办公室设在市城市管理和综合执法局园林与林业处，负责联席会议的组织工作，协调各成员单位推进落实公园、绿地海绵建设任务；联络市海绵办传达和报送相关政策文件资料，配合市海绵办做好业务培训等工作；组织编制《深圳市海绵型公园绿地建设指引》《深圳市园林绿化海绵城市建设工作实施方案》等工作。

市城市管理和综合执法局市容管理处需结合城中村整治，建设一批海绵城市理念的示范工程，并长期推进。

市城市管理和综合执法局公园管理中心负责新建、改造提升市管公园绿地海绵建设组织实施工作，指导各区（新区）新建、改造提升区管公园绿地海绵建设，并组织开展海绵型绿地耐淹植物实验研究。

市城市管理和综合执法局绿化管理处负责新建、改造提升市管道路绿地海绵技术建设组织实施工作，指导各区（新区）新建、改造提升区管道路绿地海绵建设；同时还需指导全市开展立体绿化工作。

各区（新区）城市管理和综合执法局主要负责辖区新建、改造提升道路和公园绿地海绵建设组织实施工作，并组织辖区立体绿化建设实施、指导工作，指导辖区内相关项目园林绿化海绵城市建设。同时，需结合城中村整治，建设一批海绵城市理念的示范工程，并长期推进。

（四）建筑与小区类（含城市更新）

建筑与小区类（含城市更新）项目在深圳产业转型升级，成片规划、研发、实施的开发建设模式下，结合生态文明建设及在住宅小区、商圈、写字楼等建筑与小区建设中落实海绵城市理念，控制片区内径流雨水总量、解决片区内面源污染，进行雨水收集回用，给片区周边提供生态化、舒适化的休闲、居住、办公环境。

城市迅猛发展的同时，也带来了严重的水污染、内涝等问题，海绵城市的建设就是要通过加强城市的规划建设管理，充分发挥建筑、道路和绿地水系等系统对雨水的吸纳、渗滞和缓释作用，有效控制雨水径流，实现自然积存、自然渗透、自然净化的城市发展方式。海绵城市的建设内容主要包括源头减排、过程控制和末端治理。

建筑与小区作为海绵城市源头控制的重点，应作为雨水渗、滞、蓄、净、用的主体，改变雨水快速直排的传统做法，增强绿地对雨水的消纳作用，利用透水铺装、下沉式绿地等海绵设施，让雨水暂停在这里，最后通过溢流排到市政管道中去。同时，在建筑与小区中开展海绵城市建设，也可以有效减少硬质场地积水问题，保障居民活动和出入的交通安全，增加绿化面积，提高景观效果，创造宜人的小气候，增加生物多样性。

深圳市自开展海绵城市建设试点以来，就要求在建筑与小区类建设项目及城市更新改造中，严格落实海绵城市建设要求。

在《深圳市推进海绵城市建设工作实施方案》中，对建筑与小区类项目提出了明确要求，各类建筑与小区项目应通过综合措施实现国家和地方绿色建筑标准规定的年径流总量控制率目标。深圳市绿色建筑相关导则应加强海绵城市相关要求的分值，并将其列为必选项。

根据深圳市本土条件，主要可采取绿色屋顶、透水铺装、绿地下沉（雨水花园、下沉式绿地、植被草沟等）、不透水场地雨水径流引入绿地等多种形式。在建筑与小区规划设计初始阶段，可参考光明区已建示范工程中对设施关键指标的控制要求，初步布局各项设施，再结合建筑、园林等专业进行优化。

有条件进行雨水收集回用的建筑与小区，应根据雨水的用途、用量、收集范围、水质状况等进行优化设计，合理确定雨水收集回用规模。

城市更新类项目，应严格按照新建类建设项目海绵城市有关要求执行。

深圳市住房和建设局成立了建设海绵型房屋建筑与小区工作领导小组，由分管副局长任组长，市住房保障署、住房规划与建设处、勘察设计与建设科技处、工程质量安全处、市建筑工程质量安全监督总站、市市政工程质量安全监督总站、各区住房和建设局、各新区城市建设局相关负责人为成员。领导小组办公室设在局设计处。

在《深圳市建设海绵型房屋建筑与小区工作实施方案》中，提出了“完善建设管理体系、完善标准规范体系、落实海绵城市建设要求、强化管控机制”的工作任务，并要加强组织领导、技术支持和宣传引导。

（五）道路与广场类

道路与广场类项目通过运用透水铺装、下沉式绿地、雨水花园、环保雨水口、植草沟、雨水塘等多元化的海绵设施，重点解决车流量多、人流量多所产生的面源污染严重问题，继而缓解水污染治理压力、增添城市绿意，建设生态、美丽城市。

城市道路系统海绵设施以控制面源污染、削减地表径流为目标，与城市交通、园林景观、内涝防治、环境保护等专项规划与设计相协调，充分考虑道路的功能与安全、景观要求等因素。通过统一的城市规划，在道路建设中贯彻低影响开发理念，遵循生态优先，注重对城市原有生态系统的保护和修复，充分发挥城市道路系统对雨水的吸纳、蓄渗和缓释作用。

海绵道路建设应贯彻低影响开发理念，道路的绿化隔离带和两侧绿化带要因地制宜运用下沉式绿地、生物滞留池、植草沟等多种形式，通过布设开孔侧石、间歇式侧石等方式，将道路雨水引入绿化带，增加道路绿地雨水的海绵功能。道路的非机动车道、人行道和广场、停车场推广使用透水铺装系统，采用透水基础，增加透水性。

为落实海绵型道路建设，深圳市交通运输局建设管理处成立了海绵型道路建设领导小组及其办公室，负责海绵城市道路建设工作的统筹协调、技术指导、监督促进等工作。

二、综合整治类项目

（一）甲子塘片区综合治理（试点区域内）

1. 项目概况

甲子塘片区位于深圳市光明区国家海绵城市建设试点区域凤凰街道，占地面积 12hm^2，片区内旧工业区和城中村并存，且外来务工人口较多。经过城市无序的扩张，原本低矮的旧村已扩张为高层建筑，与此同时，也带来城市管理粗放，错接乱排严重、市政管网堵塞、漏损、水体黑臭，环境和片区综合环境较差等突出问题。为破解上述问题，光明区多部门联合，全面融合海绵理念，打造城中村综合治理的典范。

2. 项目技术路线

项目改变以末端截污为主的传统水污染治理思路，通过实地调研摸查，提出工业区、城中村分级落实海绵城市理念的标准体系，将海绵城市“源头减排、过程控制、系统治理”的系统理念全面融入治污体系，形成涵盖源头雨污分流、正本清源，过程排水系统接驳完善，末端水系生态治理的全过程治理思路（图B-16）。

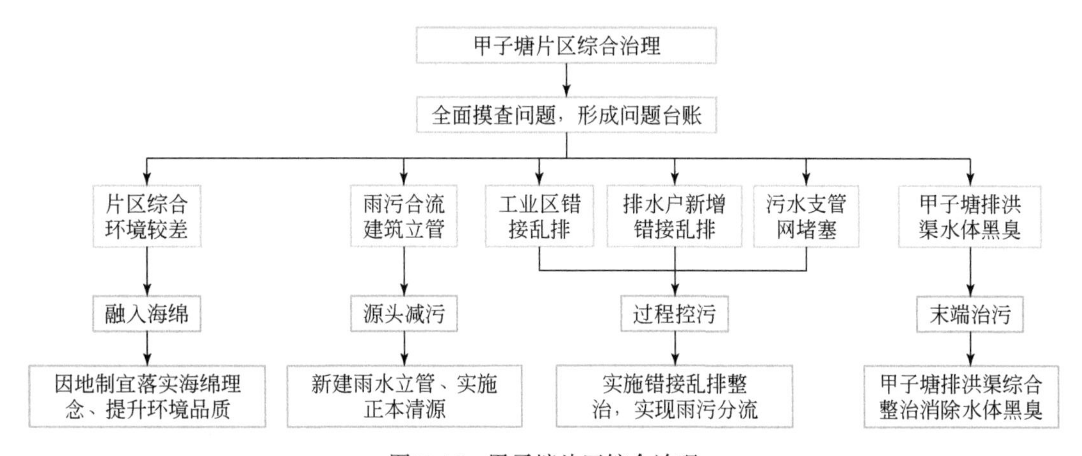

图B-16　甲子塘片区综合治理

甲子塘片区的综合治理，融合光明区城管、水务、街道等部门。首先，在片区内有条件的公共空间和绿地，由街道和城管部门在城市品质提升中，因地制宜地落实源头海绵设施，进行源头的海绵化改造，提升公共空间、绿地的品质和景观效果，增加生态效益。其次，对于城中村新建雨水立管，断接将天面雨水散排至巷道，对于错接乱排开展正本清源，实现雨污分流，从源头削减污染。然后，对于片区内的市政管网开展接驳完善实现雨污分流后移交管养，确保市政干管的可用性。同时，对于片区内存在较多的旧工业区，同步开展工业区正本清源，并在有条件的工业区落实源头海绵设施，在实现工业区雨污分流的同时提升工业区生态效益。最后，对于片区的黑臭水体，通过控源截污、内源治理、活水保质、生态修复等手段，实现河道水清岸绿。治理方案如图B-17所示。

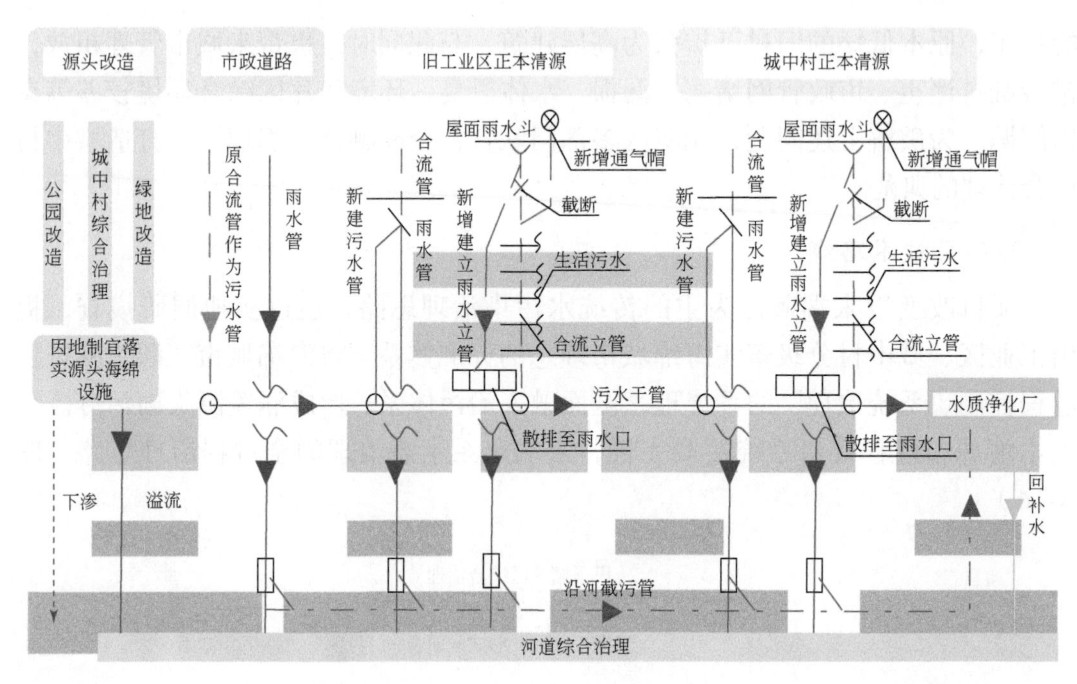

图 B-17　甲子塘片区治理方案

3. 项目效果

通过采取从源头到末端的系统治理思路，因地制宜融合海绵城市理念，提升了片区环境品质和水环境质量。甲子塘排洪渠小微水体治理经验，为光明区打赢黑臭水体歼灭战提供经验借鉴，其做法为城中村正本清源改造和综合治理提供了模板，其经验做法在全区 114 个城中村推广。项目实施效果如图 B-18 所示。

(a) 实施前

(b) 实施后

图 B-18　甲子塘片区综合治理项目实施前后对比图

（二）石云村老住宅小区综合整治工程（试点区域外）

1. 项目概况

石云村位于深圳市南山区蛇口新街148号，地处蛇口街道办辖区。小区建成于20世纪80年代末，属于典型老旧住宅区，占地面积约1.3万 m^2。

该项目建设类型为改造类项目、项目类型为建筑与小区。项目资金来源于政府投资，项目总投资约900万，其中海绵设施改造部分约60万，项目以解决问题为原则，以需求化为导向，根据小区现场实际，因地制宜开展并完成下沉式绿地建设1662m^2，透水砖铺设832m^2，停车位植草砖铺设75m^2等。

2. 项目设计

项目按照小区改造"应做尽做"的原则，充分采用海绵城市和绿色基础设施的建设理念，利用小区现状地形，结合景观提升，在小区设置以下海绵措施。

（1）下凹式绿地：根据现场地形条件，在大楼北侧设置下凹式绿地，绿地中设置溢流井，在路缘石上开疏水孔，路面的雨水通过疏水孔排至下凹式绿地，向地下渗透，当水量超过地下吸收能力后，剩余的雨水溢流进溢流井中排入雨水检查井。

（2）雨水管道断接：原直接接入雨水井的屋面雨水立管，在其距散水坡以上10cm处截断，使雨水直接散排至下凹式绿地，充分利用有限的绿地对雨水进行蓄滞、下渗及净化。

（3）植草砖：结合停车位改造，将原有硬化铺装停车位改造为植草砖停车位，以控制、净化地表雨水径流。

（4）透水铺装：结合人行道、非机动车道翻新改造，将其改造为透水铺装，下渗雨水，减少地表径流。

3. 项目效果

（1）在改造前，石云村面临面源污染严重、排水不畅、内涝风险、管道错接漏接等多种问题。经过一系列因地制宜的正本清源、海绵化改造，达到了环境提升、排水达标、生态示范的目的，成为深圳市老旧住宅小区海绵化改造的典型案例，并在2017年国家海绵城市中期督察中获得了专家的肯定。

（2）按照小区改造"应做尽做"的原则，充分采用海绵城市和绿色基础设施的建设理念，利用小区现状地形，结合景观提升，在小区较低处建设下凹式绿地、植草沟等海绵措施。通过人行道透水铺装改造、停车位植草砖改造等措施，实现雨水渗透、滞留、蓄积和净化，同时削减了部分面源污染，实现了因地制宜对雨水径流的峰值和流量控制。

（3）通过小区海绵化改造，提升了小区绿化景观效果及路面铺装品质，同时也改善了居住环境，增加了居民幸福感、满足感。

（4）通过小区海绵化改造，将石云村住宅小区打造为典型的海绵型住宅小区，建设效果广获好评，成为改造类项目的典范，对海绵城市建设理念的示范和推广发挥了积极的作用（图 B-19）。

(a) 路牙开孔　(b) 生态停车场

(c) 雨落管断接　(d) 透水铺装

图 B-19　石云村老住宅小区综合整治项目效果

（三）岗厦 1980（试点区域外）

1. 项目概况

岗厦 1980 位于深圳市福田区高密度建成区的城中村——岗厦村，也是岗厦村最老的建筑之一，岗厦 1980 屋顶海绵化改造从构想到实践，从设计到选材，共历时 1 年多，是深圳首个城中村屋顶海绵城市建设项目。该类项目以需求化为导向，以解决问题为原则，结合市民需要，实现如何在高密度建成区、城中村中见缝插针式落实海绵城市理念，让海绵理念悄无声息地融入市民生活之中，给紧凑的生活环境增添了绿意。

2. 项目设计

项目屋面面积 $182m^2$，是一栋 4 层半的居民建筑，且 2 层有露台。项目通过合理的设施布局，使建筑屋面产生的雨水径流分层蓄滞，且设施相互连通形成整体。通过在钢结构框架设置种植花箱，屋顶的框架结构从4层楼顶延伸到5层楼顶，以小绿植块为基本单位，错落有致地摆放了300多个种植箱，对雨水进行收集利用，且四层和五层框架进行连接形成立体绿化，实现雨水分级回收利用。每个种植箱底部具备蓄水层，在每个种植箱一角均有一个浮标，可看到蓄水层蓄水水位，在旱季时，可根据浮标的指示来浇水。每个种植箱可截流大约4L雨水，并设有一个溢流口，超标的雨水可排至种植箱外，避免植物根部因水太多而腐烂。楼顶种植箱的水溢流后，汇集、排放到2楼的雨水罐中，雨水罐可以蓄水400L，不下雨时可将雨水进行回用灌溉屋顶花草。为了满足低维护、低能耗的要求，项目选择了许多深圳本土植物，如野牡丹、毛稔、石斑木等，占了绿植种类的1/3以上。此外，还使用了能够带来滨海景观效果的紫穗狼尾草、黄纹万年麻等（图B-20）。

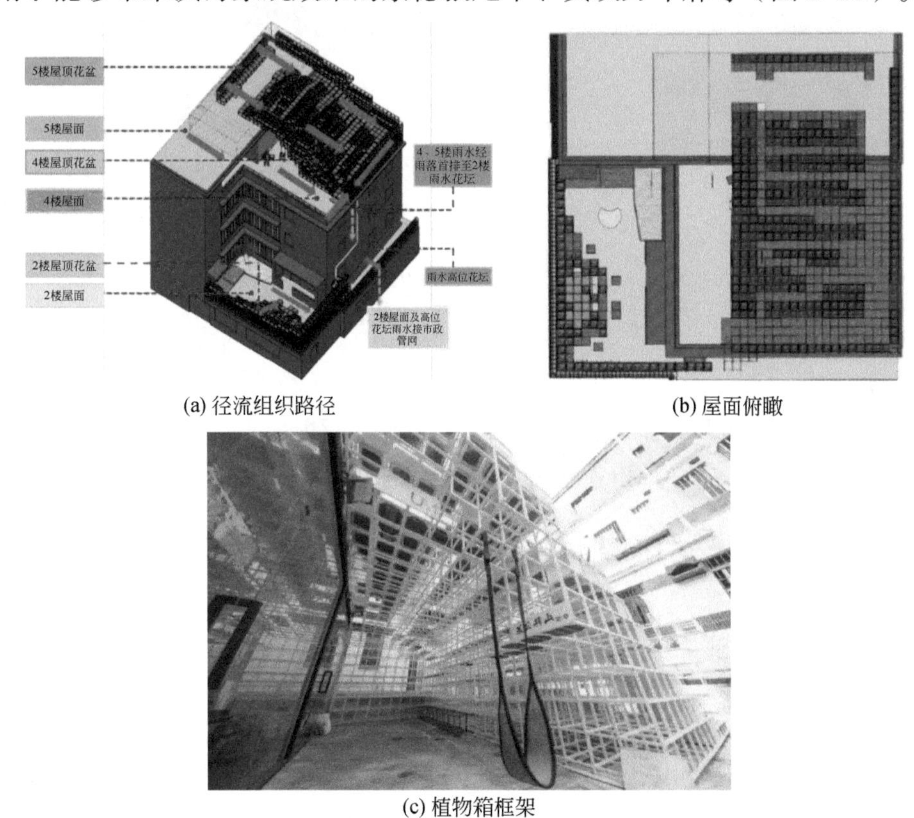

(a) 径流组织路径

(b) 屋面俯瞰

(c) 植物箱框架

图B-20　岗厦1980项目设计

3. 项目效果

岗厦1980项目是社会主动参与的小区改造项目，绿色屋顶可以帮助减少雨水径流，年径流控制率达到65%，远远超出了对城中村综合整治类项目年径流总量控制率的目标要求。项目设计非常别致，在有限的屋顶空间里，通过合理的布局，让建筑产生的雨水径流分层蓄滞，相互连通，形成系统，既落实了海绵理念，又为市民提供了更好的生活环境。同时钢结构框架起起伏伏，围绕小露台，形成了一个绿色屏障。让绿色成为“握手楼”间透气的屏风，可以给城中村居住者更多的私密感与绿意（图 B-21）。

图 B-21　岗厦 1980 建成实景图

三、水务类项目

（一）大沙河（试点区域外）

1. 项目概况

大沙河发源于羊台山，位于深圳市南山区，流域面积 99.69km^2，干流长 13.7km，平均坡降 2.6‰，起始于长岭皮水库，由东向西流过长岭皮村、福光村、塘朗村、平山村，与西丽水库溢洪道汇流后折转流向，由北向南流经珠光村、光前村、大冲村，穿过北环大道、深南大道，在滨河立交处注入深圳湾。大沙河上游已修建有西丽水库和长岭皮水库两座水库，控制集雨面积 36.96km^2，对拦蓄上游洪水起着重要的作用，是深圳市防洪工程的重要组成部分。大沙河以共同构建自净自蓄、泄蓄得当、排用结合的城市良性水循环系统为目的，系统化治理，与其他海绵城市建设项目和措施统筹衔接，最大限度地减少水务工程建设对周边生态环境的影响，促进水务与海绵双融合。

2. 项目设计

大沙河贯穿整个南山区南北，是南山区及至深圳市中心城区的一条重要的空间联系轴，是南山区塑造为融山、海、城于一体的现代化海滨城区，是连接羊台山、塘朗山和滨海休闲带的绿色走廊。本工程沿河道两侧敷设截流箱涵，开展"源头减污、管理控污、末端治污"的全流域系统治水模式。流域内通过开展正本清源，纠正错接雨污排水管、加装天面雨水管等措施，防止污水混入雨水管道，从源头上进行减污，减少进入箱涵的污水量，减少溢流污染，并在此基础上大力推进大沙河流域内白芒河、大磡河、麻磡河、龙井河、塘朗河、白石洲排洪渠等河流综合治理工程。

通过对现有的河道两岸绿化、原有步道及栏杆等进行品质提升，打造沿河开放式的海绵公共空间，对现有的构筑物及设备等进行景观美化，并贯通两岸自行车道及漫步道，致力于营造一个舒适、宜人的滨河浪漫空间，并在建设内容中大量融入海绵城市建设理念，采用"生物滞留沟搭配过滤植被"的生态岸线形式，在河岸两旁道路绿化带建设生态滞留沟收集和处理路面径流；河岸斜坡使用过滤植被，去除悬浮固体，起到了削减污染和景观提升的效果，将大沙河打造成"水城人"共融共生的"母亲河"。项目设计如图 B-22 所示。

图 B-22　大沙河项目设计

3. 项目效果

通过沿河截污，旱季漏排污水达到 100% 收集处理，减少了混流污染入河，减小了对河流的污染与冲击，为河道实施了“减负”措施，年径流总量控制率达70%、TSS去除率达到40% ~ 60%。通过水资源利用河补水，增加了河道水体容量，增强了水体纳污能力，缩短了水体交换周期，保障了河道水质稳定性，对河道实施了“增容”措施；通过堤岸绿化，增加了水流形态多样性和景观水面，结合堤岸改造塑造微地形，种植乔木灌木和草皮，增加了河流绿量，提升了河流景观性，改善了大沙河流域水环境来优化城市环境、提高人居生活质量，增加了文化休闲设施，提升了居民的获得感、幸福感、满足感（图B-23）。

图 B-23　大沙河项目建成实景图

（二）鹅颈水（试点区域内）

1. 项目概况

鹅颈水是茅洲河的一级支流，位于光明区中部，发源于鹅颈水库流域的上游——雷公峰，水库溢洪道以下河道长5.66km，流域面积为16.12km^2。片区旧村、旧工业区较多，片区内雨污混接、错接现象较为普遍，导致片区内水体水质部分黑臭，鹅颈水干流水质为劣V类，河道周边环境较差，也影响了周边人居环境的改善目标。为有效解决茅洲河流域存在的河道治理滞后问题，深圳市政府及相关水务部门开展实施鹅颈水综合整治工程，在结合在建截污系统的基础上，通过建设河道防洪工程安全体系，对河岸进行生态修复，打造出现代城市河岸的绿色生态景观长廊带。

2. 项目设计

项目从生态、防洪、景观绿化等多个角度统筹考虑，针对防洪排涝和水环境治理两个方面开展综合整治，将海绵城市理念融入治理体系，形成灰绿结合的海绵城市理念，构筑出一条符合海绵理念的生态型岸线景观带（图B-24）。

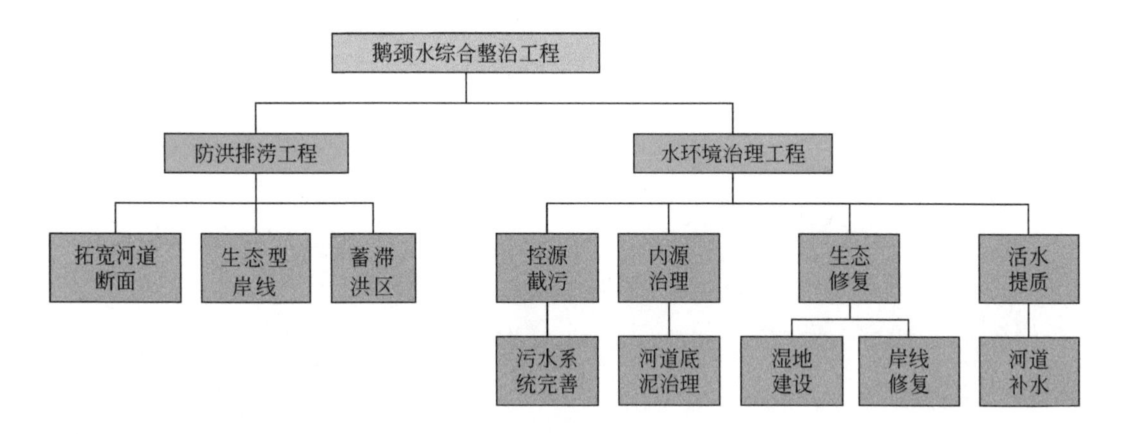

图 B-24　鹅颈水综合整治技术路线图

1）河道防洪排涝工程

总体思路：保持河道现状基本走向，通过水文计算明确河道断面要求，拓宽现状河道断面。在满足防洪排涝前提下，结合已经划定的河道蓝线，采取天然的岸线类型，尽量避免采用混凝土直立式挡墙等硬质化岸线。

河道防洪排涝治理总长度约 5.6km，堤防总长约 11.5km。通过茅洲河流域中上游兴建滞洪区进行洪水滞留，削减洪峰，有效降低河道水位；维持河道现状走向，完善堤岸建设，对河道中阻水建筑物予以拆除或重建，提高河道行洪能力。

2）水环境治理工程

总体思路：按照“黑臭在水里，根源在岸上，关键在排口，核心在管网”的思路，在摸清问题的基础上，按照“控源截污、内源治理、生态修复、活水提质”的技术路线，通过开展截污工程、雨洪分流、调蓄工程、初雨处理工程、河道补水等措施，结合湿地改善，最终整体提升流域水环境（图 B-25）。

3. 项目效果

鹅颈水综合治理工程将海绵城市建设理念融入河道整治中，在采取清淤疏浚等传统工程措施的基础上，因地制宜地建设河道蓄滞洪区，充分发挥河道区域的蓄水、净水能力，并通过结合沿河生态景观改造，营造自然生态型河道，构建出生态性与亲水性并重的滨河空间，创造“一路一花树，一河一景观”，借此带状片区的可静、可动的特色，形成优美的河岸景致，营造出一幅如诗如画的美丽画卷，营造出“海绵绿袖，情润鹅颈”的环境氛围，充分体现了人水和谐的生态理念（图 B-26）。

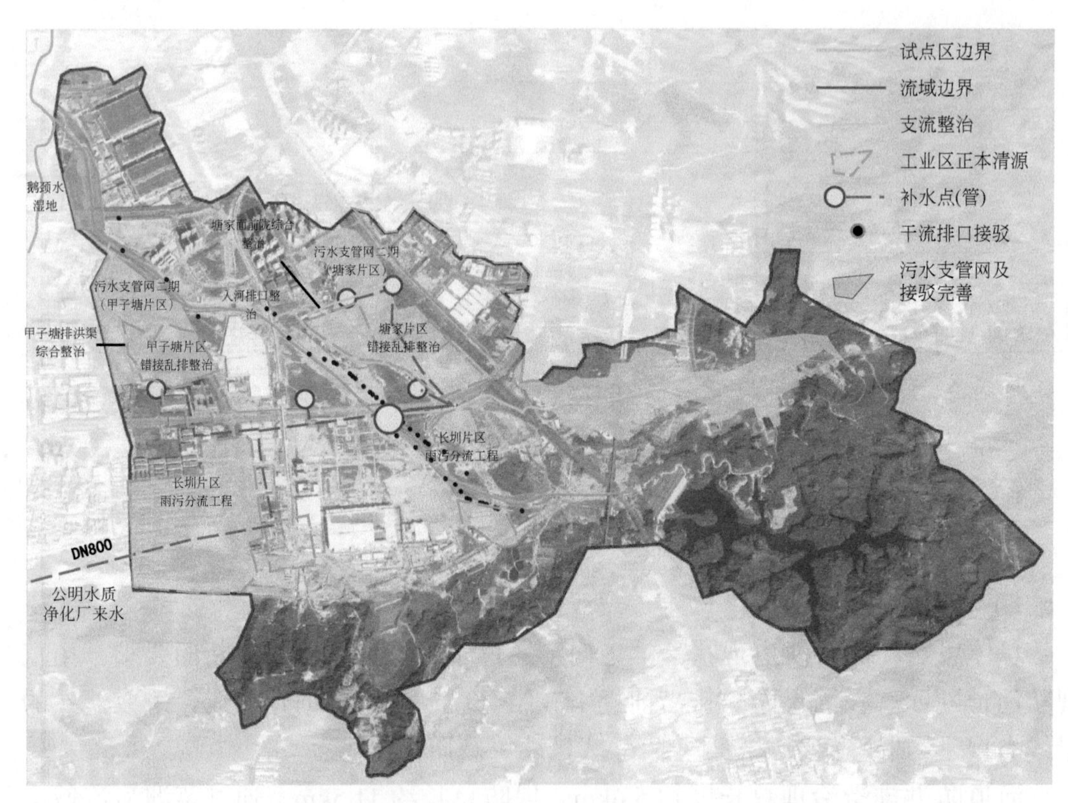

图 B-25 鹅颈水综合整治工程系统方案工程布局图

图 B-26 鹅颈水综合整治工程建成效果图

（三）茅洲河

1. 项目概况

茅洲河干流水系发源于石岩水库上游——羊台山，为深圳市第一大河流，是光明区的“母亲河”，流域面积 343.5km^2，其中深圳境内面积 266.1km^2，全长 31.3km，其中光明区河段长 12.8km，两岸分布有 13 条一级支流。由于茅洲河干流河道基流较少，基本无纳污能力，导致干流全河段水质严重污染，河水黑臭问题日益严峻。此外，河道淤积严重，杂草丛生，两岸建筑密集，对河道防洪达标造成一定程度的影响。为改善此情况，该项目按照“流域统筹、系统治理”总原则，从“源头减污、过程控污、末端治污”等各环节入手，综合采用工程、技术、行政、法律等手段，全面削减污染负荷，实现水质达标。紧紧围绕新区打造茅洲河“一河两岸”文化休闲产业带的战略布局，高标准开展茅洲河干流景观提升，打造“生态脊梁”和文化、生态、创新科技带。

2. 项目设计

茅洲河中上游段干流综合整治工程主要治理范围为茅洲河流域中上游干流段，即松白路—塘下涵区间，全长 18.857km。项目主要建设内容包括河道防洪工程、水质改善工程、堤岸覆绿及景观文化工程等。以实现干流防洪标准达到 100 年一遇，主要一级支流达到 50 年一遇，主要二级支流达到 20 年一遇的防洪目标，茅洲河中上游（洋涌河水闸以上河段）干流水质达到景观用水要求，旱季河道水质主要指标达到地表水 V 类水（NH_3-N 除外）的水质改善目标。

1）河道防洪工程

干流整治工程包括：堤岸整治、桥梁改建和清淤三部分。干流整治范围从塘下涌至上游松白公路桥，全长 18.817km，均按照设计防洪标准 100 年一遇进行安全设防。河道采用梯形复式断面，岸坡中间设平台，干流河道中心线基本维持现状。对部分河道堤防进行加高加固及微地形绿化处理，对河道中阻水建筑物予以拆除或重建，河道向两岸适当拓宽，提高河道行洪能力（图 B-27）。

2）水质改善工程

该工程治理范围内目前已规划建设三座污水处理厂：光明污水处理厂、燕川污水处理厂和公明污水处理厂。为保证河道水生态系统不受影响，采用光明污水处理厂尾水在当年 9 月至次年 4 月对茅洲河干流进行补水，干流补水量在 1 万~4.5 万 m^3/d。

3）堤岸覆绿及景观文化工程

茅洲河景观带作为带状滨水绿地，承载起防洪、游憩、生态、景观、文化传承、

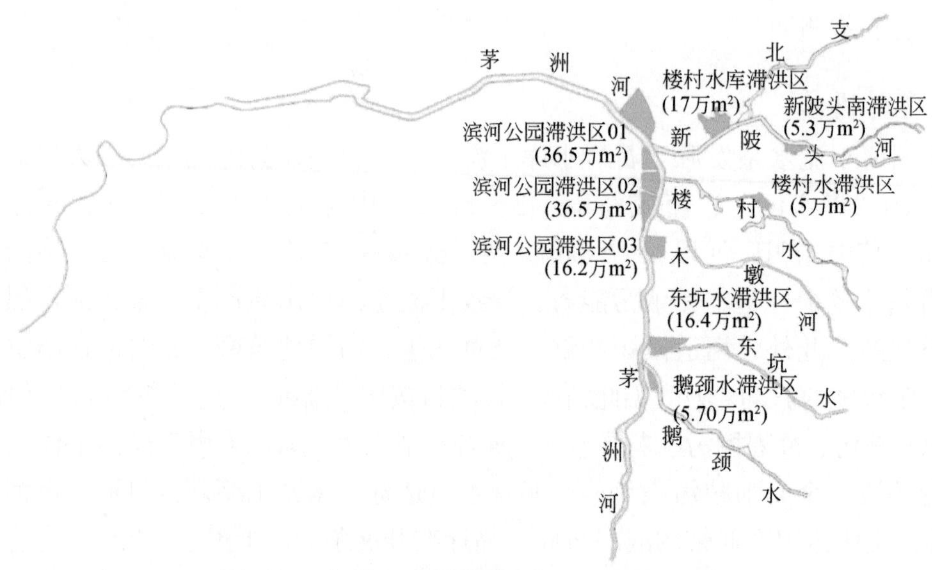

图 B-27　茅洲河流域拟建滞洪区平面布置示意图

科普教育等功能。堤岸覆绿主要包括河内滩地及滨岸带湿生植物、岸坡防冲水土保持草本植物、堤顶行道树（乔木）及绿篱（灌木）。景观文化工程结合周边环境现状、历史古迹和文化遗产，如陈仙姑传说、围屋及炮楼、赛龙舟等，运用本土材料塑造河岸景观，体现当地的民俗风情，提高人居环境品质，建设人水和谐的宜居空间。堤岸绿化总面积为 240.217 万 m²，滩地及滨岸湿生植物水陆交错带总面积为 50.35 万 m²。

3. 项目效果

通过综合采用河道防洪工程、水质改善工程和堤岸覆绿及景观文化工程等手段，防洪标准达到 100 年一遇，主要一级支流达到 50 年一遇，主要二级支流达到 20 年一遇，水质达到景观用水标准。同时，在增强项目河段行洪能力的同时，营造了风景秀丽的沿河景观，为人们提供休闲、亲水或者运动的开放式场所，塑造集防洪、生态、景观于一体的美丽河道（图 B-28）。

图 B-28　茅洲河整治后实景图

四、公园绿地类项目

（一）香蜜公园（试点区域外）

1. 项目概况

香蜜公园位于深圳市福田中心区，总面积 0.42km^2，是一个城市中心的市民公园。公园配套建筑包含了游客服务中心、活动中心、自然展览厅、资源循环中心及其他服务设施，总建筑面积为 650m^2，公园的自然水系面积达 28343m^2，绿化用地面积有 336330m^2，绿地率 81.2%。周边用地密度较高。该项目通过地形塑造，实现如何在高密度建成区将景观生态与海绵城市理念紧密结合，满足场地雨水的合理收集回用，同时满足周边市民的生活游憩需求。

2. 项目设计

公园充分利用场地北高南低、西高东低的地势高差及雨水汇集方向设计景观水系，将公园内的跌水溪流、缓坡河流、人工水系、旱溪、池塘、湖体有机地连接在一起。场地雨水经过有组织的汇流进入周边的溪流、生态草沟、旱溪等，通过收集、净化，最终成为湖体的补水来源。其中，跌水溪流水面宽度 2 ~ 8m，水深 0.3 ~ 0.6m；旱溪水面宽度 3 ~ 5m，水深 0.3 ~ 0.8m，面积 5758m^2；缓坡河流水面宽度 5 ~ 18m，水深 0.6 ~ 1.5m；人工水系水深 0.5m；池塘水面宽度 2 ~ 5m，水深 1.5m；下雨时，跌水溪流、缓坡河流、人工水系、旱溪可起到收集、调蓄、净化雨水的作用。公园湖体主要由花香湖、花蜜湖组成，水面面积达 2.60hm^2，水深 1.5m，常水位变化 0.35m，通过全园起伏的微地形将地表径流和雨洪引导疏排至花香湖和花蜜湖，很好地实现了雨水资源的汇集利用，同时也起到调蓄和滞洪的作用，公园滞蓄水量约 7200m^3，基本能满足深圳市 3 年一遇 2h 降雨的情况下雨水不外排，雨水收集后用作浇洒绿地回用等，设计年回用量约为 6 万 m^3。

公园内主要道路采用生态植草沟过滤排水，通过管网排入花香湖、花蜜湖，并作为两个湖体的主要补水来源，保证景观效果；在荔枝山林利用原有冲沟设置旱溪；椰林大道采用透水混凝土，室外停车场均采用透水铺装；公园服务设施采用绿化屋面、垂直绿化。

公园雨水以地表径流的方式进入水体，通过竖向排水、雨水花园、排水沟、沉沙井、植草沟、植被缓冲带等设施布局考虑与公园环境有关的进入水体的面源污染的控制；通过水体循环造流（营造深潭浅滩、溢流堰、跌水、泵）防止水系局部的富营养化，保证水质；通过湿生、水生及滨水、沉水植被群落的配置构建稳定的水生态系统（图 B-29）。

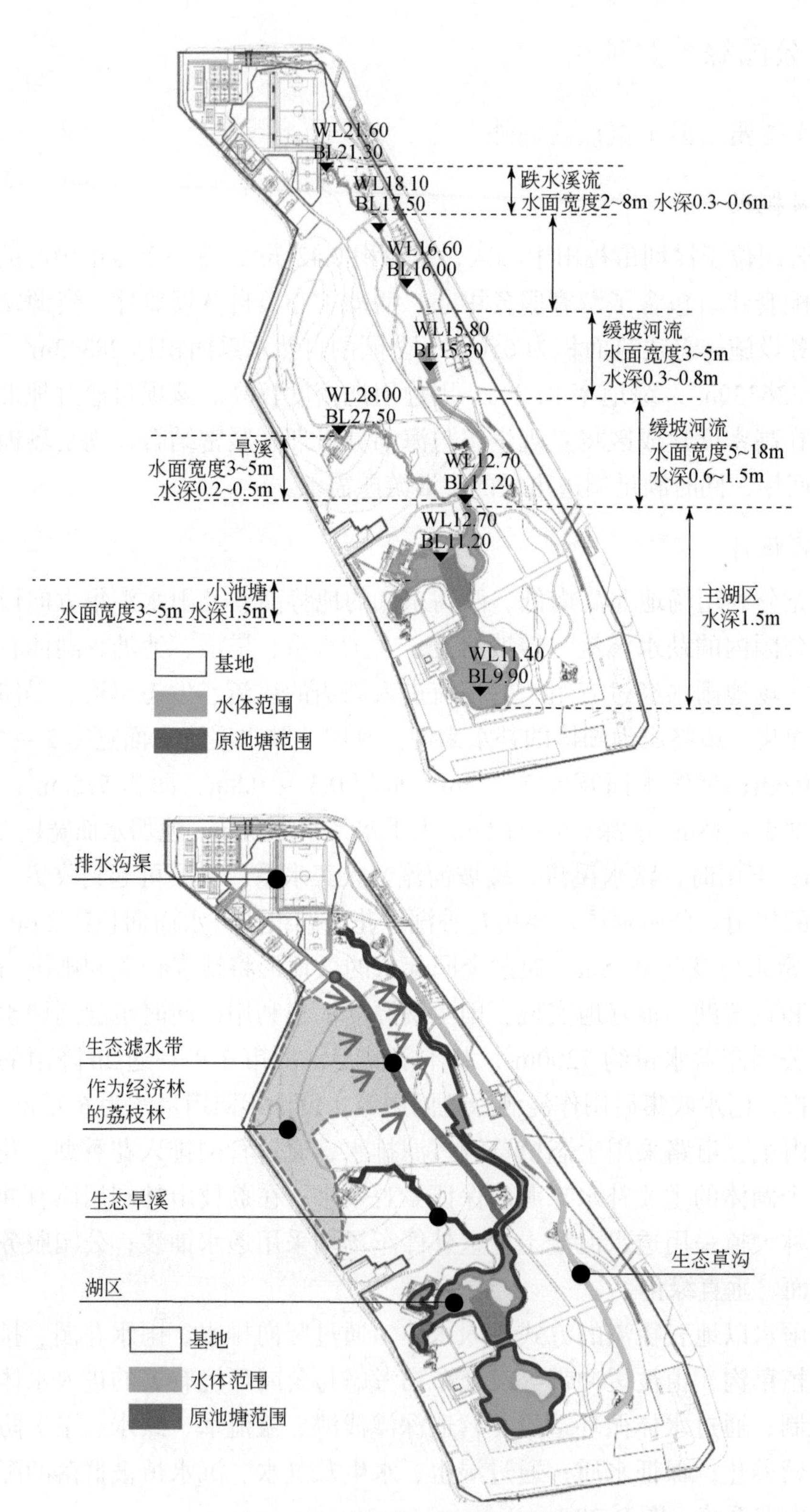

图 B-29　项目水系径流组织路径图

3. 项目效果

香蜜公园结合原有地形，微地形塑造，在满足绿地生态、景观、游憩及其他基本功能的同时，合理选取和预留空间进行海绵城市建设，为场地及周边的雨水径流提供蓄滞空间，对城市周边地区的雨洪管理和防洪排涝起到积极作用，同时改善了水生态环境，起到净化、下渗等功效，创造了优质人居环境和生态环境，是践行“将水资源、水生态、水环境承载力作为刚性约束落实到发展改革各项工作中”的典范。公园建成后，被誉为“深圳最美公园”，为市民休闲娱乐提供了绝佳的去处，成为深圳中心城区一道高品质的绿色风景线（图 B-30）。

(a) 香蜜公园海绵建设实景

(b) 溪流及植被缓冲带

(c) 旱溪

(d) 道路透水铺装

(e) 停车场透水铺装

图 B-30 香蜜公园项目建成效果图

（二）人才公园（试点区域外）

1. 项目概况

深圳人才公园地处深圳市南山区后海片区核心地段，与深圳湾滨海休闲带相连。整个公园占地面积约 77 万 m^2，其中水体面积约 30 万 m^2。公园从“人才赋予公园灵魂，公园彰显城市精神”的理念出发，按照“一湖一岸四轴”思路规划建设。其中，“一湖”：公园内湖主景；“一岸”：15km 深圳湾滨海休闲带；“四轴”：人才科技轴（科苑南路超级总部基地街区）、人才景观轴（登良路公园主入口街区）、人才艺术轴（创业路商业文化街区）和人才运动轴（海德三道深圳湾体育中心街区）。人才公园设计中结合海绵城市理念，突出“水”的资源特征，提炼“流”的场地精神，源自大海，穿经公园，融入城市。

2. 项目设计

在达成目标与解决问题的双重导向下，结合建筑物分布、地下水、土壤、现状排水系统等建设条件，重点选择了植草沟、雨水花园、透水铺装等多种类型设施及其组合。并针对不同的下垫面条件，分别采取相应的辅助措施，着力构建不同重现期降雨条件下的“自然积存、自然渗透、自然净化”的海绵城市示范区。

公园内设置了生态内河、雨水花园、净化池等海绵体，将场地周边地域的雨水集中收集，内部消化。同时，全园除广场以外，人行步道、停车场等均采用透水性材料铺装；在大型广场两侧设置下凹式绿地，广场的竖向设计非常注重场地雨水向两侧绿地引导，通过下沉绿地缓解广场的雨水径流量。

公园内绿地率高达 77.9%，大面积绿地有效导流路面雨水，消化内部场地雨水，快速分散下渗。北区设有雨水花园及植草沟将近 3000m^2，输送、净化、滞留雨水，削减洪峰。园区西侧还设计了将近 6000m^2 的植物净化池，通过植物自身消减，过滤周边汇集的雨水。

连续的 2.7km 蓝色环湖跑道和趣味器械广场采用透水铺装，增加了下垫面渗透率，减少了硬质路面面积。改造后，小雨时雨水直接通过透水铺装渗透，大雨时雨水从透水混凝土面层底部通过小孔进入排水沟。

在雨水花园中，绿化品种选择水旱两生的植被，如旱伞草、水生美人蕉、花叶芦竹、芦苇、黄菖蒲等，其中内河植物更是兼顾极端情况下被海水淹没与干旱状态双重考验。作为生态海绵体，雨水花园同时为其他动物及微生物提供栖息地，营造良好生境。公园与水面间，原本有一条凹陷的场地，景观设计过程中因地制宜，将其打造成生态内河，下沉区域比周边道路低约 2m，公园短时间大雨雨水可全部汇集到此处，不会对水面产生任何负担。

3. 项目效果

深圳人才公园是高密度城市与自然环境的过渡带，重新连接后海中心城区和深圳湾滨海带，成为一个高度融入城市生活的绿色公园，人才公园通过工程与生态措施相结合的方式，最大限度地实现水资源在城市区域的积存、渗透、净化和利用，提升城市景观，有效削减径流污染，促进水资源有效利用，雨水年径流总量控制率达到 60% 以上。在公园中，城市与人、人与自然都达到了完美的平衡，兼顾雨洪管理和生境营造（图 B-31）。

(a) 环湖跑道透水铺装

(b) 趣味广场透水铺装

(c) 雨水花园

(d) 建成实景

图 B-31　人才公园项目建成效果图

（三）开明公园（试点区域内）

1. 项目概况

开明公园东侧紧邻观光路，南临光明大道，西侧临龙大高速，总用地面积为106103m^2，地形呈南高北低。它位于规划中的光明绿环北部——活力缤纷新天地区域内，西接湿地公园，东接新城公园，毗邻轨道交通6号线观光站，位置优越，交通便捷，已成为周边人们娱乐休闲的好去处。

2. 项目设计

公园采用海绵城市建设理念进行设计，建设有雨水花园、植草沟、透水砖人行道、透水沥青混凝土车行道、植草砖停车场等海绵设施。雨天时，雨水可以在雨水花园、植草沟、透水路面中直接下渗，减少雨水外排，有效控制初期雨水污染；硬质屋面、不透水路面的雨水通过合理竖向导流入附近的植草沟、雨水花园，得以入渗净化；过量雨水通过雨水口溢流进入市政管道，排入附近的东坑水，雨水径流组织路径如图B-32所示。

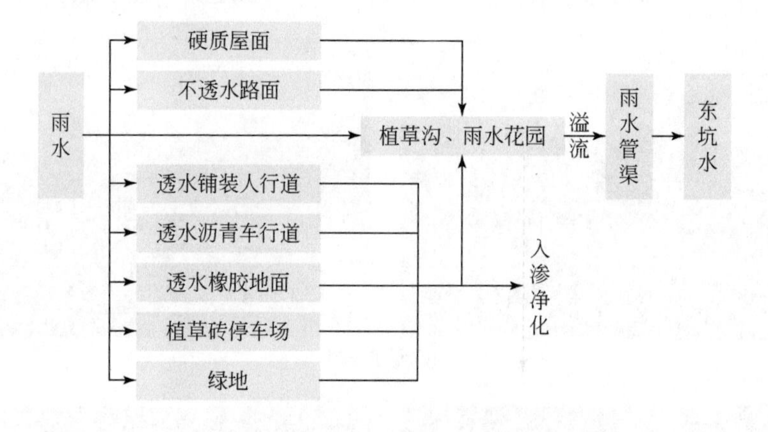

图B-32　开明公园项目雨水径流组织路径图

3. 项目效果

开明公园项目有丰富的绿地资源，有充足的雨水调蓄空间。项目将“渗、滞、蓄、净、用、排”的海绵理念充分融入景观设计中，展现出良好的生态效益和环境效益。根据模型评估，开明公园的年平均径流总量控制率超过80%；通过海绵城市技术设施增强雨水的入渗、蒸发和净化作用，有效降低了径流总量和污染物负荷总量；恢复了城市良性水文循环，减少了对水文自然生态平衡的破坏（图B-33）。

图 B-33 开明公园项目建成效果图

五、建筑与小区类项目

（一）欧菲光新型光电元器件生产基地（试点区域内）

1. 项目概况

欧菲光集团股份有限公司（简称欧菲光）是一家开发和生产精密光学光电子薄膜元器件的高科技企业，项目位于深圳市光明区凤归路以西，东阁路以北，东坑水以南，项目范围内绿化面积 3859m^2、植草砖停车场 1310m^2、绿色屋顶 8494m^2、大门主景 635m^2、绿化面积 9680.5m^2，项目建设用地面积为 30451m^2，绿化率 31.97%。

2. 项目设计

企业在园区建设时围绕海绵城市建设将设计主要分为 3 个板块。

1）地面景观板块

地面景观以海绵城市理念进行打造，运用了低影响开发理念，通过“渗、滞、蓄、净、用、排”等多种技术，提高项目范围内对径流雨水的渗透、净化、调蓄、利用和排放，来打造现代、美观、生态、环保的园区景观。主要设计内容包含雨水花园、植草沟及生态停车场三个部分。

2）绿色屋顶板块

将屋顶花园的生态性作为主要设计目标，楼顶通过大面积的绿色植被覆盖，并配以给排水设施，使屋面具有隔热保温、净化空气、降噪吸尘并增加氧气的功能，提高生活品质并在一定程度上维持自然生态平衡，减轻城市热岛效应，凸显节能环保的重要作用。此外，还通过雨落管断接的方式将雨水排放至周边的绿化中消纳。

3）地下板块

通过建设 PP 蓄水模块，将部分场地雨水进行收集处理后再回用，蓄水模块可储存雨水的体积为 80m^3（图 B-34）。

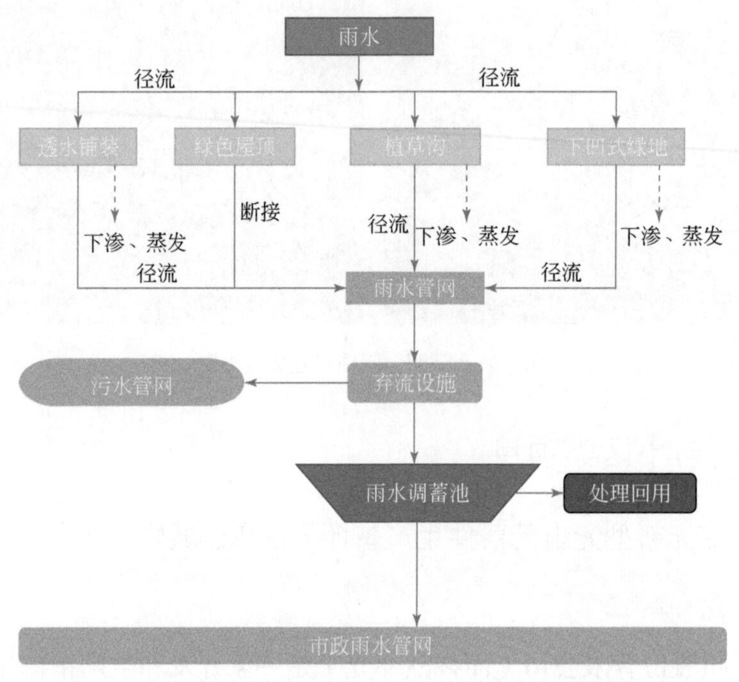

图 B-34　欧菲光新型光电元器件生产基地项目雨水径流组织示意图

3. 项目效果

项目充分挖掘场地空间，综合采用多种海绵城市技术，主要有以下效果：①实现雨水就地下渗，补充地下水，涵养水资源；②滞蓄雨水，降低市政雨水管道排放压力，提升其排水能力；③根据模型模拟数据，项目年径流总量控制率在 70% 左右，年径流污染物（以 SS 计）削减率为 50%，有效降低了径流总量和污染物负荷总量；④恢复城市良性水文循环，减少对水文自然生态平衡的破坏（图 B-35）。

图 B-35　欧菲光新型光电元器件生产基地项目建成效果图

（二）万科云城（试点区域外）

1. 项目概况

万科云城位于南山区留仙洞片区。项目整体地势北高南低，分 6 期开发，总用地面积为 39.40 万 m^2。在深圳产业转型升级，成片规划、研发、实施的开发建设模式下，结合生态文明建设，在住宅小区、商圈、写字楼等建筑与小区建设中落实海绵城市理念，控制片区内径流雨水总量、解决片区内面源污染，进行雨水收集回用，给片区周边提供生态化、舒适化的休闲、居住、办公环境。

2. 项目设计

项目属于高强度开发的高密度建筑与小区，通过将采石场生态修复与绿廊建设项目相结合，采用屋顶绿化、透水铺装、雨水花园、下沉式绿地、雨水回收利用等技术措施，灰色与绿色结合，采用渗、蓄、滞、净、用、排等多种手段融合，在保障景观效果的同时，可削减径流雨水水量并提高径流雨水水质。

项目结合采石坑地形进行立体绿化设计，绿色屋顶正投影占场地比例 70%。与人互动较多、人群流量较大的重要景观节点，采用屋顶花园的形式；与人互动较少但可形成大面积的视觉景观，采用屋顶绿化的形式，种植简单易维护的丰富多样的绿化植物；部分屋面既无人的互动，视野难以到达，其主要作用为削减雨水径流，降低屋面温度，种植施工简单、易维护的绿色草毯。通过地形塑造和地表排水组织，收集场地内雨水，回用于园区内绿化浇灌、道路浇洒等，每年回用雨水 6808.12m^3，达到从源头控制、削减市政管网压力，缓解内涝、削减面源污染地目的。透水铺装上，既采用传统的透水沥青的形式，也采用创新型石材透水工法。海绵设计与建筑、景观一体化考虑，在景观设计中对汇水路径、雨水净化等进行专项设计，海绵设施与景观融为一体（图 B-36）。

3. 项目效果

万科云城项目通过系统设计，融入多种海绵设施与多个场景（大草地、街道、人行道、花园、坡面屋顶、平屋顶及梯形屋顶），将海绵理念与景观紧密结合。大草地经历了 2 年的风风雨雨，原生的大叶油草依然生长旺盛，主办了多场百人音乐活动，草皮、雨水花园的植物基本未受到影响，体现出了优秀的人文效果；街道、人行道的耐湿植物长势茂盛，丰富了街道的景观效果，一体化设计并具有一定去污功能的石笼坐凳总是能方便人们的休息；坡面屋顶的格栅草毯带来的全天候别致体验，吸引了很多来考察的人群，乔灌草的搭配给出了不一样的海绵风情；花园、平屋顶看似平常，但体现出了设计的逻辑和技术含量。同时，万科云城对周边居民完全开放，给周边市民提供了更多休闲娱乐空间（图 B-37）。

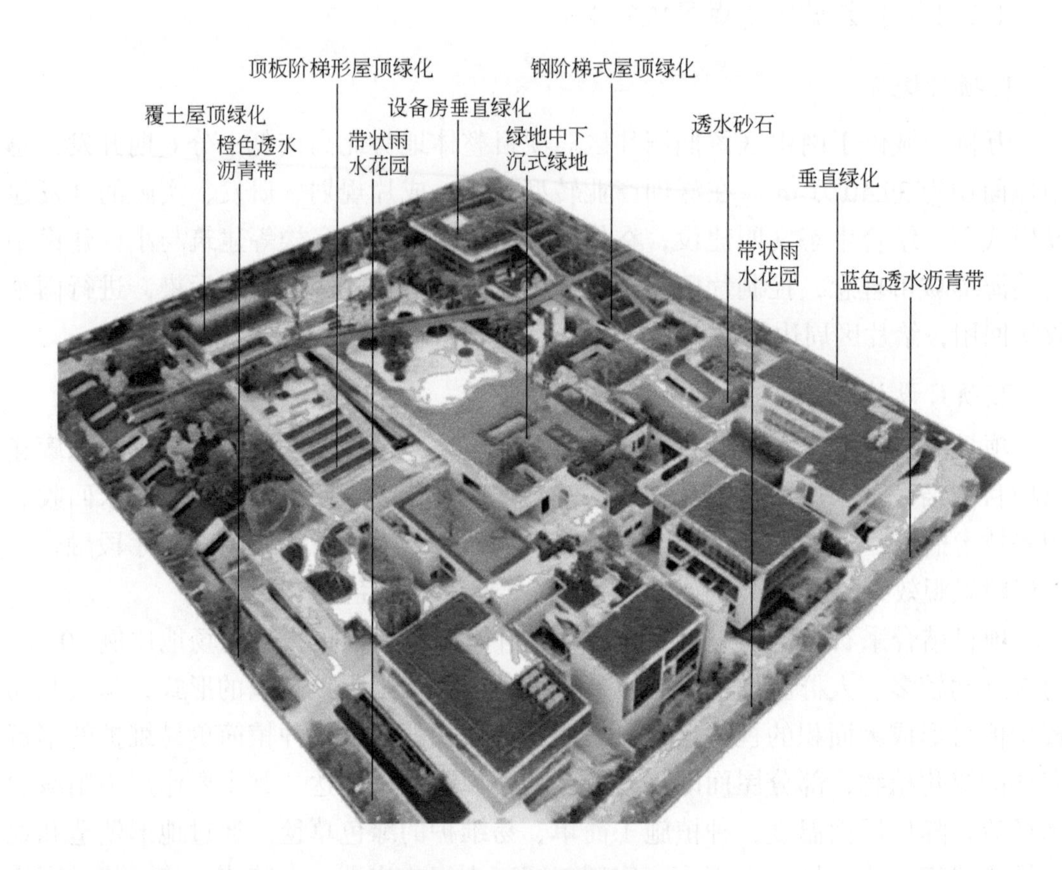

图 B-36　万科云城项目设计

图 B-37　万科云城项目建成实景图

（三）百仕达小学（试点区域外）

1. 项目概况

百仕达小学位于深圳市罗湖区太安路，总占地面积约 9600m^2。为解决学校局部区域存在的积水问题，并对总体景观效果进行提升改造，通过对该小学实施海绵化改造，利用雨水资源建设一个具有多样性特质的生态和谐校园。百仕达小学属于深圳河流域范围，年降雨量较丰沛，干湿季分明。多年平均降雨量 1975.16mm，降雨主要集中在汛期（4 ～ 9 月），且多局地性强降雨，其中 8 月平均月雨量可达 368.0mm，为平均最大月雨量。项目总体地下水位埋藏较浅，地下水位埋深 2 ～ 4m，土壤类型为沙壤土，渗透系数大于 1×10^{-5}m/s，土壤总体渗透性较好，利于雨水入渗。

2. 项目设计

项目结合建筑物分布、地下水、土壤、现状排水系统等建设条件，重点选择了雨水花园、透水铺装、蓄水桶、环保雨水口等多种类型设施及其组合，并针对不同的下垫面条件，分别采取相应辅助措施，着力构建不同重现期降雨条件下的“源头减排、管渠传输、排涝除险”多层级、高耦合雨水综合控制利用系统。

硬化屋面、硬化道路等硬质下垫面的径流雨水通过生态树池、蓄水桶、雨水花园等设施进行入渗、净化、储蓄回用，足球场等透水下垫面也可对雨水进行入渗。各类海绵设施均通过溢流口与市政雨水管网衔接，超出容纳能力的雨水则进入市政管网。教学楼的屋面雨水经绿色屋顶净化滞留后，通过建筑雨落管接入蓄水桶进行回收利用。绿色屋顶可有效减少屋面径流总量和径流污染负荷，具有节能减排、提高绿化面积、改善建筑屋顶温度等作用。足球场的西侧围墙原铺装为全硬化铺装，雨水不经任何处理由排放口直接排入市政管网。改造后，小雨时雨水直接在透水足球场进行渗透，大雨时雨水则从透水混凝土面层底部通过小孔进入排水沟，排入市政雨水管网。雨水被引导至生态树池，在进入集水井之前通过特殊设计的土壤和媒介捕获、沉淀和吸附雨水中污染物，对雨水进行净化，并且通过收集径流雨水为树木提供灌溉用水。截污式环保雨水口能够使初期雨水经截污挂篮后依次进入中层滤料和内筒逐步净化，最后渗入地下，补充地下水（图 B-38）。经现场监测数据可知，其对 COD、SS、NH_3-N、TP 的去除率分别为 71%、60%、50%、77%，对铬、铜、锌等重金属的去除率为 80%。

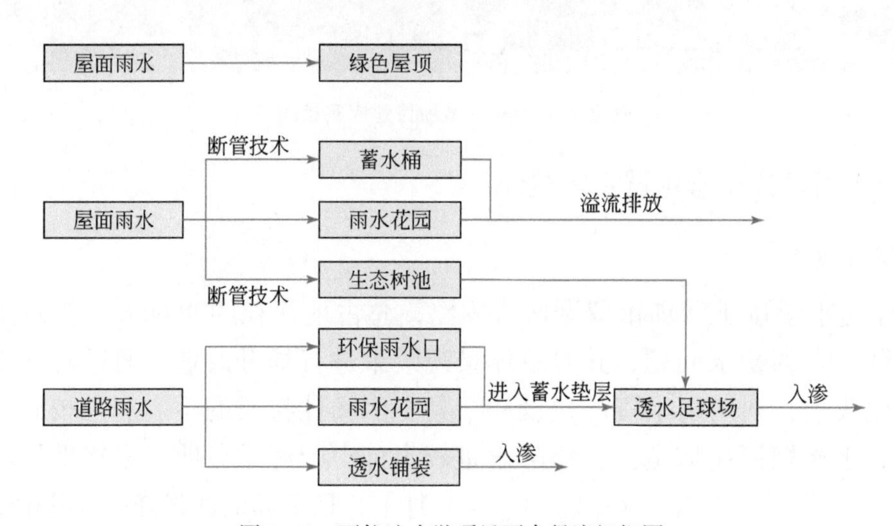

图 B-38　百仕达小学项目雨水径流组织图

3. 项目效果

该项目将海绵城市的理念引入了校园建设，使学校实现了雨水资源化利用、涵养地下水、安全排水、海绵城市教育等多重效益。工程建设完成后，通过结合校园内的微地形设计和植物配置，极大地提升了学校环境，同时消除了校园局部积水情况。百仕达小学海绵改造项目已完成一期、二期的工程，后续将继续开展海绵城市教学及监测部分的内容，通过计算及模型解析，分析了工程各项指标达标情况，明确了工程建设完成后取得如下效果。

（1）小于 22.3mm（24h）的降雨得到有效控制；降水峰值流量得到削减，一定程度上降低了下游管网、布吉河及末端泵站的排水压力。

（2）经测算，年径流总量控制率可达到 58.9%，对雨水径流污染物（以 SS 计）的有效削减率可达到 50% 以上，降低了布吉河及深圳湾流域的面源污染输入。

（3）实现了园区雨水原位收集、净化及回用。考虑降雨的随机性，以项目内透水铺装、雨水花园等设施内部蓄水容积计算，每年可滞留入渗补充地下水的雨水约 13932m^3。

（4）通过在校园内积水点设置透水混凝土铺装，解决了校园围墙周边地面下雨积水的问题，有效地解决了雨水对围墙的侵蚀，同时设置了线性排水沟作为透水混凝土的排水设施，增强了雨水系统排水能力（图 B-39）。

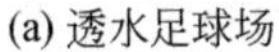

(a) 透水足球场

(b) 生态化树池

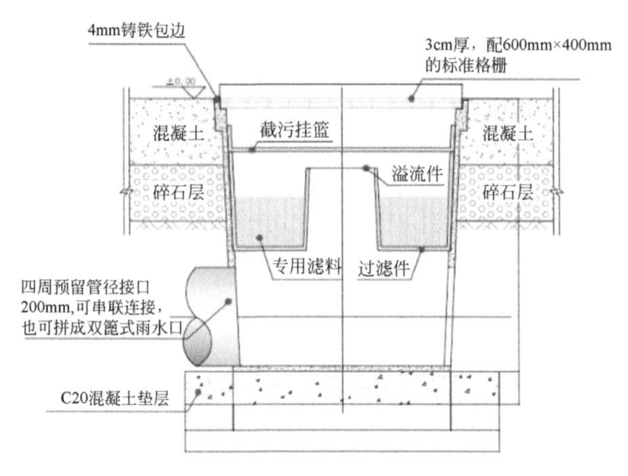

(c) 截污式环保雨水口

(d) 雨水桶

(e) 海绵生态教育

图 B-39　百仕达小学项目建成效果图

六、道路与广场类项目

（一）市民中心南广场（试点区域外）

1. 项目概况

市民中心南广场位于深圳市中心区，占地面积 45.6 万 m^2，北接莲花山，广场规划设计时就引入了海绵城市的理念，使其有别于传统的公园，植被覆盖达 80%，通过运用透水铺装、下沉式绿地、雨水花园、环保雨水口、植草沟、雨水塘等多元化的海绵设施，重点解决车流量多、人流量多所产生的面源污染严重问题，继而缓解水污染治理压力、增添城市绿意，建设生态、美丽城市，地表径流控制率可达 90%。广场以“城市与自然的崭新结合”为主题，通过“自然”与“历史”的调和，创造出独一无二的“深圳特色的与环境共生之未来城态”，是深圳中轴线上的一颗明珠。

2. 项目设计

通过在广场内建造带有细微起伏的倾斜地形，种植植物以防止雨水的流失。对于干燥的回游路、潮湿的中间斜坡、完全潮湿的中央凹地，分别选取栽培可以适应不同水环境条件的当地植物。有别于传统的雨水排水“快来快排”将雨水尽快从落地点引至排放点的理念，广场依地形大量设置植草沟和雨水塘，通过延长径流停留时间、减缓流速、向地下渗透、收集雨水，形成塘、湖、浜等自然水体。

广场内景观小品建筑（服务处、厕所、观景台等）采用绿色屋顶，园路采用间隔性透水铺装，两侧设有植草沟、多级雨水塘等设施，公园径流雨水和绿色屋顶下渗雨水有组织地依次汇流至植草沟、雨水塘。雨水塘沿等高线布置，通过利用其周边种植灌木及具有过滤作用的石笼把沿斜坡流下的雨水进行过滤，并在雨水塘底部散置碎石或鹅卵石，对雨水塘中雨水进行过滤、净化，最终通过溢流口将超标雨水溢流至园区内的排水管道（图 B-40）。

3. 项目效果

市民中心南广场充分体现了海绵城市理念：厕所、观景台等均为绿色屋顶，园路采用间隔性透水铺装，两侧建造微地形、植草沟来组织地表排水，设计低洼地形成多级雨水塘，雨水“渗、滞、蓄、净、用、排”设施与园林融为一体。市民广场的实践表明：城市建设不能与水为敌、光靠人工排水排涝。虽然深圳热岛雨岛效应显著，南广场没有出现过洪涝等水安全问题，不仅解决了自身问题，还减轻了周边市政管网的压力，同时改善了中心城区生态环境，也给市民提供了休闲娱乐佳地（图 B-41）。

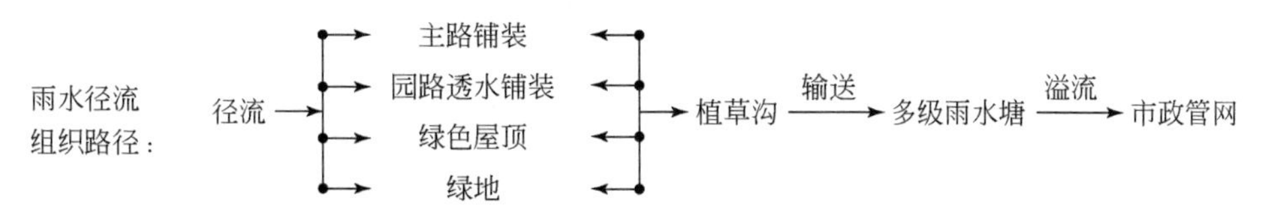

图 B-40　市民中心南广场项目雨水汇流路径图

(a) 植草沟

(b) 绿色屋顶　　(c) 透水铺装

图 B-41　市民中心南广场项目建成效果图

（二）环城绿道建设项目（大水坑段）（试点区域外）

1. 项目概况

环城绿道建设项目（大水坑段）位于龙华区福城街道大水坑社区和大浪街道大浪社区，东起龙观快速福润路口，西延至浪荣路东侧，总长 9.03km，项目总概算为 7947.03 万元，所需资金由区财政统筹。项目主要设计内容包括：园建、绿道、边坡支护、电气、给排水及绿化工程，园建工程 22225.28m^2，绿道工程 23540.00m^2，给排水工程 23540.00m^2，电气工程 23540.00m^2，绿化工程 114316.00m^2。

2. 项目设计

1）透水铺装

新建绿道为 3.5 ~ 4m 宽的彩色透水沥青砼路面，路面结构从上至下依次为 40mm 厚 PAC-10 墨绿色透水沥青砼、改性乳化沥青黏层、60mm 厚 PAC-16 透水沥青砼、乳化沥青透层、150mm 厚透水砼、土工布反滤隔离层、200mm 厚级配碎石；部分节点采用碎石园路及汀步铺装嵌草做法，通过透水铺装、坡度改造、土壤改善等增加雨水渗透。

2）生态截水沟

结构从上至下依次为草皮、200mm 厚种植土、100mm 砾石层、土工布一层、DN150 穿孔盲管、素土夯实等。

3）植被缓冲带、渗沟、生态旱溪

通过植被缓冲带、渗沟、生态旱溪等海绵设施对面源污染进行控制，初步净化雨水；通过湿生、沉水植物群落的配置构建稳定的水生态系统，进一步净化水质。

3. 项目效果

项目采用彩色透水沥青、生态截水沟、植被缓冲带、渗沟、生态旱溪等海绵设施，通过综合采用“渗、滞、蓄、净、用、排”等多种“海绵体”设施降低场地综合径流系数，实现就地消纳和净化雨水，构建稳定的水生态系统（图 B-42）。

(a) 溪流及植被缓冲带　(b) 碎石园路

(c) 透水沥青路面及排水沟　(d) 植草沟

图 B-42　环城绿道建设项目效果图

（三）东阁路（试点区域内）

1. 项目概况

东阁路位于光明区西北片区，西接现状科裕路，东接现状东发路，道路全长约577m，双向车道，红线为19m，道路红线内面积为13015.45m²，规划为城市支路，设计时速30km/h。道路采用海绵城市建设理念进行设计，采用的海绵设施主要有透水砖、下凹式绿化带和砾石下渗沟，最终实现海绵设施与绿化景观良好融合。

2. 项目设计

在道路中心线北侧3.5m处新建一根DN800 ~ DN1000雨水管道，走向由中间向两头，可分为两个大汇水分区。人行道和非机动车道雨水一部分通过表面入渗，另一部分沿人行道横坡流入绿化带，机动车道的雨水径流沿道路横坡通过开口路缘石过水孔进入绿化带。

1）雨水径流路径

（1）机动车道：机动车道→开口道牙→下凹式绿化带。

（2）人行道和非机动车道：透水铺装路面→中小降雨下渗→超标降雨汇入下凹式绿化带。

（3）当降雨量超过下凹式绿化带处理能力时，径流由生物滞留带内的溢流口排至雨水管道。雨水径流路径如图B-43所示。

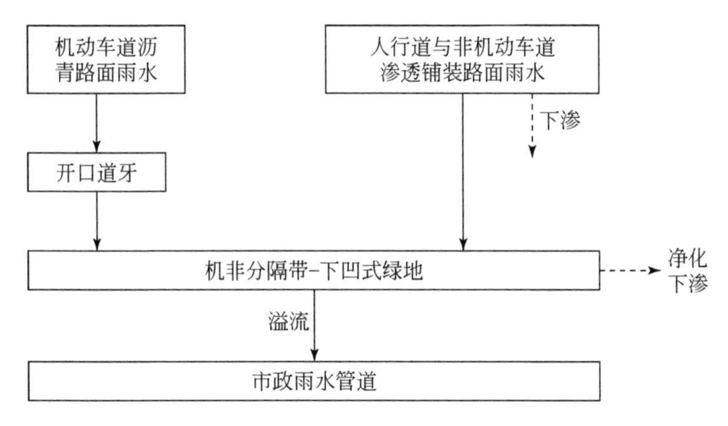

图B-43 东阁路项目雨水径流路径图

2）透水铺装

非机动车道和人行道及绿化带之间路面采用表面为6cm厚的透水砖铺装，透水砖表面以下依次为20mm中粗砂找平层，200mm大孔混凝土透水基层，150mm级配碎石透水垫层，土基层。渗透效果良好，有效降低径流率，提升源头降雨控制能力。

3）下凹式绿化带与砾石渗透沟

绿化带设置在非机动车道上，每段连续绿化带宽1.5m、长40m，绿化带表面有5cm的蓄水空间，每段绿化带的间距为2m，在绿化带中每个溢流雨水口两侧均设置两道砾石下渗沟来减少雨水外排，延长雨水进入雨水管道的时间。进入绿化带的雨水，部分下渗补充地下水，部分由砾石下渗沟下渗；当降雨较大时，雨水可通过溢流雨水口排入雨水管道系统（图 B-44）。

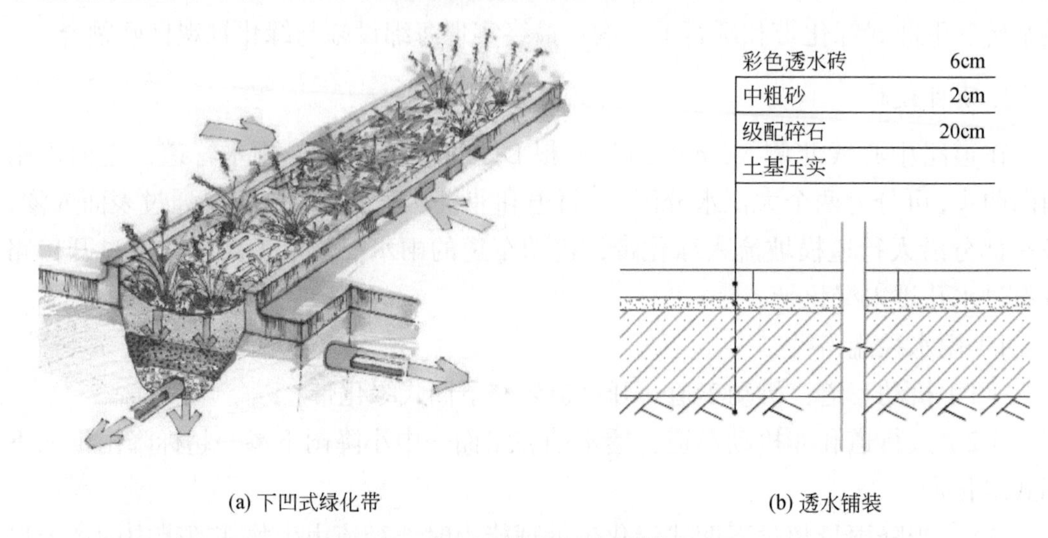

(a) 下凹式绿化带　　(b) 透水铺装

图 B-44　下凹式绿化带与透水铺装示意图

3. 项目效果

项目通过道路竖向及绿化带调蓄，将海绵设施融入道路景观设计，展现出良好的生态效益和环境效益。项目采用透水铺装、下凹式绿化带和砾石下渗沟，根据模型评估，东阁路改造项目的综合雨量系数小于 0.48，总调蓄容积为 502.7m^3，有效提高了雨水收纳、下渗功能，减轻周边管网暴雨传输负荷。东阁路改造项目完成后，不仅完善了周边路网结构，方便了市民出行，也为城市道路沿线树立了一道亮丽的风景线（图 B-45）。

七、其他典型项目简介汇编

深圳成功申报海绵城市建设试点以来，产生了很多优秀海绵项目。为更全面地展现深圳海绵城市建设的丰富成果，本节在前述案例的基础上进一步补充汇编了一些典型项目案例。

（一）综合整治类项目

1. 丁山河（龙岗段）综合整治工程

丁山河位于深圳市龙岗区坪地街道辖区范围内，发源于东莞与惠阳交界处的白云嶂，上游属于惠州市惠阳区，在龙岗区坪地街道穿越龙岗大道，于环城南路桥下游约 200m 处汇入龙岗河。丁山河全长约 23.51km（深圳境内 6.4km），集雨

图 B-45　东阁路项目建成效果图

面积 79.16km^2（深圳境内 23.49km^2）。丁山河流域蓄水工程共有 4 个，总控制面积 11.52km^2，占流域面积的 14%，其中深圳境内 3 个，总蓄水面积 6.12km^2，惠州境内 1 个，蓄水面积 5.4km^2。

项目设计目标为建设与国际低碳城环境相协调的高质量的城市基础工程，保障区域内居民正常生产与生活，为区域经济可持续发展提供良好的基础。建设内容包括防洪排涝、水质改善及生态修复三大部分。项目充分融合海绵城市的理念，通过防洪排涝设施的建设和改造，加强了河道防洪能力，满足防洪要求；通过沿河截污，河道补水，减少了初小雨混流污染入河，减轻了对河流的污染与冲击，为河道“减负”；通过生态修复、设施完善及景观美化，结合打造河岸特色主题，创造亲水环境，提升河流景观性，再塑区域新形象，为居民营造舒适美观的生活环境（图 B-46）。项目以“治水——防洪、治污——水工程、水科学与水科普；用水——引水与灌溉；亲水——水与生命、环境——人水和谐”为水韵理念，传承水文化。同时为了让人们进一步感受和赞叹国际低碳城低碳经济和丁山河低碳水务发展，丰富水文化内涵，项目以“传承节水美德——保护水资源，应用低碳水处理技术，资源循环应用——了解低碳水务、认识低碳经济、感悟低碳生活”为文化理念，借水造景、以景传文、人水相亲、文景共生，使低碳文化更好地被接受及认同，从而引导人们与自然和谐相处的生活理念。

(a) 生态浮岛

(b) 丁山河现场效果

图 B-46　丁山河综合整治工程效果图

2. 大梅沙村综合治理工程项目

大梅沙村综合整治项目位于深圳市盐田区梅沙街道，东临爱梅路，南临彩陶路，西临怀海路，北临宋彩路。整村约 273 栋楼，多为四层住宅楼，最高一栋为八层社区工作综合楼（不在本次整治范围）。该项目属于城中村综合整治类项目，落实海绵城市措施的重点是实行雨污分流并有效控制面源污染。项目总用地面积为 71000m^2，总建筑面积约 97000m^2，其中建筑基底面积 26539m^2，建筑覆盖率为 37.4%，海绵设施控制的透水场地面积（含改造后透水铺装）占项目总不透水场地总面积的 50% 以上。

项目设计雨污水分流措施主要有：一是所有地面雨水口改接雨水管网，并将错接入污水井的屋面雨水立管均接入雨水管网；二是错接入雨水井的污水立管改接污水管网；三是雨污合流管改造，如原接至雨水口或雨水井的改接到污水井并在合流管屋面雨水斗处截断、增设通气帽，原接至污水井的合流管在屋面雨水斗处截断并增设通气帽，同时新增雨水立管并改接入原雨水斗，所收集雨水散排地面；四是尽可能将现有雨水立管散排地面，以便于透水地面下渗。此外，项目设置环保雨水口、绿地、透水铺装、雨水花园来削减面源污染。根据各类海绵设施的污染物去除率一览表，分别确定各海绵设施的污染物去除率，该项目污染物平均去除率为 88.3%（图 B-47）。

图 B-47　大梅沙村综合整治工程项目实景图

（二）水务类

1. 葵涌河小流域综合治理示范工程

葵涌河小流域综合治理示范工程位于深圳市大鹏新区葵涌办事处，工程包括葵涌河干流及支流、西边洋河及三溪河的综合整治，治理河道总长度 7.83km，占地面积 35.86 万 m^2。项目于 2015 年开工建设，2017 年 6 月竣工验收，工程总投资约人民币 8763 万元。葵涌河小流域综合治理示范工程从规划到施工建设，都充分落实了海绵城市建设理念。水生态方面，一方面对破损或不达标的岸线进行生态化治理，另一方面尽可能维持天然河道的自然形态。水环境方面，通过采取控源截污、清淤疏浚、生态修复等措施，多方面对整治河段进行水质提升。工程主要包括河道清淤清障 907m，新建污水管道 386.9m，新建滨河绿道 8000m，铺设 2.5m 宽生态透水砖路面，铺设透水混凝土路面 1.41 万 m^2，完成景观绿化面积 29.4 万 m^2，修复潮间带 0.5 万 m^2，并因地制宜布设人工调蓄湖一座，项目建设生态岸线、塑造自然地形、提升景观效果，也有效增加了对雨洪径流的滞蓄和承泄能力。项目通过采用“渗、滞、蓄、净、用、排”等措施，就地消纳和净化了场地内 75% 左右的雨水；流域范围内整体环境得到提升，周边的市民可以走近河岸，感受自然之美；流域范围内葵涌河、西边洋河和三溪河生态岸线的建设，充分展现了“美丽大鹏”的指示精神，在大力促进旅游业发展的同时，对海绵城市建设理念的宣传与推广发挥了积极的作用（图 B-48）。

(a) 项目完工效果

(b) 生态岸线

(c) 人工调蓄湖

图 B-48　葵涌河小流域项目建成效果图

2. 龙井河综合整治工程

龙井河位于深圳市南山区西丽街道桃源村附近，河流属于大沙河一级支流，深圳湾水系，发源于望天螺山，沿望天螺山沟而下，穿越北环大道，流经龙井村、光前村，于广深高速公路旁汇入大沙河。河道全长6.6km，河床平均比降17.38‰。项目通过外源治理，即结合河道外围的雨污分流项目对现状混流排水管网进行分流改造，沿河道新建截流箱涵及截流管道，消除了污水直排河道对龙井河水质的影响；通过内源整治，即在原有河道基础上抽干河道内污水，清理河底淤泥，回填种植土，有效解决河道黑臭底泥污染问题。项目通过生态驳岸、源头LID设施、生态补水等系统化的水环境提升工程措施，提高河道内的自净能力和水动力，削减入河污染量，对龙井河的水质改善起到了明显的效果，基本实现了不黑不臭的建设目标，提升了龙井河周边的环境品质；通过综合采用“渗、滞、蓄、净、用、排”等多种海绵措施，实现就地消纳和利用雨水，将龙井河改造成了海绵型河道；通过利用天然地形，打造景观河道及低影响开发设施景观带，将原来污染严重、景观效果差的臭水河道打造为典型的海绵型河道，对海绵城市建设理念的示范和推广发挥了积极的作用（图B-49）。

图B-49　龙井河综合整治工程项目建成效果图

3. 深圳市布吉河（特区内）水环境综合整治工程（第一阶段）

布吉河是深圳河的一级支流，干流全长9.8km，流域面积63.41km^2。布吉河（特区内）河段是深圳市经济特别发达的地区，两岸高楼林立，商业发达，地铁密集，因此布吉河不仅担负着布吉、罗湖的防洪重任，其水环境也直接影响城区的整体形象和投资环境。为进一步提高布吉河的水质，改善河道生态景观，真正实现河道“河畅、水清、岸绿、景美”的水环境目标，从根本上改善布吉河水环境质量，河道管理中心启动了深圳市布吉河（特区内）水环境综合整治工程，并在布吉河整治中充分落实了海绵城市理念。深圳市布吉河（特区内）水环境综合整治工程（第一阶段），河道总面积12.2hm^2，始于布吉河泥岗桥下，终于笋岗桥北侧洪涛阁，布吉河东岸为洪湖公园，西岸为洪湖西路。项目从安全性、自然性、保护性及恢复性等多角度出发，结合海绵城市建设，综合采取生态补水、沿河截流、驳岸改造、景观提升等整治措施，使布吉河生态环境得到良好的恢复。经整治后，布吉河两岸植被生长旺盛，水体清澈透明，河道的生态功能得到显著提升，达到了“截污水之流、开清水之源、拓旅游之景” 的水环境综合整治目标（图 B-50）。

(a) 生态驳岸

(b) 实施后效果

图 B-50　布吉河（特区内）水环境综合整治工程实施效果图

（三）公园绿地类

1. 福田红树林生态公园

福田红树林生态公园位于深圳市福田区广深高速公路以南，福田红树林国家级自然保护区东侧，东临新洲河，南面为深圳湾，用地面积约为 38hm^2。作为深圳湾国家级红树林湿地公园的重要组成部分，项目以人与自然和谐共生的生态理念进行规划、设计、建设。福田红树林生态公园主要风景特征为亚热带海湾红树林湿地，是集生态修复、科普科教、休闲游憩等功能为一体的红树林湿地生态专类公园。

该项目建设过程中全面落实了海绵理念。在雨水渗透方面，一是土壤改良，提高土壤的渗透性能；二是透水铺装，在竖向上保证雨水渗透通道顺畅。在雨水滞、蓄方面，一是建筑屋面均采用绿色屋顶，并在建筑周边设置了垂直绿化，对屋面雨水进行滞蓄，同时减少热岛效应；二是设置了两个调蓄湖，一个西侧的小湖，一个东侧的大湖，总调蓄规模可达 7 万 m^3。在雨水净化方面，在湖泊内设置了雨水湿地和生态浮岛，一方面对湖水进行水质净化，另一方面可以为鸟类提供停歇、觅食的区域。在雨水利用方面，利用雨水对大小湖泊进行生态补水。其中，小湖全年全部都是采用雨水补水；大湖主要利用雨水和海水进行补水，水质监测已达到Ⅳ类水标准。在雨水排放方面，主要是利用植被缓冲带和坡底的植草沟、雨水管共同进行径流组织，将场地雨水汇集到大小湖泊，超量雨水溢流入海。福田红树林生态公园是一个集生态修复、科普教育、休闲游憩等功能为一体的红树林湿地生态专类公园，是红树林湿地复育的样板，也是自然教育的科普基地，具有良好的环境、生态、社会效益（图 B-51）。

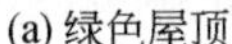
(a) 绿色屋顶

(b) 透水铺装

(c) 生态浮岛

(d) 雨水湿地

图 B-51　福田红树林生态公园项目建成效果图

环境效益：可实现 2 年一遇 2h 降雨的情况下不外排雨水，约 71.5mm，对应年径流总量控制率 92%，雨水调蓄利用 120 万 m^3。

生态效益：防风消浪、固堤护岸；每年可从林地和海水中吸收 1.8t N、1.1t P，降低甚至避免赤潮发生；红树林的各种气生根和呼吸根发达，可减低海水流速、沉积泥沙，达到促淤造陆的效益；为各种水禽和候鸟提供了重要觅食、栖息和繁殖场所，保护了生物多样性。

社会效益：每年约 10 万人次参与红树林科普教育活动，自然教育工作成绩显著。平均每天约 5000 人到公园休闲，为市民提供了休憩场所。

2. 景田北二街公园

景田北二街公园位于深圳市福田区景田片区，三面毗邻学校，东面临近红蜻蜓幼儿园、南面临近景秀中学、西南面临近蒙特梭利幼儿园等学校，北侧靠近景蜜村居民住宅区。本次改造针对公园原有功能单一的情况，依据“渗、滞、蓄、净、用、排”的原则，抛弃传统城市建设粗放式、破坏式的开发模式，采用对周边生态环境低影响设计和 LID 的海绵城市建设模式。项目植入了多种功能场地，将其场地最大化利用；同时加入阶梯状绿化、微地形，柔和高差边界。通过植草沟及透水铺装把海绵城市理念融入设计中，进一步加强对雨水的管控，实现了因地制宜对雨水径流的峰值和流量控制，提升了公园整体环境品质效果，具有较好的展示效果（图 B-52）。

3. 辅城坳社区公园

辅城坳社区公园位于深圳市龙岗区辅城坳社区内，北侧紧邻社区机动车道，西侧为社区居民楼，南侧为工厂厂区，东侧为辅城坳社区公园一期园路。设计红线范围约 27029m^2，铺装面积约 5387m^2，绿化面积约为 13703m^2，绿地率约为

(a) 公园全景
(b) 全透水活动广场
(c) 透水园路
(d) 植草沟
(e) 多级雨水滞留设施
(f) 微地形改造

图 B-52　景田北二街公园项目建成效果图

51%，池塘水面积约 6763m^2，建筑面积约为 219m^2。项目结合公园外围的雨污分流项目对现状混流排水管网进行分流改造，在附近工厂和城中村居民楼建设了排污管道，消除了污水直排对池塘水质的影响。在原有池塘基础上抽干塘内污水，清理塘底淤泥，回填种植土，有效解决场地黑臭底泥污染问题。园区从设计到建造，充分落实海绵城市建设理念，综合采用“渗、滞、蓄、净、用、排”等多种海绵措施，实现就地消纳和利用约 70% 的雨水。利用天然地形，打造景观湖及湖边低影响开发设施景观带，将原来污染严重、景观效果差的臭水塘打造为水清岸绿、风景宜人的海绵型公园，建设效果广获好评，成为改造类项目的典范，对海绵城市建设理念的示范和推广发挥了积极的作用（图 B-53）。

(a) 辅城坳社区公园效果图

(b) 透水铺装和生态停车场

图 B-53　辅城坳社区公园项目建成效果图

4. 智慧公园

智慧公园建设项目，位于深圳市龙岗区法院后侧靠近龙德南路的公园内，南侧紧邻龙德南路机动车道，西侧为智慧龙岗运营中心（智慧大厦），北侧有一湖泊，东侧为龙岗区法院。设计红线范围内总面积约 24760m^2，其中智慧公园改造区域景观面积约 20612m^2。智慧公园内铺装面积约 4400m^2，绿化面积约为 16152m^2，绿地率约为 78.65%。项目综合采用渗、滞、净、排等多种海绵功能。公园场地西南面靠近龙德南路约有 2m 的高差，东北面临近社区公园湖泊较为平坦，在其中设置阶梯式绿地，除了消化场地高差、打造独特景观效果外，亦能有效减缓场地雨水径流速度，就地净化、消纳部分雨水径流量。雨水花园占地面积约 385m^2，有效蓄水深度约 0.5m，实际调蓄容积 192.5m^3，可控制 37.5mm（24h）的雨水，年径流总量控制率约 76%。在雨水花园中配置大量耐湿性强、抗污染的水生植物，通过植物蒸腾作用，调节环境中的空气湿度与温度，起到改善小气候的作用。公园建成后，为市民休闲娱乐提供了绝佳的去处（图 B-54）。

(a) 阶梯式绿化和雨水花园

(b) 建成实景

图 B-54　智慧公园项目建成效果图

5. 深圳北站中心公园

深圳北站中心公园位于深圳市龙华区深圳北站周边，北邻规划商业用地，南接住宅小区。深圳北站是深圳铁路“两主三辅”客运格局最为核心的车站，也是深圳当前建设占地面积最大、接驳功能最为齐全、客流量最大的特大型综合铁路枢纽。深圳北站中心公园以“山、水、城”为设计理念，采用水景形成“远山近城”的独特风景，打造自然风光与城市一体的综合性城市公园。公园划为形象展示区、交流活动区、活力运动区、自然山林区 4 个片区，设有“疏影广场、水幕广场、云顶书吧、儿童乐园、印月湖、环形花瀑”等 14 个景点，总投资 1.98 亿元，占地约为 17.5 万 m^2。游客服务中心屋顶绿化面积约为 674m^2，主要用来收集、净化屋面雨水；管理用房垂直绿化面积约为 600m^2。项目本着可持续发展原则，以自然、生态、节约为设计理念，在植物配置方面，采用仿自然的手法软化建筑立面，模块间虚实结合，更显设计感；在创新节约方面，运用自动浇灌、施肥的工艺，降低维护成本，提高苗木存活率，推动可持续性发展。同时，深圳北站中心公园通过微地形、植草沟、透水铺装、景观湖、蓄水池等元素有序串联，充分运用“渗、滞、蓄、净、用、排”等海绵措施，将雨水尽可能地截流使其渗透，延长在场地内的停留时间，从而涵养地下水并减少地表径流对市政雨水系统的冲击；另外，将公园中雨水尽可能多地收集并经净化后加以利用以供公园内绿化及消防需求（图 B-55）。

(a) 深圳北站中心公园建设实景

(b) 调蓄水池

(c) 旱溪

(d) 植草沟及透水铺装

图 B-55　深圳北站中心公园项目建成效果图

6. 前海石公园

前海石公园位于大铲湾西侧、桂湾河水廊道入海口，占地总面积约 9 万 m^2，主要包括前海石观景平台、周边绿化及滨海景观带三部分，是社会各界人士争相观摩的纪念地。前海石公园以“一石激起千层浪”为设计理念，采用开拓的思维模式、严格的标准，突出前海工作者拼搏务实、互联互帮、合作无间的工作作风。

前海石公园在规划之初就引入了“前海水城”的设计理念，重点关注水和生态，将水融入城市，增添城市灵性。雨水花园设计是前海片区雨水控制的主要景观措施。项目结合深圳市自然地理环境和雨水花园的结构做法，将雨水花园划分为边缘区、缓冲区和蓄水区。在这三个区域中由于水淹的程度不同，植物配置充分考虑了植物的栽培习性。边缘区为雨水花园与周围过渡区域，植物配置上考虑景观的延续性，植物的耐水淹能力不高，但需要较强的耐旱和防雨水冲刷能力。缓冲区为雨水花园的外围，有间期性积水，选择既有一定耐淹能力又有一定耐旱能力的植物；

中心蓄水区是雨水花园的水流积蓄地，要求栽种的植物有较强的耐淹能力和抗污染能力，同时具备抗旱能力；广场四周泛起波浪，铺装材料采用特殊定制的不规则四边形高强度抗压砂基透水砖。

2012 年 12 月 7 日，习近平总书记在中国共产党第十八次全国代表大会之后基层视察的第一站就是深圳前海，在前海石前描绘了一幅蓝图：“一张白纸，从零开始，精雕细琢，精耕细作，画出最美最好的图画。”2018 年 10 月 24 日，习近平总书记再次考察前海，在前海石前感叹：“发展这么快，说明前海的模式是可行的，要研究出一批可复制可推广的经验，向全国推广。”前海石公园经过提升后已达到了一个良好的效果，不仅能利用滞留该区域的雨水径流，减少雨水外排，同时还创造了优美的景观环境空间，完美地将雨水进行收集、净化和回收利用。该雨水花园不仅对于改善生态环境、提升城市品位和促进经济发展具有重要作用，还可给市民提供优质的生活游憩空间，这对实现生态可持续发展有重要的应用价值及推广意义（图 B-56）。

图 B-56　前海石公园项目建成效果图

（四）建筑与小区类

1. 红岭实验小学

红岭实验小学位于深圳市福田区安托山片区，项目占地面积 10062m^2，总建筑面积 33788m^2，容积率为 2.6，绿化覆盖率为 20%，建筑高度为 24.00m。红岭实验小学建筑设计借鉴了山形的自然流线和高低递进，上下层平面投影错位，辅以顶层的小农场、外立面的攀爬植物、庭院里错落有致的景观，让人仿若置身大自然中。项目依据建筑平面布局及景观设计需要，采取绿色屋顶、下凹式绿地及雨水收集回用系统等海绵设施，具体包括：教学楼屋顶采用了绿色屋顶，对雨水进行控制和利用；室外绿化与铺装采用平道牙衔接，绿地表面较铺装下凹 2 ~ 3cm；楼梯通道设置采用花池，对雨水起到了较好的控制作用；在室外管网末端设置一座 220m^3 的雨水收集池收集屋面和场地雨水，雨水经处理后用于绿化和道路冲洗；经评估，项目海绵城市设计满足年径流总量控制率 70% 的控制目标。项目通过海绵设施运用，有效控制了地块雨水径流的排放，减小了市政排水系统的排水压力，同时，对面源污染有较大的削减作用，提升了整体环境品质效果。同时，雨水回用系统也提高了项目的雨水利用率。项目被媒体评价为最具有前瞻性、设计感的“未来学校”（图 B-57）。

2. 泰华梧桐岛产业园

泰华梧桐岛产业园位于深圳市宝安区航城街道航空路，占地 86303m^2，建筑

图 B-57　红岭实验小学项目建成效果图

面积约 20 万 m^2，园区绿化覆盖率达 95%。园区以“让自然回到城市，让人回到自然”“栽梧桐，引凤凰”为愿景，以海绵城市建设理念为指导思想，着力打造环境优美的新型产业载体，为企业提供工作与生活相融合的栖息地。项目打破传统的产业园开发理念，从生态角度出发，坚持低影响开发原则，致力于打造都市中的海绵城市。结合场地及周边环境出现的严重内涝及酸雨现象，项目在设计阶段制订了一套结合水体人工湿地、雨水循环利用系统、渗透性路面铺装、绿色屋顶及立体绿化等多项措施的海绵城市建设方案。项目基地已成为集产业创新、文化、生活于一体的综合产业园，年径流总量控制率高达 85%，调蓄容积为 2157m^3，基本实现雨水不外排。项目综合能源节能率超过 10%。热岛效应缓解效果显著，平均地表温度降幅达到 3.67℃；每年可释放氧气约 180t，吸收二氧化碳约 240t；园区中自然生存的鸟类有 30 多种，其他动物 40 余种，种植植物 50 余种，形成了完善的生态链，生物多样性的特征已基本出现，并基本实现区域内雨水自净功能（图 B-58）。

图 B-58　泰华梧桐岛产业园项目建成效果图

3. 深圳北理莫斯科大学

深圳北理莫斯科大学位于深圳市龙岗区，东邻南翔大道，南邻博深高速，西有橘子园水库、龙口水库，北接国际大学园路，占地面积 333694m^2。深圳北理莫斯科大学属龙岗河流域范围，为中部雨型区，年降雨量较丰沛，干湿季分明，项目总体地下水位埋深小于 2m，土壤类型为壤土，总体渗透性较好，利于雨水下渗。项目为深圳市重点工程项目，海绵工程目标是：完善各种下垫面的施工设计，落实雨水的“下渗、滞留、存蓄、净化、使用、排放”等。校园建筑周边设置下沉式绿地，下沉式绿地中布置有雨水口，做到小雨入渗草地、超标雨水通过溢流口排入市政管网。项目结合建筑物分布、地下水、土壤、现状排水系统等建设条件，重点选择了透水铺装、生态湿地、生态景观湖、蓄水池、绿色屋顶等多种类型设施及其组合，并针对不同的下垫面条件，分别采取相应的辅助措施，着力构建不同重现期降雨条件下的“源头减排、管渠传输、排涝除险”多层级、高耦合雨水综合控制利用系统。校园内教学楼屋面均设计为双面虹吸式排水绿色屋顶收集屋面雨水，形成雨水过滤净化、蓄存及排放系统，有助于达到海绵城市面源污染控制率及径流控制率要求。在屋面绿化、地面下沉式绿地均不足的学生宿舍区，为满足雨水控制性目标的要求，项目在 1# 学生宿舍地下室设置了 600m^3 的雨水收集池，既可满足雨水净化、调蓄的要求，又可在不下雨期间满足景观湖补水及校园绿化用水的要求，使学校实现了雨水资源化利用、涵养地下水、安全排水、海绵城市教育等多重效益。同时，项目通过校园内的微地形设计和植物配置，极大地提升了校园环境（图 B-59）。

4. 锦绣科学园

锦绣科学园位于龙华区观湖街道，园区规划占地 18.5 万 m^2，规划总建筑面积约 60 万 m^2。锦绣科学园定位为龙华区绿色生态、节能环保建筑群示范基地，龙华区智能园区示范基地，新一代科技园区的样本。园区花卉繁多，果树成荫，

图 B-59　深圳北理莫斯科大学项目建成效果图

绿化率超 40%，拥有 2.3 万 m^2 休闲中央湿地景观，3000 棵绿树，园区内采用中水雨水循环过滤回用系统。锦绣科技园园区建有 2.4 万 m^2 休闲中央湿地、透水铺装、人工湖、雨水循环过滤回用系统等多种海绵措施（图 B-60）。污水处理工艺主要采用“好氧预处理 + 人工湿地 + 过滤 + 消毒”的工艺组合，预处理阶段采用“好氧 + 沉淀”处理工艺，可大大降低污染负荷，提高人工湿地的处理效果。园区以绿色园区为理念进行设计，设置雨水收集过滤回用系统。该系统的收集处理流程：雨水管道→雨水粗分→沉淀池→人工湿地→过滤→ 消毒。雨水收集过滤回用系统设计雨水处理量 $200m^3/d$，雨水处理达标后，全部回用于道路冲洒、绿化用水及冲厕用水，雨水收集利用率达到 100%。园区设施建成后，实现水资源循环利用及污水零排放，每年可减少污水排放量 31.68 万 m^3；年水资源循环利用量 12.54 万 m^3，循环利用率 36.7%，年节水量 15.76 万 m^3，节水率 42.12%。

图 B-60　锦绣科学园项目建成效果图

5. 万丈坡拆迁安置房

万丈坡拆迁安置房位于光明区，为政府保障房，项目规划用地 50563m^2，总建筑面积 199425m^2。一期工程 2017 年完工，为 1 ~ 5 栋住宅楼，目前已入住 90%；二期工程于 2019 年 5 月竣工，为 6 ~ 11 栋。项目共划为 3 个汇水分区，1 号排至光明大道 d1350 管，2 号、3 号排至华裕路 d1200 管。在径流组织方面，塔楼与裙楼的屋面雨水，主要通过断接雨落管、消能池的方式就近通过植草沟的转输，流入雨水花园滞蓄净化；小区路面、广场的雨水则通过竖向调整，优先汇入下沉式绿地进行下渗和滞蓄。超标雨水通过雨水花园的溢流口，进入市政雨水管网。在海绵设施布置方面，该项目共布置绿色屋顶 2632m^2，下凹式绿地、雨水花园合计 3058m^2，生态停车场 450m^2，透水铺装 5944m^2，以期实现对雨水的滞蓄净化。中央公园占地 4300m^2，覆土 1.0 ~ 1.5m，采取 80% 的绿地下沉，利用旱溪引流，构建雨水花园的设计方法，具备 516m^3 的雨水调蓄能力；同时打造雨水汀步等景观娱乐设施，进一步提升了绿地品味。在暴雨条件下，利用中央公园对超标雨水进行滞蓄，实现径流削峰和错峰排放。

该项目充分挖掘场地空间，综合采用多种海绵城市技术，主要有以下效果：①年径流总量控制率 78.4%，SS 年削减率 52.1%，排水系统重现期由 3 年一遇提至 5 年一遇；②总调蓄容积 2210m^3，径流控制贡献率 12.2%，污染削减贡献率 14.2%；③作为政府保障项目，万丈坡安置小区海绵投资 2010 万元，实现了海绵利民、育民、乐民，是海绵城市积极落实惠民思路的小区典范（图 B-61）。

6. 深圳实验学校光明部

深圳实验学校光明部（原名为深圳第十高级中学），位于光明区行政配套北片区，东面和南面为新城公园；西南面为光明区公安局；西北面为万丈坡拆迁安置房；项目总建设用地面积为 90493m^2，包含教学楼、食堂、宿舍楼、体育馆、图书馆、行政办公楼等，总投资为 44046 万元，海绵相关投资 880 万元。项目容

图 B-61　万丈坡拆迁安置房项目建成效果图

积率为 1.08，建筑覆盖率 32%，硬化屋面面积为 27902m^2，绿化屋面 319.44m^2，绿地面积 40061m^2，硬质地面面积 15435m^2，透水铺装地面 6094.8m^2。项目遵循“高水高排、低水低排”的原则，通过在项目北侧和南侧各建设一条 600mm × 600mm 截洪沟，将新城公园旱溪溢流口雨水安全排入牛山路市政雨水管，降低山洪对项目的影响。项目共分为三个汇水分区，其中，1# 分区建设有转输草沟、雨水花园、多级雨水花园等设施来滞蓄雨水；2# 分区采用透水铺装、雨水收集回用池，起到节水的示范性作用；3# 分区建设有下沉式绿地、雨水花园、透水铺装等海绵设施。各分区溢流雨水分别由 d800 管排入牛山路。

该项目充分挖掘场地空间，综合采用多种海绵城市技术，主要有以下效果：①根据模型评估，年径流总量控制率约为 70.3%，污染物削减率（以 SS 计）为 58%，满足系统化方案的要求，径流总量削减分区贡献率为 11.2%；② 3 年一遇设计重现期下的外排雨水峰值削减率为 18%，峰值延后 8min，减缓了对原牛山路历史内涝点的影响；③开展“校园处处见海绵”宣传，对在校学生起到良好的教育示范作用（图 B-62）。

图 B-62　深圳实验学校光明部项目建成效果图

（五）道路与广场类

1. 笋岗西路公共绿地景观提升

笋岗西路公共绿地景观提升项目位于深圳市福田区，道路始于园岭地铁站，终于笋岗西路鹏程花园。周边有密集的民居、学校、医院、商业广场等，地理位置优越，人流较多。项目全长约 700m，占地面积约 21170m^2。项目充分利用渗、滞、净、排等多种海绵城市生态化技术，因地制宜地设置了多种类型、多种形式的海绵设施，包括透水砖铺装、下凹式绿地、雨水花园、植被缓冲带、生态滤水带、生态草沟等，一方面提高了雨水渗透、调蓄、净化能力；另一方面能承接道路周边的客水，对城市周边地区的雨洪管理和防洪排涝起到积极作用；同时改善了水生态环境，是践行“将水资源、水生态、水环境承载力作为刚性约束落实到发展改革各项工作中”的典范。此外，项目采用简约现代的设计手法打造多层次的线性空间，将城市的破碎化格局重新连接，以“生态笋岗”为愿景，辅以丰富的植物组团花境，增加新型开花品种，尝试引进外地的新优品种，给整个绿地带来了新的面貌（图 B-63）。

(a) 雨水花园

(b) 透水铺装

(c) 垂直绿化

图 B-63　笋岗西路公共绿地景观提升效果图

2. 碧海 A27 路

碧海 A27 号路新建工程位于深圳市宝安中心区碧海片区西部，起于江湾大道，止于兴业路，红线宽 25m，道路全长 410.56m。该项目实际建设用地面积为 10262m^2，绿地面积占 32.68%，设置有生态树池、下凹绿地和透水铺装等海绵设施，不透水下垫面径流控制比例为 89.44%。

项目根据用地性质、用地规模、项目定位及规划要求等实际情况合理布置海绵城市设施。区域中布置了下沉式绿地 1009m^2、生态树池 96 个（单个面积 2.25 m^2）。降雨时雨水通过溢流口进入下沉式绿地，进行消纳，大大减少了道路积水的问题；同时通过综合采用“渗、滞、蓄、净、用、排”等多种“海绵体”设施降低场地综合径流系数，实现就地消纳和净化雨水，年径流总量控制率达到 76.55%，实现了海绵建设总体控制目标（图 B-64）。

(a) 透水铺装

(b) 下沉式绿地

(c) 生态树池

图 B-64　碧海 A27 路项目建成效果图

3. 桂坪路市政工程（一期）、荷风路市政工程

桂坪路位于大运新城，为城市支路，起点为梨嘴路，终点至红棉路，道路全长1.65km，红线宽度为20m，双向两车道，呈南北走向。桂坪路市政工程（一期）工程范围为红棉路至荷韵路路段，道路长度520m。荷风路为城市支路，起点为红棉路，终点接龙岗大道，道路全长490m，大致呈东西走向，为城市支路，红线宽度20m，双向两车道。人行道路面通过透水铺装等增加雨水渗透，采用30cm × 15cm × 6cm彩色透水铺地砖，路面结构从上至下依次为30mm砂垫层、160mm级配碎石、压实路基＞90%。道路绿化带宽度为1.5m，设计为下凹式绿化带，下凹深度根据植物耐淹性能和土壤渗透性能确定，最上面的蓄水层100 ~ 200mm，种植土层250mm，绿地内设置溢流口，溢流口顶部标高高于绿地50mm。机动车道雨水通过开口路缘石进入下凹式绿化带，人行道及骑行道雨水通过道路横坡进入下凹式绿化带，在传输径流的同时继续下渗，利用土壤及植物进一步净化道路雨水径流中的污染物，减少进入管网的面源污染，切实起到了径流源头管理和雨水径流污染削减的目标（图B-65）。

图B-65　桂坪路市政工程（一期）项目建成效果图

4. 华裕路

华裕路位于光明区，是城市次干道，项目总投资 1007 万元，于 2017 年 7 月建设完工。道路全长约 250m，红线宽度 40m，为双向四车道，并设非机动车道和人行道。区域整体地势坡度大，雨水径流汇集速度快，在华裕路建成前，牛山路雨水只有碧眼路一条排水通道，导致周边道路出现历史内涝点，内涝面积达到 1500m^2，积水深度最大 0.4m，持续时间 2h。华裕路下敷设雨水管道在道路两边双侧布管，管径分别为 d1200、d1500，承接牛山路来水，以及万丈坡等周边地块雨水排放，下游排往光明大道 A1.5m × 1.6m 雨水箱涵。项目通过建设 1968m^2 的透水铺装和 1198m^2 的下凹式绿化带，实现雨水的“渗、滞、蓄、净、排”（图 B-66）。

图 B-66　华裕路项目建成效果图

在径流组织方面，华裕路雨水汇流路径分为两类：机动车道的雨水径流沿道路横坡，通过每隔 10m 左右设置的开口路缘石进入下凹式绿化带。机动车道：机动车道→开口路缘石→下凹式绿化带。人行道和非机动车道雨水则首先通过透水铺装等渗透设施，部分下渗，超过滞蓄能力的径流再沿横坡流入下凹绿化带。人行道 / 非机动车道：透水铺装路面→中小降雨下渗→超标降雨汇入下凹式绿化带；汇集至下凹式绿地的雨水，部分下渗补充地下水，超标径流则通过溢流雨水口排入道路雨水管道系统。当降雨量超过下凹式绿化带处理能力时，径流由生物滞留带内的溢流口排至雨水管道。

项目通过道路竖向及绿化带调蓄，将海绵城市建设源头设施融入道路景观设计，展现出良好的生态效益和环境效益，主要有以下效果：①新建市政雨水管网对上游雨水进行分流，为片区达到 50 年一遇的内涝防治标准打下坚实基础；②道路雨水管道按 3 年一遇的排水标准设计，采用海绵城市理念建设后，使道路排水能力满足 5 年一遇的排水标准；满足 60% 年径流总量控制率和 36.5% 的污染物（以 SS 计）削减率要求；③对排水分区的径流总量削减贡献率为 2.5%，径流峰值削减贡献率为 0.6%，径流污染削减贡献率为 3.9%。